山東大學中文專刊

曾繁仁学术文集

第二卷

西方美学论纲

人民出版社

1992年，与夫人纪温玉在济南百花公园

2004年10月，与夫人纪温玉在加拿大维多利亚大学访学

法国古典美学：1790—1848。（康德去世二年批判一卷书记哲学未来形式比出版，1838.里程碑，一涌。

地位：基础一反美。
古典与近代。

康德美学.

一、康德美学的地位.

1. 简要评传：
康德（1728-1804.2.12）
√ 一生大体限于哥尼斯堡，终身，行迹：没有生活没有历史，只有沉思。

√ 以1770年为界分为前后批判两个时期。
√ 法国革命的拥护者。

2. 历史评价：
√ 西方哲学史上了不起的人物之一
√ 启蒙运动的总结，曾先完成传统哲学的总结，而西方近代哲学是近，承前信后的过渡批判
√ 康德是了不起的。前两个批判小结也达到了世，后来小又都从了世上去。（日本谷传得成）

3. 美学史上的地位，了不起的评价，
√ 里程碑：讲了关于美学第一句含糊的话（美的哲学），对折衷。
√ 奠定了：法国古典美学的奠基地。
√ 历坏特征：创始者、继承者、完成者。

4. 原因：
√ 对理论思路心令对理的内容的理生与关照使心检讨。
√ 给美学引了独立的情态领地。
√ 帝美心理研究的限度.

5. 康德与里程碑的试误，（没有特色）
√ 里程碑的事误：作为主宰者不给国古典美学之误说.
√ 康德：内容审美。又说的审美，对折世界的心加深地.

二、康德美学的核心.

1. 康德美学的核心，审美之真妄要、知识表的特征科，含此理解判断、用死子脉络、足也致乱。
√ 抽象以这成为根据：审美主论义：美无目的心含能的所缘.

本卷编辑说明

本卷收录《西方美学论纲》一部著作。

《西方美学论纲》,1992年7月由山东人民出版社出版。该书是作者对自1977年开始从事西方美学教学与研究以来的西方美学研究成果的一个总结。该书收录了《西方美学简论》(山东人民出版社1983年版)的全部内容,并增加了1985年以后作者先后发表的研究康德的艺术论、黑格尔的典型说、克罗齐的表现论、新古典主义与启蒙主义美学、荣格的"原型"说等多篇论文,但这些内容都根据新的构架和思路进行了修订、增补和相应的归并。

此次收入本文集,以山东人民出版社1992年版为原本,删除了与《西方美学简论》重复的5篇文章,这些文章在本卷中存目。此外,校正了原书个别明显的错字、误字,对个别较长的语句略作适当点断,少数篇幅过长的段落也作了分段处理,并校核、调整、增补了全书的引文和注释。

目　录

第四编　浪漫主义与自然主义美学

第五编　俄罗斯现实主义美学思想

第六编　西方现代美学

附录　漫议人类对美的哲学思考

序

总结新中国成立四十多年的经验而形成的建设有中国特色的社会主义理论认为,我们必须积极吸收人类所创造的一切优秀文化成果,把它熔铸到有中国特色社会主义文化之中,深深地植根于中国大地,依靠人民的力量,面向现代化,面向世界,面向未来,创造出无愧于伟大时代的社会主义文化。这是以马克思主义为指导深刻地阐述了建设有中国特色的社会主义文化与吸收世界优秀文化成果的关系。由此可见,以马克思主义为指导批判地借鉴西方美学思想的有益成分,正是为了建设具有中国特色的马克思主义美学与文艺理论。这是我们学习、研究西方美学理论最主要的目的与出发点,也是毛泽东提出的"洋为中用"方针的贯彻运用。它说明,我们对于西方美学不是为了研究而研究,更不是为了否定我国的民族文化传统而研究。相反,我们是为了更好地发展我国自己的具有民族特色的社会主义美学理论才去研究。实践证明,中西方文化都是各自的人民在漫漫历史长河中,历经艰难雄壮的斗争,而积聚的一种精神沉淀。其优秀部分是人类的瑰宝与共同财富。中西方文化可以说是各有特色。它们在融合中走着各自的发展道路,而在各自的发展中又必将需要进一步的融合与吸收。要建设具有中国特色的社会主义美学理论,除了要着重继承我国自己的传统之外,很重要的就是需要吸收西方美学的有益成分。前一时期,有人倡导所谓"全盘西化"的理论。这一理论彻底否定我国传统文化的价值,主张在政治制度、思想文化上走所谓"西方道路"。我们必须充分认识其危害性。只有这样,西方美学的研究才能从建设具有中国特色的社会主义美学理论出发走上健康发展的道路。

同时,我们学习研究西方美学的理论成果也是为了加深对马克思主义美学理论的理解。马克思主义美学理论的产生不是偶然的,而是批判地继承人类历史上美学与文艺思想的必然结果。特别重要的是,马克思主义美学与德国古典美学有着直接的渊源关系。因为,马克思主义哲学的重要来源之一就是德国古典哲学。因此,可以断言,不了解西方美学,特别是不了解德国古典美学,就一定不会真正地了解和掌握马克思主义的美学与文艺理论。

另一方面,逻辑与历史的统一是科学思维的重要原则和方法。这就要求我们在研究中做到逻辑的研究与历史的研究的结合。所谓逻辑的研究,就是通过纯粹的概念、范畴研究事物的本质与必然性。所谓历史的研究,则是通过事物发展的自然进程研究其本质与必然性。两者的统一要求,历史的研究应以逻辑的研究为指导,以便透过偶然看到必然,透过现象抓住本质。而更重要的,则是要求逻辑的研究应以历史的研究为根据和基础。因为,历史的研究一方面可以给逻辑的研究提供丰富的思想资料,另一方面,历史的研究在抛弃了偶然性的杂质之后,会使我们更切实地把握认识由低到高发展的逻辑进程。例如,人类对美的本质的探索就经历了古代的素朴期、中世纪停滞期、人文主义时期、形而上学时期、唯心主义的辩证统一时期和马克思主义的唯物主义辩证统一时期这样几个阶段。通过这些历史的探索,就使我们进一步明了,单纯从感性或从理性一个方面进行研究,不可能真正地把握美与艺术的本质,而只有将两者唯物辩证地统一起来,才能真正地把握美与艺术的本质。总之,这种历史的研究必然会加深我们对美与艺术本质的理解。恩格斯在其名著《自然辩证法》中指出,理论思维"这种能力必须加以发展和锻炼,而为了进行这种锻炼,除了学习以往的哲学,直到现在还没有别的手段"。① 这里,恩格斯所说的理论思维能力就是对客观现实进行理论概括的能力,是人类特有的把握世界、认识世界的本领,也是决定一个人学术成就高低的关键之一。这种理论思维能力的提高需要经过训练,方法之一就是以人类的认识史为教材(包括哲学史、美学史与文艺理论史等)。因为,人类对世界本质的探索也是一个由浅到深的历史过程,适合于思维训练的逐步提高。同时,人类在漫长的认识世界的过程中,在思维能力方面积累了丰富的资料,对我们后人深有启发。我们步入西方美学史的长廊,不仅会为许多优秀的理论成果所吸引,而且会对许多闪光的美学见解叹服,如古希腊素朴的辩证法、康德的二律背反、黑格尔巨大的历史感、车尔尼雪夫斯基唯物主义美学的战斗锋芒等等。通过这些理论成果的学习与研究,可以有助于我们进一步破除唯心主义与形而上学的束缚。中西方美学由于社会历史与文化的差异,因而有着不同的发展规律与特点。总的来说,西方美学理论的发展历程是由再现到表现,对美的哲学思考相对较多。而中国美学的理论发展历程则由表现到再现,在内容上更多地偏重于鉴赏与评论。对于它们各自的特点,我们在对比中加以研究,可以取得相得益彰的效果。但同时,中西方美学又有着许多共同的规律。

①《马克思恩格斯选集》第3卷,人民出版社1972年版,第465页。

例如,柏拉图与孔子,在时代、文化思想与历史地位上就十分相似。再如,康德讲艺术创作中的想象力与知性力处于一种无意识的"暗合"状态,这就同宋代严羽《沧浪诗话》中的"妙悟""别才""别趣"之说十分相似。严羽认为,古人非不读书、不穷理,但在创作上,却是"不涉理路,不落言筌""羚羊挂角,无迹可求"。① 德国古典美学中还提出了著名的"生命说",同我国古代美学中的"气韵说"的所谓"气韵生动"十分接近。

　　研究西方美学,最重要的是要自觉地运用马克思主义理论对其进行认真的分析,一方面吸收其精华,同时对其错误之处给予必要的批判,一定不可不加分析地"客观介绍",更应反对对其消极的内容大加宣扬。西方美学家由于阶级与时代的局限,他们的理论观点总是呈现瑕瑜互见的矛盾情形。本书所涉及的理论家也不例外,有的还表现得非常突出。这样,在研究这些美学家的美学思想时就不能简单化,而应以马克思主义为指导对其进行具体的阶级与历史的分析。一方面要防止"全盘否定"的"左"的倾向,同时也要防止"全盘肯定"的右的倾向。这就要运用列宁关于"两种文化"的思想与毛泽东关于古代文化存在着精华与糟粕的观点。列宁在《关于民族问题的批评意见》中指出:"每个民族文化里面,都有一些哪怕是还不大发达的民主主义和社会主义的文化成分,因为每个民族里面都有劳动群众和被剥削群众,他们的生活条件必然会产生民主主义和社会主义的思想体系。但是每个民族里面也都有资产阶级的文化(大多数的民族里还有黑帮和教权派的文化),而且这不仅是一些成分,而是占统治地位的文

---

① 郭绍虞:《沧浪诗话校释》,人民文学出版社1961年版,第24页。

化。"①毛泽东在《新民主主义论》中指出："中国的长期封建社会中，创造了灿烂的古代文化。清理古代文化的发展过程，剔除其封建性的糟粕，吸收其民主性的精华，是发展民族新文化提高民族自信心的必要条件；但是决不能无批判地兼收并蓄。必须将古代封建统治阶级的一切腐朽的东西和古代优秀的人民文化即多少带有民主性和革命性的东西区别开来。"②列宁与毛泽东的论述都是十分精辟而深刻的，我们应运用这些理论观点对西方美学思想进行认真的分析和清理，真正做到吸取其精华，剔除其糟粕。要做到这一点，就必须运用马克思主义阶级斗争的理论与阶级分析的方法。因为，"马克思主义给我们指出了一条指导性的线索，使我们能在这种看来迷离混沌的状态中发现规律性。这条线索就是阶级斗争的理论"。③运用马克思主义阶级斗争的理论与阶级分析的方法，我们就可以看到，从总体上来说，西方美学思想的主要部分是作为剥削阶级经济基础之上的上层建筑，是为巩固剥削阶级经济基础服务的。这就要求我们划清劳动阶级与剥削阶级，特别是无产阶级与资产阶级两种不同的美学理论的界限。就西方现当代美学来说，尽管不乏有价值的观点，在艺术观念与形式创新上都有许多值得借鉴之处，但其占据统治地位的人本主义、非理性主义与反传统倾向都具有极大的消极意义。作为一种世界观与价值观，是同马克思主义根本对立的，是我们必须给予严肃批判的。具体到西方现当代美学的主要流派，都有根本的缺陷。如所谓结构主义美学，尽管有强调审美的科学性的一面，

---

① 《列宁全集》第 20 卷，人民出版社 1963 年版，第 6 页。
② 《毛泽东选集》第二卷，人民出版社 1966 年版，第 667—668 页。
③ 《马克思恩格斯选集》第 1 卷，人民出版社 1972 年版，第 12 页。

但其形式主义倾向却占据着主导的地位。至于人本主义美学,尽管强调审美中的主体作用有其合理成分,但它所鼓吹的人的非理性的"自我"与抽象的"人"的观念却是极其有害的。有些人本主义美学思潮竟然打出马克思主义人道主义的旗号,鼓吹所谓抽象的"人"是唯一的出发点和落脚点等,最后只能是背离马克思主义的基本原理。当前,不论是结构主义还是人本主义美学思潮在我国的思想文化领域之中都寻找到一定的市场,产生了不良的影响,值得我们认真对待。

在这里,有一点需要特别加以说明的是,当前美学研究中许多论者习惯以马克思《1844年经济学—哲学手稿》作为分析各种美学理论的根据。但从最近十几年的实践看,《1844年经济学—哲学手稿》尽管内容十分丰富,具有极高的价值,但它并不是一部成熟的马克思主义经典著作,其中的不少地方未能完全同德国古典哲学划清界限,保留了某些明显的痕迹。特别是费尔巴哈人本主义观点,在《1844年经济学—哲学手稿》中比较突出。这就使马克思在《1844年经济学—哲学手稿》中的许多著名的有关美与审美的论述都难免受到人本主义的影响。何况,经过西方某些资产阶级学者别有用心的歪曲,它的人本主义痕迹被夸大,成为西方马克思主义的理论支柱之一。这就使我们对《1844年经济学—哲学手稿》的研究增加了许多困难。特别在当前国际范围内民主社会主义思潮泛滥的情况下,我们更应认真对待《1844年经济学—哲学手稿》中的人本主义痕迹。因此,不应将其作为马克思主义的经典著作对待,不应以其作为马克思主义的理论武器。还需对《1844年经济学—哲学手稿》进行艰巨的分析研究,包括清洗掉资产阶级学者们在《1844年经济学—哲学手稿》之上的种种灰尘。本人打算通过研究,做一点这方面的工作。但因时间和水平的限制,只能留待以后去完成。本书努力体现这一精神,不足之处也只能在修订时加以完善。

　　对西方美学在学习与研究的方法上还应努力运用马克思主义的唯物辩证的科学方法论。这种方法论,首先坚持社会存在决定社会意识的历史唯物主义的基本观点,坚持承认西方美学的意识形态性质。作为意识形态,就必然是一定社会经济与政治的反映。前一段时间,有的论者否定美学现象的意识形态性质,过分强调其所谓内部规律,而否定了任何审美的内部规律都必定要打上浓厚的时代的经济与政治的烙印并最终被其决定。其次,应从联系与发展中研究西方美学。一方面,将西方美学同其他社会现象包括政治、经济、宗教、哲学、文化等相联系进行研究,将其看作整个社会意识形态整体的有机组成部分;另一方面,应将西方美学自身看作一个由诸多内在因素构成的有机整体。它不仅包含美论、审美论与艺术论等诸多方面,而且有着自身的发展历史。在这样的联系与发展中研究西方美学理论,才能正确评价其成败得失。同时,还应把握美学现象固有的内在矛盾,即感性与理性的矛盾,以及由此派生出再现与表现、摹仿与灵感、现实主义与浪漫主义的矛盾等等。再由其基本矛盾把握西方美学的基本范畴及其发展。西方美学的范畴基本分三类。一是基本的理论范畴:美、丑、悲剧、喜剧、崇高、滑稽;二是具体的美学范畴:和谐、理念、秩序、整一、匀称;三是艺术范畴:摹仿、灵感、想象、净化、情节、性格、形象。至于西方现当代美学的范畴,却呈现出多变化的复杂形态,基本上是一种美学体系,有自己一套独立的美学范畴,难以加以归纳。

　　本书的写作历时十余年之久,原为1983年山东人民出版社出版的《西方美学简论》。本想在此基础上能对西方美学有更深入和系统的研究,但十余年来,兼任着学校内的各种行政工作,事务繁杂,占去了许多时间。加上渐由不惑之年进入知命之年,精力有所不济。只能断断续续地坚持艰苦的研究工作,因此也影响了对许多问题思考的深度。现在的这本书,基本保留了1983年《西方美学简论》的原有篇章,但作了较多的补充,篇幅较前超过一倍,并适当地加以归纳与修订,尽力使其完整并突出了自己对某些问题的新的思考。我对自己的研究工作仍然不满,因为留下了许多缺憾和空白。这些缺憾和空白只能留待以后去补正,也敬请读者与各位专家加以批评。本书在整理过程中得到一些同志的帮助,它的出版有赖于山东人民出版社有关同志的支持,在此一并致谢。

1991年10月18日于山东大学南院

第 一 编

古希腊罗马美学

第一章　古希腊罗马美学概述

古希腊罗马美学最基本的特征，就是它是整个西方美学的源头。这一基本特征，就使古希腊罗马美学在整个西方美学中具有特殊的地位。特别是古希腊美学，这一方面的特点更为显著。有的理论家认为，在整个西方古典美学中最重要的是古希腊罗马美学与德国古典美学，这是十分有道理的。那么，为什么说古希腊罗马美学是西方美学的源头呢？

首先在于它提供了最基本的美学范畴。按照马克思主义辩证逻辑的研究方法，无论是论的研究还是史的研究都须遵循逻辑与历史相统一的研究方法。作为美学史的研究，要在纷繁复杂的史料中把握住美学发展的基本线索，就须把握各类基本范畴。因为，整个美学史就是一个扩大了的人类认识过程，遵循着由抽象到具体的认识发展途径。这里所说的"抽象"和"具体"，与通常理解的含义不同，不是指"精神"与"物质"，而是指概念即范畴本身内涵的"抽象"与"具体"，即通过范畴的演变发展或自身内在涵义的发展，逐步由抽象到具体，实现美学的发展。所以，从这个意义上说，把握美学发展的历史就是把握范畴的发展与演变史。

从另一方面说，任何国家、时代美学的基本特点都是由其基本范畴及其独特的内涵决定的。范畴及其内涵决定了美学史的基本特点。

古希腊罗马美学所提供的基本范畴是什么呢?

第一,基本的理论范畴:美、丑、崇高、喜剧、悲剧、滑稽。

第二,具体的美学范畴:和谐、理念、秩序、整一、匀称。

第三,艺术范畴:摹仿、灵感、想象、净化、情节、性格、形象。

我们应掌握这些范畴的原始含义及其具体演变。

第一,从基本的理论范畴来看。

美:从最基本的美学范畴来看,最主要的就是"美"。"美"作为美学范畴的提出,即其与具体的物体美分离出来,标志着人类对世界的美的哲学思考的开端。从某种意义上说,亦即是美学史的真正开端,此前都应属于美学的史前期。古希腊时期关于美的概念的提出,时间较早。但作为哲学角度的美学范畴是由柏拉图首次提出的,即所谓"美本身"的概念,后又将其具体充实为"美即理念"。亚里士多德发展了毕达哥拉斯学派提出的"美在整一(和谐)"。

丑:"丑"的范畴的提出,是人类对美的哲学思考的一个发展,极大地扩大了美学研究的领域,使美超出了直接愉悦的范畴,具有了较丰富、深刻的涵义。"丑"是亚理士多德在《诗学》中论述喜剧时提出的,他说:"喜剧是对于比较坏的人的摹仿,然而,'坏'不是指一切恶而言,而是指丑而言,其中一种是滑稽。滑稽的事物是某种错误和丑陋,不致引起痛苦或伤害。"①这里提出了"喜剧""滑稽""丑"等美学范畴,但喜剧与滑稽都同丑直接相连,而且,将丑与恶相区别,因为"丑"是美学范畴,善、恶是伦理学范畴,两者

_____

① 亚里士多德、贺拉斯:《诗学·诗艺》,罗念生、杨周翰译,人民文学出版社1962年版,第16页。

不宜混淆。所谓丑,有这样三方面的涵义:其一,内容是违背历史的错误,具有某种社会性;其二,形态的丑陋,非直接快感;其三,产生的结果,不直接引起伤害,而是通过一种间接的审视、体验而产生的快感。

崇高:本应同悲剧紧密相连,但真正提出崇高的是古罗马理论家朗吉纳斯的著名论文《论崇高》。这本是作者写给朋友特伦天的一封信,当然基本上涉及的还是修辞学方面的内容,将崇高归结为"措辞的玄妙",但也接触到作为美学范畴崇高的基本特征,如崇高具有超越主体的性质,在效果上是一种使主体惊诧,并具有专横、不可抗拒的作用,崇高根源于庄严伟大的思想和强烈激动的感情等等,特别是"崇高可以说就是灵魂伟大的反映"[1]的名言,将崇高同内在灵魂的伟大相联系。

悲剧:亚理斯多德(亦译亚里士多德)的《诗学》主要是论述悲剧的,其著名定义是:"悲剧是对于一个严肃、完整、有一定长度的行动的摹仿;它的媒介是语言,具有各种悦耳之音,分别在剧的各部分使用;摹仿方式是借人物的动作来表达,而不是采用叙述法;借引起怜悯与恐惧来使这种情感得到陶冶。"[2]这就论述了悲剧的性质、手段、方法、效果,成为经典性的定义。

第二,从具体的美学范畴来看。

所谓具体的美学范畴,是指同基本理论范畴紧密相连,对其进行具体界定的范畴,这类范畴更为重要。

---

[1] 朗吉纳斯:《论崇高》,见钱学熙译,《文艺理论译丛》第2期,人民文学出版社1958年版,第38页。
[2] 亚里士多德、贺拉斯:《诗学·诗艺》,罗念生、杨周翰译,人民文学出版社1962年版,第19页。

和谐:美即是和谐。这是古希腊罗马时期,对美的最基本的界定、最重要的范畴,贯穿该时期整个理论的由始至终,也具体体现于古希腊罗马的艺术品之中。秩序、整一、匀称,这些范畴都同和谐直接有关。

理念:美即是理念,为柏拉图首次提出,标志着人类对美的哲学思考的开始,在整个西方美学史上影响深远。

第三,艺术范畴,即艺术反映生活的范畴。这里又分两类。

其一,基本范畴:摹仿、灵感、想象。

摹仿:摹仿说,柏拉图、亚理士多德与贺拉斯都有涉及。它是著名的"再现说"的雏形。

灵感:迷狂说,柏拉图提出。它是著名的"表现说"的雏形。

想象:几乎所有美学家都有涉及,标志着艺术从技艺中分离出来。

其二,具体的艺术范畴。亚理士多德与贺拉斯涉及的较多。

净化(Katharsis):悲剧的效果;情节:即行动,悲剧的基础与灵魂。另外,还有性格。亚氏首次提出作品六要素:情节、性格、言词、思想、形象、歌曲。①

以上各类范畴,都是西方美学中最基本的范畴,一直沿用到19世纪末。20世纪初,特别是当代,抽象派艺术的出现,现代西方美学的崛起,才对这些范畴有所突破。如非情节、无形象等等。但也没有完全摆脱这些范畴。

其次是提供了最基本的研究方法。

方法,即美学研究的根本道路、根本途径,决定了一个学科的

① 亚理士多德、贺拉斯:《诗学·诗艺》,罗念生、杨周翰译,人民文学出版社1962年版,第21页。

成就及其发展方向。它同世界观紧密相连,是人类把握世界的最基本的工具。马克思历来认为,世界观、认识论与方法论是统一的。

古希腊罗马美学作为西方美学的源头,其重要特点就是为整个西方美学提供了基本的研究方法,这些方法是:

第一,理性的方法:对美的哲学抽象,或曰哲学沉思。突出的表现就是柏拉图在著名的《大希庇阿斯篇》中将"美本身"与具体的美的事物、美的特征相区别,这类方法是从抽象的哲学体系出发建立自己的美学系统,侧重于对美的本体的思考。

第二,感性的方法:对艺术的美学抽象。从对艺术的研究出发,抽象出各类美学范畴。如亚理士多德的《诗学》,就从艺术种类的研究出发,特别是从悲剧的研究出发,提出著名的"整体说",认为美的基本特性是内在外在统一的"整一性"。其他,如贺拉斯的《论诗艺》,朗吉纳斯的《论崇高》都是如此。这种方法侧重于从对艺术与审美的研究开始,再上升到美的本质。

第三,素朴的辩证方法:感性与理性素朴的统一。一般认为,代表人物是赫拉克利特,他提出了美的根源在于事物内部对立面的斗争、美是相对的等观点,具有素朴的辩证统一的思想。但作为研究方法,他首次提出了看不见的和谐与看得见的和谐的统一、"看不见的和谐比看得见的和谐更好"[①]这样的观点。这里所谓"看不见的和谐"即指理念的和谐,"看得见的和谐"即指感性的和谐。但真正体现素朴辩证法的还是柏拉图。他在著名的《会饮篇》的第俄提玛的启示中提出的认识美的过程是十分深刻的,体

——————————

① 北京大学哲学系美学教研室编《西方美学家论美和美感》,商务印书馆1980年版,第16页。

现了由个别到一般、感性到理性的发展统一过程,是古代素朴的辩证思想的杰出代表。

最后是决定了西方美学史的基本面貌与基本发展线索。

先从决定西方美学史的基本面貌来看。

东西方美学都是探索真善美的关系,但西方美学是直接对美进行理论的思考,不论是理论还是艺术的探讨都是如此。东方美学特别是中国美学,重点是对善的研究,由对善的研究出发,探讨美。儒学中的"美"服从"仁",《乐记》对音乐的探讨也从善出发。

东西方古典美学都讲和谐,但侧重点不同。西方强调外在和谐,表现为强调秩序、整一、匀称;艺术上以雕塑见长,其代表是再现艺术。东方强调内在的和谐,艺术上以诗歌、音乐见长,其代表是表现艺术。

再从决定西方美学史的基本线索来看。

古希腊罗马美学涉及美学史发展中的基本矛盾即感性与理性的矛盾。这一矛盾推动了人类对美的把握的深化,也推动了美学史的发展,并形成不同时代不同的理论形态。由此,决定了西方美学发展的基本线索。即由感性与理性的朦胧统一,到分裂,再到唯心主义的统一,到多样化的发展。

古希腊罗马美学从总体上来看属于一种古典的美。西方古典美的基本范畴是"和谐"。古希腊罗马有众多美学范畴,但基本上占据统治地位的美学范畴是"和谐"。"和谐"是整个古希腊罗马的美学基调。连悲剧也都没有突破这一基调,结局也是某种"正义"的胜利,具有和谐统一的基调。

西方古典美基本上属于一种物质的美。古希腊罗马的作为古典美的和谐,强调的是外在的和谐,所以基本上属于一种物质的美。从和谐论强调的侧重点来看,是外在的属于物质属性的匀称、秩序等。从艺术种类来说,占统治地位的是雕塑,该时期的诗歌与戏剧也具有某种雕塑性与绘画性。

西方的古典美基本上是一种静态的美。主要表现为一种雕塑的美,具体就是情节的静止、性格的类型化。

现在我们再来看看古希腊罗马美学的发展过程。

古希腊罗马美学的基本范畴是"和谐",所以必须围绕"和谐"这个范畴来研究其美学的发展过程。因此,我们可从众多的范畴中,抽出"和谐"这个范畴,探讨某内涵的发展、演变。

首先,"和谐说"的提出——毕达哥拉斯(公元前570—前475)。

第一,在真与美的区别中提出美即和谐说。

真、善、美在人类的初始阶段是混合在一起的,毕达哥拉斯在对真的探讨中,即对世界本原的探讨中,将美与真相区别,提出了美即和谐说。他说:"什么是最智慧的?——数","什么是最美的?——和谐"①。

第二,将和谐的基本品格归结为"由杂多导致统一"。

他说:"音乐是对立因素的和谐的统一,把杂多导致统一,把不协调导致协调。"②这就将和谐的基本品格归结为杂多导致统一,主要是统一,这就是著名的"整体说",既是古典美的基本品格,也是整个美学最基本的规律之一。

第三,将最基本的审美模式定为圆形。

---

① 转引自法国罗斑《希腊思想和科学精神的起源》,陈修斋译,商务印书馆 1965 年版,第 79 页。
② 《西方美学家论美和美感》,商务印书馆 1980 年版,第 14 页。

他说："一切立体图形中最美的是球形，一切平面图形中最美的是圆形。"①这就将古典美的审美模式界定为圆形，平稳的、对称的、静止的。

其次，"和谐说"的深化——柏拉图的理念说。

现在我们着重地探讨一下柏拉图的美即理念说对毕达哥拉斯美即和谐说的深化，以及这两者之间的一致性。

第一，美即理念说探索了和谐的动因，其内涵是指一种内在的精神和谐。柏拉图说："这原因（指人分九流）在人类理智须按照所谓'理式'去运用，从杂多的感觉出发，借思维反省，把它们统摄成为整一的道理。"②这说明，对物质与感觉的杂多，需依靠"理式"才能将其统一起来，成为和谐。也说明，"理式"成为和谐的根本动因，是一种内在的精神和谐。由此，柏拉图提出了著名的"有机整体说"。美的外在和谐由内在和谐、精神和谐决定。这还是十分有道理的。

第二，认为理念的根本特征也是和谐。柏拉图将理念归结为一种超验性，同神等同。他在著名《斐德若篇》中描写了神界的景象，实际上也是理念的景象："诸天的上皇，宙斯，驾驭一辆飞车，领队巡行，主宰着万事万物；随从他的是一群神和仙，排成十一队，因为只有赫斯提亚留守神宫，其余列位于十二尊神的，各依指定的次序，率领一队。诸天界内，赏心悦目的景物，东西来往的路径，都是说不尽的，这些极乐的神和仙们都在当中徜徉遨游，各尽各的职守……"③这是一幅多么有秩序而和谐的图画！

---

① 《西方美学家论美和美感》，商务印书馆 1980 年版，第 15 页。
② 柏拉图：《文艺对话集》，朱光潜译，人民文学出版社 1963 年版，第 124 页。
③ 柏拉图：《文艺对话集》，朱光潜译，人民文学出版社 1963 年版，第 121 页。

　　再次,"和谐说"的具体阐述——亚理士多德的《诗学》与贺拉斯的《诗艺》。所谓具体阐述就是在艺术理论中加以具体的发挥。

　　亚理士多德在《诗学》中,主要是结合悲剧的研究阐述了著名的"整体说",要求悲剧在总体上做到"整一",即具有"秩序、匀称与明确",在情节上限于一个完整的行动,有头有身有尾,在性格上前后一致。

　　贺拉斯在《诗艺》中根据美在和谐说,提出了著名的"合式"的原则。所谓"合式",就是要做到总体上统一,合情合理。他说:"如果画家作了这样一幅画像:上面是个美女的头,长在马颈上,四肢是由各种动物的肢体拼凑起来的,四肢又覆盖着各色羽毛,下面长着一条又黑又丑的鱼尾巴,朋友们,如果你们有缘看见这幅图画,能不捧腹大笑么?"[①]

　　最后,对和谐的试图挣脱——朗吉纳斯的《论崇高》。

　　第一,崇高的特点。

　　朗吉纳斯说:"一切使人惊叹的东西无往而不使仅仅讲得有理、说得悦耳的东西黯然失色。相信或不相信,惯常可以自己作主;而崇高却起着横扫千军、不可抗拒的作用;它会操纵一切读者,不论其愿从与否。有创见,善于安排和整理事实,不是在一两段文章里所能觉察出来,而是要在作品的总体里才显示得出。"[②]由以上这段话可以看出:其一,崇高是一种对主体的超出;其二,

---

① 亚理士多德、贺拉斯:《诗学·诗艺》,罗念生、杨周翰译,人民文学出版社 1962 年版,第 137 页。

② 伍蠡甫、蒋孔阳主编:《西方文论选》上卷,上海译文出版社 1979 年版,第 122 页。

崇高的效果是引起惊诧;其三,崇高具有一种不以主体意识为转移的横扫千军、不可抗拒的作用;其四,崇高是一部作品总体里显示出来的品格。

以上说明,朗吉纳斯所说的崇高是一种情感效果及其特征,具有美学意义。

第二,崇高的作用。

崇高的作用在于灵魂的提高。正如朗吉纳斯所说:"这些伟大的人物(指荷马)昂然挺立在我们面前,作为我们竞赛的对象,就会把我们的心灵提到理想的高度。"①

第三,崇高的来源。

朗吉纳斯认为,崇高有五个来源:其一,庄严伟大的思想;其二,强烈而激动的情感;其三,运用藻饰的技术;其四,高雅的措辞;其五,整个结构的堂皇卓越。"在这全部五种崇高的条件之中,最重要的是第一种,一种高尚的心胸。"②

第四,朗吉纳斯的崇高说是对和谐的挣脱,但最终并未真正挣脱和谐。

其一,朗吉纳斯所说的崇高总的来说是从修辞学角度讲的,其本意并未自觉认识到崇高是一种基本的美学范畴。他说:"所谓崇高,不论它在何处出现,总是体现于一种措辞的高妙之中。"③

---

① 转引自朱光潜:《西方美学史》上卷,人民文学出版社1963年版,第109页。
② 伍蠡甫、蒋孔阳主编:《西方文论选》上卷,上海译文出版社1979年版,第125页。
③ 伍蠡甫、蒋孔阳主编:《西方文论选》上卷,上海译文出版社1979年版,第122页。

其二,他认为,引向崇高的道路:一是抓住对象的特点联合成有生命的整体;二是摹仿过去伟大的诗人和作家。这说明他并未从古典美摆脱出来,而这条挣脱之路还要走相当一段距离。

第二章　柏拉图的美学思想

恩格斯曾经在《自然辩证法》中指出："在希腊哲学的多种多样的形式中,差不多可以找到以后各种观点的胚胎、萌芽。"①恩格斯的这个论断,不仅适用于一般哲学,而且也同样适用于美学。欧洲美学史证明,许多著名的美学家的美学理论以及一系列重要的美学问题,其源头都可追溯到古代希腊。唯心主义美学的源头就是古希腊的大理论家柏拉图。因此,柏拉图在欧洲美学史上历来就是作为唯心主义美学的祖师而出现的。柏拉图活动于公元前427年至前347年,他出身于雅典奴隶主贵族阶级,和他的老师苏格拉底都是当时著名的奴隶主贵族的理论代表。他一生主要从事教学和著述活动,开办了著名的学园,写作对话四十余篇。这些对话,经过考证,大部分已被证明确系柏拉图所著。其中专门谈美的只有他早年写的《大希庇阿斯篇》一篇,涉及美学的则有《伊安》《高吉阿斯》《普罗塔哥拉斯》《会饮》《斐德若》《理想国》《斐利布斯》《法律》诸篇。前人曾怀疑《大希庇阿斯篇》与《伊安》两篇对话的真伪,根据英国研究古希腊美学的专家泰勒的考证,均可断定为柏拉图的真作。但他对《大希庇阿斯篇》的考证比较可信,对《伊安》篇的考证似仍不确切。柏拉图的著作,除《苏格拉底的

---

① 《马克思恩格斯选集》第3卷,人民出版社1972年版,第468页。

辩护》以外,都是用对话体写成的,其中的主角是苏格拉底。这就使我们很难判断哪些是记录他导师的意见,哪些是柏拉图本人的意见。但一般说来,柏拉图早期著作复述导师的意见多,中晚期则主要表述自己的思想。其实,他们师徒两人的思想属于同一理论体系,是一致的。因此,从总的方面来说,柏拉图的美学观点是比较明确的。

一

柏拉图的美学思想是建立在他的客观唯心主义的"理念论"的哲学基础之上的。

柏拉图是古希腊唯心主义的集大成者。他继承了毕达哥拉斯学派的唯心论,将其作为万物本原的抽象的"数"发展为"理念"。这个"理念"就是最简单的抽象,是一般概念。但柏拉图却认为,它先于现实世界,高于现实世界,是世界的本原,先有理念然后才有个别的具体事物。

由"理念论"又导致了"分有说"。在柏拉图看来,由于理念是世界的本原,现实世界中的具体事物之所以存在就是因为"分有"了理念。因此,柏拉图认为,"理念"就是至高无上的、绝对的、不变的,而具体事物则是相对的、多变的、转瞬即逝的。

从"理念论"出发,在认识论的领域中,柏拉图提出了"回忆说"。所谓"回忆说",是同灵魂不灭的理论联系在一起的。柏拉图认为,人的灵魂是不灭的,在它进入肉体之前原本是住在"理念世界"里面的,在那里,灵魂有了"理念"的知识。当灵魂进入肉体时,暂时把它对于理念的知识忘记了,但以后由于经验的刺激它又把这种知识逐渐回忆了起来。所以,他认为,认识就是回忆,认识的过程就是回忆的过程。

　　总之,柏拉图将这种抽象的理念看成高于一切、包括一切。
这实际上是将"一般"完全同"个别"割裂了开来,因而导致了彻头
彻尾的客观唯心主义。正如列宁所说:"原始的唯心主义认为:一
般(概念、理念)是单个的存在物。这看来是野蛮的、骇人听闻的
(确切些说,幼稚的)、荒谬的。"又说:"人类认识的二重化和唯心
主义(宗教)的可能性已经存在于最初的、最简单的抽象中一般的
'房屋'和个别的房屋。"①在西方哲学史上,柏拉图就是这种"野
蛮的、骇人听闻的、荒谬的"唯心主义理论体系的首创者。他的
"理念"也无非是一种最简单的思维抽象转化为"单个存在物"的
一般概念,而且,他也确实从这里直接走向了宗教神秘主义,因为
他公然宣称理念是神所创造的。

　　柏拉图将他的唯心论的哲学运用到社会政治方面,就得出他
的关于"理想国"的理论。他在中年和晚年先后两次提出自己关
于理想国的设想。在他的理想国中,"理念"是统治一切、至高无
上的准则。道德则以包含理念的多少分为智慧、勇敢、节制和正
义四种。人也因属于不同的道德领域而分为三个等级:第一等级
是管理国家的统治者,其道德是智慧,是掌握理念的哲学王;第二
等级是保卫国家的武士,其道德是勇敢;第三等级是从事工业、商
业和农业的"自由民",其道德是节制。至于奴隶,柏拉图根本没
有把他们当作人,因而没有道德。他认为,让上面所说的三种人
都处在自己的位置上实行自己的道德,这就是"正义",这样的国
家就是正义的国家,即理想国。由此可见,柏拉图的唯心主义哲
学就是要维护奴隶制秩序,为奴隶主贵族统治辩护。这是其哲学

————————

①《列宁全集》第38卷,人民出版社1984年版,第420、421页。

思想的阶级基础,同样也是其美学思想的阶级基础。

二

如前所说,柏拉图美学思想的哲学基础是唯心主义的"理念论",因而必然由此得出"美即理念"的思想。这可以说是他的美学思想的核心和出发点。因为,柏拉图认为,每一类事物都有一个理念,美的事物当然也有一个美的理念。他在《理想国》中说:"我们经常用一个理式来统摄杂多的同名的个别事物,每一类杂多的个别事物各有一个理式。"①对于这种"美的理念",柏拉图将其叫做"美本身"。他一直认为,"美本身"与美的事物不可混淆,"美本身"在前,美的事物在后,先有"美本身",后有美的事物。在他早年所写的《大希庇阿斯篇》中已经涉及这个问题。尽管这篇著作写于柏拉图思想还不成熟时期,但却是西方美学史上第一篇集中讨论美的论文,因此非常重要。在这篇著作中,柏拉图借苏格拉底与辩士希庇阿斯的对话,从各个角度探讨了"凡是美的那些东西真正是美,是否有一个美本身存在,才叫那些东西美"②的问题。他认为,不能把"美本身"与美的东西混淆。例如,不能把"美本身"与美的小姐(汤罐、母马、竖琴、猴子等)混淆,也不能把"美本身"与美的具体品质(如有用、快感等)混淆。所谓"美本身",就是"把它的特质传给一件东西,才使那件东西成其为美"③。因此,尽管在这篇著作的最后他也没有得出更具体的结

①柏拉图:《文艺对话集》,朱光潜译,人民文学出版社1963年版,第67页。
②柏拉图:《文艺对话集》,朱光潜译,人民文学出版社1963年版,第181页。
③柏拉图:《文艺对话集》,朱光潜译,人民文学出版社1963年版,第184页。

论,而是认为"美是难的",但却明确地将"美本身"与美的东西及美的具体品质作了区别,已经表现出了"美即理念"说的端倪。他在中年写作的《理想国》中,"美即理念"的观点就十分明朗了。他在《理想国》卷六中说:"一方面我们说有多个的东西存在,并且说这些东西是美的,是善的等等。另一方面,我们又说有一个美本身,善本身等等,相应于每一组这些多个的东西,我们都假定一个单一的理念,假定它是一个统一体而称它为真正的实在。"①很清楚,在这里,他已经把"美本身"归结为"单一的理念"了,"美即理念"的观点已经成熟。

正是因为"美即理念",因此,"美"就不在现实世界而存在于神的境界,具有某种超验性。他在《斐德若篇》中明确地指出:"我回到美。我已经说过,她在诸天境界和她的伴侣们同放着灿烂的光芒。"②而且,由于这种"美的理念"是高于一切、超越一切的,因此在柏拉图看来它就是绝对的、长住不变的。他在《克拉底鲁篇》中通过苏格拉底与克拉底鲁的对话表达了这一观点:

　　苏:……告诉我,善、美和其他一些东西是否有某种永久不变的性质。

　　克:当然有的,苏格拉底,我认为如此。

　　苏:那末让我们把真正的美当作我们探究的对象:我们不去问一张脸是否是美的,或任何诸如此类的东西是否是美的,因为所有这些东西在我们面前出现时都处于流动之中;我们只问,真正的美是否永远保持它的本质的性质。

---

① 转引自汝信、夏森:《西方美学史论丛》,上海人民出版社1963年版,第9页。
② 柏拉图:《文艺对话集》,朱光潜译,人民文学出版社1963年版,第126页。

克：当然如此。①

在《法律篇》中，他甚至从美的绝对性出发，认为城邦应规定这样的法律：把艺术品的形式和音调"固定下来，把样本陈列在神庙里展览，不准任何画家和艺术家对它们进行革新或是抛弃传统形式去创造新形式"。②

既然美的理念在诸天之上具有永久不变的绝对的性质，那么现实世界中的美的事物如何才能是美的呢？柏拉图认为，这些现实世界中具体的美的事物之所以美是因为"分有"了"美的理念"。他在《斐多》篇中说："我要简单明了或者简直是愚蠢地坚持这一点，那就是说，一个东西之所以是美的，乃是因为美本身出现于它之上或者为它所'分有'……"③

另外还有一个问题，那就是他既然认为美是诸天之上的理念，那么人们怎样才能把握美呢？柏拉图在此运用了著名的"回忆说"。他认为，人们只有在现实中美的事物的诱发下才能回忆起理念世界的美。能进行这种回忆的就是哲学家，他们得天独厚，在灵魂未曾附着到肉体之前"对于真理见得多"，于是在灵魂附着到肉体后"见到尘世的美，就回忆起上界真正的美"④，即"回忆到灵魂随神周游，凭高俯视我们凡人所认为真实存在的东西，举头望见永恒本体境界那时所见到的一切"⑤。柏拉图认为，不是一切的人都能回忆到美的，"凡是对于上界事物只暂时约略窥

---

①转引自汝信、夏森《西方美学史论丛》，上海人民出版社 1963 年版，第 11 页。
②柏拉图：《文艺对话集》，朱光潜译，人民文学出版社 1963 年版，第 305 页。
③转引自汝信、夏森《西方美学史论丛》，上海人民出版社 1963 年版，第 10 页。
④柏拉图：《文艺对话集》，朱光潜译，人民文学出版社 1963 年版，第 125 页。
⑤柏拉图：《文艺对话集》，朱光潜译，人民文学出版社 1963 年版，第 124—125 页。

见的灵魂不易做到这一点,凡是下地之后不幸习染尘世罪恶而忘掉上界伟大景象的那些灵魂也不易做到这一点。剩下的只有少数人还能保留回忆的本领。"①这种回忆是一种从个别的美的事物开始,由低到高逐步递升的过程。他在《会饮篇》中借女巫第俄提玛之口指出:"先从人世间个别的美的事物开始,逐渐提升到最高境界的美,好像升梯,逐步上进,从一个美形体到两个美形体,从两个美形体到全体的美形体;再从美的形体到美的行为制度,从美的行为制度到美的学问知识,最后再从各种美的学问知识一直到只以美本身为对象的那种学问,彻悟美的本体。"②这就是著名的所谓"第俄提玛的启示",阐述了由个别美到一般美,到社会美,到综合美,再到抽象的绝对美的辩证发展过程。

　　总之,柏拉图认为,美的理念是第一性的、绝对的。它是美的事物之所以美的根源。这恰恰颠倒了感性与理性、物质与意识的关系。正如马克思和恩格斯在《神圣家族》中揭露黑格尔思辨哲学的秘密时所指出的,思辨哲学家"完成了一个奇迹:他从'一般果实'这个非现实、理智的本质造出了现实的自然的实物——苹果、梨等等"。他们把这种唯心主义的谬论形象地称为"儿子生出母亲,精神产生自然界","结果产生起源"③。

三

　　从美学史上看,关于文艺的本质有两种对立的理论。一是

---

①柏拉图:《文艺对话集》,朱光潜译,人民文学出版社1963年版,第125—126页。

②柏拉图:《文艺对话集》,朱光潜译,人民文学出版社1963年版,第273页。

③《马克思恩格斯全集》第2卷,人民出版社1979年版,第74—75、214页。

"再现说"，主张文艺是对客观现实的反映，强调认识作用。二是
"表现说"，主张文艺表现主观的感情，强调情感作用。这两种理
论的根源都在柏拉图。他既在"再现说"方面提出了"摹仿说"，又
在"表现说"方面提出了"灵感论"。

柏拉图认为，有两种不同的诗人。一种是属于社会第一流的
"爱智慧者，爱美者，或是诗神和爱神的顶礼者"；另一种是"诗人
或是其他摹仿的艺术家"①。这里，"爱智慧者，爱美者，或是诗神
和爱神的顶礼者"，实际上就是哲学家。他们可在神灵的凭附下
进行预言、教仪、诗歌、爱等活动。诗歌创作即是诗神凭附的结
果，可创作出典范的理想诗篇。但这样的哲学家及其创作的诗篇
在当时现实的文艺领域都是极少的。

因此，柏拉图不得不面对现实，他看到现实世界中的文艺作
品大都是"摹仿性"的。其实，把文艺看作"摹仿"，这不是柏拉图
的创见，而是古希腊的传统看法。在古希腊哲学家们遗留下来的
著作残篇中，我们就可以发现这种思想。例如，根据亚里士多德
的《论世界》的记载，赫拉克利特就有艺术摹仿自然的看法。留基
伯和德漠克利特也曾说过人由于摹仿天鹅和黄莺等鸟类的歌唱
而学会了唱歌。当然，上述"艺术摹仿自然"的看法是一种朴素的
唯物主义艺术观，但到了柏拉图手里则被改造成了客观唯心主义
艺术理论的一个组成部分。

柏拉图在《理想国》卷十中集中探讨了这种"摹仿性的诗"的
"本质真相"。② 他认为，存在着三个世界：理念世界、现实世界和
艺术世界。现实世界是对理念世界的"摹仿"，而艺术世界又是对

---

①柏拉图:《文艺对话集》，朱光潜译，人民文学出版社1963年版，第123页。
②柏拉图:《文艺对话集》，朱光潜译，人民文学出版社1963年版，第66页。

现实世界的"摹仿",因此是"摹本的摹本""影子的影子"。① 为了
说明这一个基本观点,他举了床作为例子。他说,床有三种,第一
种是床之所以为床的那个床的理念;第二种是木匠依照床的理念
所制造出来的个别的床;第三种是画家摹仿个别的床所画的床。
这三种床之中,只有床的理念是永恒不变的、真实的;木匠制造的
床,受到时间、空间、材料、用途等有限方面的限制,因而只能摹仿
床的理念的某些方面,没有永恒性和普遍性,因而是不真实的,只
是一种摹本;至于画家所画的床,只是从某一角度所看到的床的
外形,不是床的实体,所以更不真实,"和真理隔着三层"②。摹仿
的艺术在描写人的时候,由于人性中的理性成分不易摹仿,摹仿
出来也不易欣赏,因此所摹仿的都是"情欲"这种人性中的"低劣"
成分。这种对人的"情欲"的摹仿,会召唤出人的内心中的非理性
倾向,造成不良的效果。

　　正因为如此,柏拉图认为,对于这种摹仿的艺术来说,现实是
高于艺术的。他认为,一个人"如果对于所摹仿的事物有真知识,
他就不愿摹仿它们,宁愿制造它们,留下许多丰功伟绩,供后世人
纪念。他会宁愿做诗所歌颂的英雄,不愿做歌颂英雄的诗人"③。
因此,他把诗人或摹仿的艺术家放在社会第六流的地位,次于政
治家、事业家、体育运动员和祭士,同工人、农民接近。④

　　总之,这种唯心主义的"摹仿说"把抽象的精神"理念"作为文

①柏拉图:《文艺对话集》,朱光潜译,人民文学出版社1963年版,第67—
　79页。
②柏拉图:《文艺对话集》,朱光潜译,人民文学出版社1963年版,第74页。
③柏拉图:《文艺对话集》,朱光潜译,人民文学出版社1963年版,第73页。
④柏拉图:《文艺对话集》,朱光潜译,人民文学出版社1963年版,第123页。

艺的根源,否认了"客观社会生活是文艺的唯一的源泉"这一唯物
主义的最基本的前提。因而,从理论实质上来说,这是一种客观
唯心主义。特别是在其中渗透着浓厚的宗教神秘主义色彩。但
有的学者对于柏拉图美学中的这种客观唯心主义的哲学前提却
有某些不同的看法。朱光潜先生在《西方美学史》中有关柏拉图
的部分引用了《会饮篇》中第俄提玛的启示中的一段话。即,第俄
提玛认为,对美的把握应"从某一个美形体开始",最后达到"永恒
的,无始无终,不生不灭,不增不减的"美。朱光潜先生认为:"从
这个进程看,人们的认识毕竟以客观现实世界中个别感性事物为
基础,从许多个别感性事物中找出共同的概念,从局部事物的概
念上升到全体事物的总的概念。这种由低到高,由感性到理性,
由局部到全体的过程正是正确的认识过程",柏拉图的错误仅仅
在于"辩证不彻底"。① 这样,他就在一定程度上否定了柏拉图客
观唯心主义理念论的哲学前提,似乎柏拉图的哲学观是二元论
的。这种看法不符合柏拉图的实际情况。实际上,柏拉图是始终
坚守其客观唯心主义的哲学立场的。他在《会饮篇》第俄提玛的
启示中所说的对美的认识的由个别到一般的发展就是以"回忆
说"为其前提的。他借第俄提玛的口说道:"我们所谓'回忆'就假
定知识可以离去;遗忘就是知识的离去,回忆就是唤起一个新的
观念来代替那个离去的观念,这样把前后的知识维系住,使它看
来好像始终如一。"②对美的这种由个别到一般、具体到抽象层层
递进的认识,就是由"回忆"而维系住的。

---

① 朱光潜:《西方美学史》上卷,人民文学出版社 1963 年版,第 45 页。
② 柏拉图:《文艺对话集》,朱光潜译,人民文学出版社 1963 年版,第 268 页。

四

"灵感论"是柏拉图关于创作特性及动力的理论,是其艺术理论中的重要方面,对后世影响极大。

"灵感论"在古希腊并不流行,亦非柏拉图所首创。柏拉图在《苏格拉底的辩护》中曾记载苏格拉底在法庭上的辩护词,提到:"于是我知道了诗人写诗并不是凭智慧,而是凭一种天才和灵感;他们就像那种占卦或卜课的人似的,说了许多很好的东西,但并不懂得究竟是什么意思。"①柏拉图就是在此基础上加以具体地阐述和发展的。

首先,柏拉图提出了文艺创作为什么不是凭技艺而是凭灵感的问题。他在《伊安篇》中集中论述了这一问题,分析了文艺创作活动中的这样几种现象。一种现象是文艺家在具体知识上并不如匠人。例如,《荷马史诗》中有关御车的段落,诵诗人在御车的技艺方面肯定没有御车人知识多,但诵诗人却能比御车人朗诵得好。对于诗中描写的治病、纺织、牧牛、打仗等,情形都是如此。总之,说不出文艺活动凭借什么具体的技艺。再一种现象就是,有些诗人"长于某一种体裁,不一定长于他种体裁。假如诗人可以凭技艺的规矩去制作,这种情形就不会有,他就会遇到任何题目都一样能做"②。还有就是,有些诗人平生只写了一首成功之

①北京大学哲学系外国哲学史教研室编译:《古希腊罗马哲学》,生活·读书·新知三联书店1961年版,第147页。

②柏拉图:《文艺对话集》,朱光潜译,人民文学出版社1963年版,第8—9页。

作。例如,卡尔喀斯人廷尼科斯,"他平生只写了一首著名的《谢神歌》,那是人人歌唱的,此外就不曾写过什么值得记忆的作品"①。通过上述种种现象,柏拉图认为,文艺创作不是凭借某种合规律的具体技艺,不是后天可以通过学习来认识和掌握的,而是凭借诗神凭附的无规律、无目的的"灵感",是一种先天的禀赋。他在《斐德若篇》中甚至断言:"若是没有这种诗神的迷狂,无论谁去敲诗歌的门,他和他的作品都永远站在诗歌的门外。"②

柏拉图对于"灵感"的特性提出了自己的看法,这就是著名的"迷狂说"。什么是"灵感"呢?柏拉图回答说,灵感即迷狂。他在《伊安篇》中以抒情诗人为例来具体说明这种文艺创作中的"迷狂"犹如女巫下神时的失去理智的状态。他说:"抒情诗人的心灵也正像这样,他们自己也说他们像酿蜜,飞到诗神的园里,从流蜜的泉源吸取精英,来酿成他们的诗歌。他们这番话是不错的,因为诗人是一种轻飘的长着羽翼的神明的东西,不得到灵感,不失去平常理智而陷入迷狂,就没有能力创造,就不能做诗或代神说话。"③在《斐德若篇》中,柏拉图超出具体的文艺创作范围,探讨了哲人在美的回忆中所经历的迷狂状态。他把这种对美的回忆比作对爱情的追求中因得与失所引起的痛喜感情,并描述了其间的迷狂情形。他说:"这痛喜两种感觉的混合使灵魂不安于他所处的离奇情况,徬徨不知所措,又深恨无法解脱,于是他就陷入迷狂状态,夜不能安寝,日不能安坐,只是带着焦急的神情,到处徘徊,希望可以看那具有美的人一眼。若是他果然看到了,从那美

---

① 柏拉图:《文艺对话集》,朱光潜译,人民文学出版社 1963 年版,第 9 页。
② 柏拉图:《文艺对话集》,朱光潜译,人民文学出版社 1963 年版,第 118 页。
③ 柏拉图:《文艺对话集》,朱光潜译,人民文学出版社 1963 年版,第 8 页。

吸取情波了,原来那些毛根的塞口就都开起来,他吸了一口气,刺疼已不再来,他又暂时享受到极甘美的乐境"①,甚至父母亲友全忘,财产的损失也满不在意。这就极细致地刻画了在美的追求与达到美的境界后的不同处境中迷狂的具体状态。由此说明,灵感中的迷狂有以下三大特点:第一,迷狂是一种搅动得作者寝食不安、非理性的强烈感情活动;第二,迷狂是一种父母、亲友、财产俱忘的高度集中的精神状态;第三,创作的成功使作者达到一种乐而忘痛的"极甘美的乐境"②。

　　最后,柏拉图论述了灵感的产生,提出了"神启说"。文艺创作中的"灵感"是怎样产生的呢?柏拉图从其唯心主义的"理念论"出发,将其归结为"神启"。他把这种"神启"说成是"神灵凭附",具体地说就是诗神的凭附。他在《伊安篇》中把这种"诗神凭附"比作磁石对铁环的吸引,他说:"诗神就像这块磁石,它首先给人灵感,得到这灵感的人们又把它递传给旁人,让旁人接上它们,悬成一条锁链。"③朱光潜先生认为,柏拉图除了认为"神灵凭附"是产生"灵感"的原因之外,还有一个原因就是"回忆"。其实,在柏拉图的理论体系中,"神启"与"回忆"是一致的。这就是他的理念论与灵魂不灭说的宗教观的一致。因为,在柏拉图看来,哲学家们之所以能"回忆"起理念,究其原因还是"神启"的结果。他在具体谈到"回忆说"时,从来都是同"神启"相联系的。他说,"因为哲学家的灵魂常专注在这样光辉景象的回忆","他们不知道这其

---

①柏拉图:《文艺对话集》,朱光潜译,人民文学出版社1963年版,第128页。
②柏拉图:《文艺对话集》,朱光潜译,人民文学出版社1963年版,第128页。
③柏拉图:《文艺对话集》,朱光潜译,人民文学出版社1963年版,第8页。

实是由神灵凭附的"。① 他还进一步将这种由"回忆"引起的迷
狂,同其他情形的迷狂作了比较,"现在我们可以得到关于这种迷
狂的结论了,就是在各种神灵凭附之中,这是最好的一种"②。由
此可见,他是将"神启"作为"迷狂"的总根源的,"回忆"所引起的
"迷狂"只是这总根源中的一种情形而已。

　　柏拉图之所以会提出灵感论,其重要原因之一就是希腊神话。
按照希腊神话,人的各种技艺,如占卜、医疗、耕种、手工业等都是由
神发明、由神传授的。每种技艺都有一个专负其责的护神。诗歌和
艺术的总的最高的护神是阿波罗,底下还有九个女神叫缪斯。柏拉
图提出文艺创作凭借诗神凭附,这正是肯定了希腊神话中上述古老
的传说。至于"灵感论"所表现的"灵魂不灭说",本是东方一些宗教
中的迷信,可能经由埃及传到希腊。此外,柏拉图的灵感说的提出,
同贵族阶级鄙视与生产有关的技艺,及苏格拉底学派鄙视诡辩学派
玄谈技艺规矩这两个事实也是分不开的。

　　很明显,柏拉图的"灵感论"是反理性的,并且是彻头彻尾的
宗教迷信。但是,这一理论却接触到了文艺的感情特色。他以极
多的篇幅,详细地进行了描述和强调,这实在是难能可贵的。如
此集中详尽地阐述文艺创作的感情特色,在西方美学史上也是第
一次。

五

　　柏拉图不仅在西方美学史上第一次集中地阐述了文艺创作

① 柏拉图:《文艺对话集》,朱光潜译,人民文学出版社 1963 年版,第 125 页。
② 柏拉图:《文艺对话集》,朱光潜译,人民文学出版社 1963 年版,第 125 页。

的感情特色，而且最早集中地强调了文艺的社会效用。他在《理想国》卷十中明确地对文艺提出了这样的衡量标准和要求："不仅能引起快感，而且对国家和人生都有效用。"①

　　那么，柏拉图为什么要提出"效用说"呢？事实证明，柏拉图提出"效用说"不是偶然的，而是有其深刻原因的。第一，由于他充分地认识到文艺的巨大作用，特别是认识到文艺的巨大感染作用。他在《理想国》卷三中告诉我们："音乐教育比起其他教育都重要得多，是不是为这些理由？头一层，节奏与乐调有最强烈的力量浸入心灵的最深处，如果教育的方式适合，它们就会拿美来浸润心灵，使它也就因而美化；如果没有这种适合的教育，心灵也就因而丑化。其次，受过这种良好的音乐教育的人可以很敏捷地看出一切艺术作品和自然界事物的丑陋，很正确地加以厌恶；但是一看到美的东西，他就会赞赏它们，很快乐地把它们吸收到心灵里，作为滋养，因此自己性格也变成'高尚优美'。"②可见，他已非常深刻地认识到文艺"浸润心灵"的特殊的感染作用。他甚至将这种作用说成是一种"诗的魔力"，而坏的作品"对于听众的心灵是一种毒素"③。第二，由于他认识到对统治者，特别是对其继承人进行教育的迫切需要。柏拉图为了给自己的"理想国"培养统治人才，是十分重视青年一代的教育的。他将此称作是"我们的城邦保卫者们的教育"。他认为，这种教育包括身体和心灵两个方面。"对于身体用体育，对于心灵用音乐。"④由此可知，柏拉

---

① 柏拉图：《文艺对话集》，朱光潜译，人民文学出版社 1963 年版，第 88 页。
② 柏拉图：《文艺对话集》，朱光潜译，人民文学出版社 1963 年版，第 62—63 页。
③ 柏拉图：《文艺对话集》，朱光潜译，人民文学出版社 1963 年版，第 66 页。
④ 柏拉图：《文艺对话集》，朱光潜译，人民文学出版社 1963 年版，第 21 页。

图是认识到文艺对于人的心灵的教育比体育更难。他说:"用故
事来形成儿童的心灵,比起用手来形成他们的身体,还要费更多
的心血。"①因此,他认为,应该十分重视文艺,使得青年们"天天
耳濡目染于优美的作品,像从一种清幽境界呼吸一阵清风,来呼
吸它们的好影响,使他们不知不觉地从小就培养起对于美的爱
好,并且培养起融美于心灵的习惯"②。否则,如果"随便准我们
的儿童去听任何人说的任何故事,把一些观念印在心里,而这些
观念大部分和我们以为他们到成人时应该有的观念相反"③,那
就会后患无穷。第三,由于痛感到当时文艺领域所存在的问题。
当时的文艺领域,主要流行的是古代神话、传说、《荷马史诗》和悲
喜剧。柏拉图站在奴隶主贵族的立场上,对上述艺术作品是十分
不满的。他认为,主要存在这样两个方面问题。一个问题是所谓
"说谎"。他认为,主要表现在歪曲地描写了英雄和神,把他们描
写得同普通人一样,互相争吵,欺骗和残杀。再一个问题是所谓
迎合人性中的低劣部分。他认为,主要表现在悲剧通过人物"哀
诉一番"的哀伤癖来激起听众同情的"哀怜癖",喜剧则是投合人
类"本性中的诙谐的欲念",以至"不免于无意中染到小丑的习
气"。④ 他认为,文艺领域所存在的这些问题不利于奴隶主贵族
的统治,必须加以匡正。为此,就十分迫切需要强调文艺发挥其
有利于城邦统治的效用。

　　关于"效用说"的具体内容,柏拉图在早年所写的《大希庇阿

①柏拉图:《文艺对话集》,朱光潜译,人民文学出版社1963年版,第22页。
②柏拉图:《文艺对话集》,朱光潜译,人民文学出版社1963年版,第62页。
③柏拉图:《文艺对话集》,朱光潜译,人民文学出版社1963年版,第22页。
④柏拉图:《文艺对话集》,朱光潜译,人民文学出版社1963年版,第86页。

斯篇》中已经涉及。在这篇对话中,他用相当的篇幅探讨了"美与
善"的关系问题。先是提出了"有用即美"的命题,又进一步提出
了"有益即美"的命题。尽管最后并未真正弄清楚美与善的关系,
但已经说明柏拉图早就看到了美与善之间的必然联系。柏拉图
在《理想国》卷十中更明确地提出了"既有快感,又有效用"的观
点。同时,他还在《理想国》中将其"效用说"的观点进一步具体
化。在这里,他从有利于城邦保卫者的"培养品德"出发,提出了
这样三个方面的要求。第一,从内容上看,写神只能写"神不是一
切事物的因,只是好的事物的因"①。这样,写神与英雄就只能写
其英雄事迹,而不能写他们的说谎、痛苦、爱财等等。写人则应符
合"正义"的道理。这里所说的"正义"就是安分守己。因为,前已
说到,在柏拉图的"理想国"里各个阶级守其本分即是"正义"。第
二,从表现形式上看,柏拉图认为,文艺对现实的表现无非三种形
式。第一种是直接叙述的形式,如戏剧。柏拉图称之为"摹仿"。
第二种是间接叙述的形式,即用诗人的口吻叙述,如颂诗。柏拉
图称之为单纯叙述。第三种是两者的混合,如史诗。柏拉图赞成
间接叙述的颂诗等形式,反对直接叙述的戏剧等形式。因为这种
直接叙述的形式,在柏拉图看来会使城邦保卫者因摹仿坏人坏事
而使其性格受到伤害。更重要的是,他认为会破坏"正义"这一城
邦的最高道德,使得各种等级互相混淆。因为,柏拉图认为,按照
"正义"的要求:"我们的是唯一的城邦,里面鞋匠就真正是鞋匠,
而不是鞋匠兼船长;农人就真正是农人,而不是农人兼法官;兵士
就真正是兵士,而不是兵士兼商人,其余依此类推。"②第三,在音

①柏拉图:《文艺对话集》,朱光潜译,人民文学出版社1963年版,第28页。
②柏拉图:《文艺对话集》,朱光潜译,人民文学出版社1963年版,第55页。

乐方面,对于当时流行的四种乐调,他反对音调哀婉的吕底亚式和音调柔弱的伊俄尼亚式,只准保留音调简单严肃的多里斯式和激昂的战斗意味强的佛律癸亚式。他认为,原因在于激昂的乐调可使城邦保卫者"在战场和一切危难境遇都英勇坚定",而严肃的乐调则可使城邦保卫者在和平时期"谨慎从事,成功不矜,失败也还是处之泰然"①。

　　关于如何推行自己的"效用说",柏拉图是有一系列想法的。第一,他认为,应该按照"效用说"的标准建立对于文艺作品的检查制度。在《理想国》中,他就提出了对文艺家进行监督的观点。他认为,应该强迫艺术家在自己的作品中"只描写善的东西和美的东西的影像",不准他们"摹仿罪恶、放荡、卑鄙和淫秽,如果犯禁,也就不准他们在我们的城邦里行业"②。在其晚年所著的《法律篇》中,他更加明确地指出,任何文艺作品"只有凭真正的法律才能达到完善"③。因此,他对一切到城邦来的文艺家提出了极为严格的审查的要求。他说:"所以先请你们这些较柔和的诗神的子孙们把你们的诗歌交给我们的长官们看看,请他们拿它们和我们自己的诗歌比一比,如果它们和我们的一样或还更好,我们就给你们一个合唱队;否则就不能允许你们来表演。"④第二,对于一切不利于城邦利益和城邦保卫者教育的文艺作品和文艺家要采取果断的驱逐措施。在《理想国》中,柏拉图对专事"摹仿"的文艺家说道:"我们的城邦里没有像他这样的一个人,法律也不准

---

① 柏拉图:《文艺对话集》,朱光潜译,人民文学出版社1963年版,第58页。
② 柏拉图:《文艺对话集》,朱光潜译,人民文学出版社1963年版,第62页。
③ 柏拉图:《文艺对话集》,朱光潜译,人民文学出版社1963年版,第313页。
④ 柏拉图:《文艺对话集》,朱光潜译,人民文学出版社1963年版,第313页。

许有像他这样的一个人,然后把他涂上香水,戴上毛冠,请他到旁的城邦去。"①接着,他又进一步阐明了这种驱逐实际上是关系到国家的存亡。因为,这类作品"培养发育人性中低劣的部分,摧残理性的部分"②,其结果就会导致国家的权柄落到一批坏人手里。因此,他认为,对于这样的文艺家,应该"拒绝他进到一个政治修明的国家里来"③。即便是那些对文艺有深厚感情的人,对于这类作品也应从"效用"出发,应该"像情人发见爱人无益有害一样,就要忍痛和她脱离关系了"④。第三,按照"效用说"的理论保留少量的符合城邦利益的文艺作品。他认为,按照"效用说"的理论,并非一切的文艺都要排除驱逐,有些符合城邦利益的作品还是应该保留发展。例如,"颂神和赞美好人的诗歌"⑤还是可以保留在他的理想国之中的。因为,这类诗歌符合他的"效用说"的标准:"不仅能引起快感,而且对于国家和人生都有效用","不但是愉快的而且是有用的"⑥。

　　柏拉图的"效用说",从政治上来说,完全是为了维护奴隶主贵族的统治制度。这一理论的具体目的,就是为了教育奴隶主贵族的继承人能够团结一致地维护贵族统治的反动秩序。例如,他在批判描写神与神之间残害的作品时指出:"我们的城邦的保卫者们必须把随便就相争相斗看成最大的耻辱。"⑦他还正

①柏拉图:《文艺对话集》,朱光潜译,人民文学出版社1963年版,第56页。
②柏拉图:《文艺对话集》,朱光潜译,人民文学出版社1963年版,第84页。
③柏拉图:《文艺对话集》,朱光潜译,人民文学出版社1963年版,第84页。
④柏拉图:《文艺对话集》,朱光潜译,人民文学出版社1963年版,第88页。
⑤柏拉图:《文艺对话集》,朱光潜译,人民文学出版社1963年版,第87页。
⑥柏拉图:《文艺对话集》,朱光潜译,人民文学出版社1963年版,第88页。
⑦柏拉图:《文艺对话集》,朱光潜译,人民文学出版社1963年版,第24页。

面表述了这一观点,要求文艺家创作的"用意是要他们长大成人时知道敬神敬父母,并且互相友爱"①。另外,他的"效用说"还要求运用文艺手段使青年人懂得"节制",而所谓节制就是安分守己,服从统治。当然,柏拉图的"效用说"也不是一无可取。从美学理论本身来说,他第一次集中而明确地将美与善联系了起来,并且认为善是美的基础,这还是十分可贵的,对后人有很大启发。

六

修辞学是柏拉图时代十分流行的一种学问,崇尚这门学问的主要是一些诡辩学家。这些人中的大多数赞成民主政治,常以教授诡辩和修辞为业,其修辞理论有过分强调形式的倾向。他们在谈到其修辞学的主要观点时指出:"无论你说什么,你首先应注意的是逼真,是自圆其说,什么真理全不用你去管。全文遵守这个原则,便是修辞术的全体大要了。"②这些人大多是柏拉图的政敌。柏拉图痛感他们的诡辩术的危害,为了斗争的需要,于是提出了自己关于修辞学的理论,论述了文章的内容与形式之间的关系。

柏拉图与诡辩派针锋相对,认为修辞学的根本原则不应是辞句上的自圆其说,而应是对于真理的追求。他说:"文章要做得好,主要的条件是作者对于所谈问题的真理要知道清楚。"③他还

①柏拉图:《文艺对话集》,朱光潜译,人民文学出版社1963年版,第34页。
②柏拉图:《文艺对话集》,朱光潜译,人民文学出版社1963年版,第165页。
③柏拉图:《文艺对话集》,朱光潜译,人民文学出版社1963年版,第141页。

明确肯定了斯巴达人的一句谚语:"在言辞方面,脱离了真理,就没有,而且也永不能有真正的艺术。"①这就充分地肯定了内容在作品中的主导地位,否定了诡辩学派过分强调言辞的形式主义倾向。由于柏拉图将文章写作好坏的主要条件看作是否清楚地知道真理,因而,他认为,只有"爱智者"或"哲人"才能写出好的文章。在写作中,只有把真理表达清楚,才能称得上是在修辞方面达到完美。为此,必须"要有三个条件:第一是天生来就有语文的天才;其次是知识;第三是练习"②。在他看来,前两条是最主要的。所谓"天才"就是高尚的灵魂,所谓"知识"也是指对先天所见的理念的回忆。这两条都是先天的禀赋,只有最后一条是后天的,但却是次要的。由此可见,他的修辞学中表达真理的基本观点还是由其"理念论"的世界观决定的。

根据这一对真理表达得清楚的基本原则,他对文章的形式提出了两条具体的要求。第一条是要求中心突出、结构严谨。他说:"头一个法则是统观全体,把和题目有关的纷纭散乱的事项统摄在一个普遍概念下面,得到一个精确的定义,使我们所要讨论的东西可以一目了然。"③这就是说,要使文章表达的真理居于统帅地位,以理率辞,贯穿始终,这样,文章的结构就"像一个有生命的东西,有它所特有的那种身体,有头尾,有中段,有四肢,部分和部分,部分和全体,都要各得其所,完全调和"④。第二条是要求段落清晰。他说:"第二个法则是顺自然的

①柏拉图:《文艺对话集》,朱光潜译,人民文学出版社1963年版,第143页。
②柏拉图:《文艺对话集》,朱光潜译,人民文学出版社1963年版,第159页。
③柏拉图:《文艺对话集》,朱光潜译,人民文学出版社1963年版,第152页。
④柏拉图:《文艺对话集》,朱光潜译,人民文学出版社1963年版,第150页。

关节,把全体剖析成各个部分,却不要像笨拙的宰割夫一样,把任何部分弄破。"①这就要求将文章所表达的真理通过逐段安排,层次清晰地阐述明白。这两条的统一就是柏拉图所称为的"辩证术"。他认为,按照这样的"辩证术"就可写出好文章。

从柏拉图上述关于修辞学的理论可以看到,他从"理念论"出发,在文章的内容与形式这两个方面之中,他是特别强调内容的,将内容的正确与否作为文章好坏的主要条件,在内容与形式的关系中提出了内容"统观全体"的观点,主张"以理率辞"。这些观点应该说都在一定程度上总结了写作中的客观规律。但柏拉图,对形式的反作用和相对独立性强调的太少,这就不免有绝对化的倾向。

综观柏拉图的美学思想,真是极其矛盾的。一方面,他是一个反映奴隶主贵族利益的政治家,具有浓厚宗教神秘主义的唯心主义理论家;但另一方面,他又在欧洲美学史上首次集中地探讨了美的本质、美与善的关系,对后世各种美学思想都产生了很大的影响。一方面,他从维护奴隶主的政治立场和唯心主义的理念论出发,肆意否定文艺,将文艺归为"摹本的摹本";另一方面,他又在欧洲美学史上第一次比较全面地论述了艺术创作和艺术作用上的情感特征。凡此种种,都说明对于柏拉图这样的美学家不能采取简单化的一概肯定和一概否定的态度,而应以马克思主义的历史主义为武器,对其进行历史、具体地分析。这样才能给予科学的评价,以便于我们批判地继承这份历史遗产。

---

① 柏拉图:《文艺对话集》,朱光潜译,人民文学出版社 1963 年版,第 153 页。

第三章　亚里士多德的美学思想

（参见第一卷《西方美学简论》第 19 页）

第四章　贺拉斯及其《诗艺》

一、生平与背景

贺拉斯(公元前65—前8),生于意大利南部一个获释的奴隶家庭。他父亲比较富有,送他到罗马接受很好的教育,其后又被送往雅典去学哲学,使其成为古希腊文化的推崇者。内战时期,贺拉斯于公元前42年参加共和派军队,并被委任为军团司令官。共和派战败后,他乘大赦的机会回到罗马。这时父亲已死,田产充了公,家中生活十分贫困。他设法谋得一个财务录事的差事,开始写作诗歌。公元前39年,他的诗歌经当时著名诗人维吉尔的推荐,得到奥古斯都的亲信麦凯纳斯的赏识,参加了麦凯纳斯组织的文学集团。公元前33年,麦凯纳斯赠给他一座庄园,位于罗马附近的萨比尼山。从此,他便在庄园与罗马两地消磨此后的岁月,生活宁静,并转向了支持帝制,写诗颂扬奥古斯都大帝。在罗马文学的"黄金时代",贺拉斯与维吉尔齐名,创作了许多抒情诗、讽刺诗与诗体《信简》二卷。他的《信简》第二卷中的第三封信——《致皮索父子》,回答他们提出的一些文艺问题。这封信被后人称为《诗艺》。

贺拉斯生活在罗马帝国初期(罗马历史分王政时期、共和时期和帝国时期)。此时,战争的硝烟已从人们头上飘散,人们生活在宁静的和平之中。在战争中遭到破坏的手工业、商业与交通迅速恢复并活跃起来,罗马成为向四处辐射的交通网络的中心,有"条条道路通向罗马"之誉。罗马也成为国际性的水陆码头,呈现一片繁荣的景象。

经济的发达促进了文学艺术的繁荣。一方面,奴隶主阶级需要通过文艺标榜自己的文治武功,在世界面前树立起帝国的崇高而不可侵犯的形象;另一方面,希腊和东方艺术大量涌入罗马,大大刺激了刚刚从戎马生涯中脱身出来的罗马人的兴味。罗马的统治者们一心要把罗马建成贝里克利时代的雅典那样举世瞩目的城市,明确要求文艺为帝国、皇帝服务,用崇高的语言和格调来歌颂罗马的功业。在他们的奖掖下,一大批艺术家从各地汇集到罗马,成为宫廷的侍臣或权贵们的门客。但罗马的文学基本上是对古希腊文学的继承与摹仿,缺乏创造性。

古罗马也没有自己独特的哲学,它的哲学就是伊壁鸠鲁派和斯多噶派的哲学。伊壁鸠鲁学说的核心范畴是"快乐",这种快乐是一种静态的、持久的、有节制的,保持了中庸和简朴。斯多噶派认为,人类的基本出发点和归宿是德行,德行是快乐的基础。人们为获得快乐,唯一的途径是做一个有德行的人,他们不是听凭情感而是听凭理智生活。贺拉斯的文艺思想就深受伊壁鸠鲁派和斯多噶派中庸的哲学思想的影响。

二、贺拉斯的文艺思想

1. 古典主义的创作原则

古典主义文艺思潮在西方绵延了一千余年。直到 17—18 世纪启蒙运动,才逐步被现实主义所代替。但作为一种美学特征,则几乎延续到资本主义前期。古典主义创作原则最早由谁提出?一说始于古罗马的贺拉斯,17世纪的法国布瓦洛等被称为新古典主义;一说始于布瓦洛。我们持前一种看法,认为古典主义创作原则最早由贺拉斯提出。因为,在他的《诗艺》里,已经概括了古典主义的基本特征。

第一,创作上的理性原则。

古典主义最基本的特征就是强调在创作中理性主宰一切。贺拉斯说:"要写作成功,判断力是开端和源泉。"①何为判断力呢? 贺拉斯认为,判断力即理性能力,指应懂得对国家、朋友的责任;懂得怎样爱父兄、宾客;懂得元老、法官、将领等各类人员的职务与作用,最后是"懂得怎样把这些人物写得合情合理"②。这就要求创作应合乎现实自然之理与罗马帝国所要求的情理。在此,贺拉斯借用了亚里士多德关于诗人应写"应当有的事",认为"作者在写作预定要写的诗篇的时候能说此时此地应该说的话"③。这"应该说的话"就是符合自然之理与古罗马社会情理和理性要求的话。贺拉斯对文艺的总要求,是"至少要做到统一、一致"④,表现出一种整体的和谐的

---

① 亚里士多德、贺拉斯:《诗学·诗艺》,罗念生、杨周翰译,人民文学出版社
　 1962年版,第154页。
② 亚里士多德、贺拉斯:《诗学·诗艺》,罗念生、杨周翰译,人民文学出版社
　 1962年版,第154页。
③ 亚里士多德、贺拉斯:《诗学·诗艺》,罗念生、杨周翰译,人民文学出版社
　 1962年版,第139页。
④ 亚里士多德、贺拉斯:《诗学·诗艺》,罗念生、杨周翰译,人民文学出版社
　 1962年版,第138页。

美。他认为,有的劣等工匠,在雕塑铜像时,常常着眼于个别的指甲与毛发的惟妙惟肖,但却忽略了整体的协调,因此,"总效果却很不成功"①。

首先,艺术作品的外在结构应有一种统一性。他举例说,如果有位画家画了一幅画,上面有个美女的头,长在马颈上,四肢是由各种动物的肢体拼凑起来的,四肢上又覆盖着各色羽毛,下面长着又黑又丑的鱼尾巴。面对这么一幅奇形怪状不伦不类的画,谁又能不捧腹大笑呢?因为这幅画是不同种类的拼凑,在外在结构上缺乏最基本的统一性。

其次,艺术作品的情节应有某种统一性。贺拉斯又举例说,诗人固然有大胆创造的权利,"但是不能因此就允许把野性的和驯服的结合起来,把蟒蛇和飞鸟,羔羊和猛虎,交配在一起"②。因为这样的事是不合情理、不可能发生的。

再次,在描写人物性格方面,要做到具有某种统一性。他说:"假如你把新的题材搬上舞台,假如你敢于创造新的人物,那么必须注意从头到尾要一致,不可自相矛盾。"③这个"一致",既要人物性格自身始终一致、头尾呼应,还要求应与其身份相一致。做到什么身份的人说什么样的话,办什么样的事。

最后是要求艺术作品在风格上具有统一性。贺拉斯认为,诗人在写作时如果是一种极为庄严的格调,但却突然"出现一两句

---

① 亚里士多德、贺拉斯:《诗学·诗艺》,罗念生、杨周翰译,人民文学出版社1962年版,第138页。
② 亚里士多德、贺拉斯:《诗学·诗艺》,罗念生、杨周翰译,人民文学出版社1962年版,第137页。
③ 亚里士多德、贺拉斯:《诗学·诗艺》,罗念生、杨周翰译,人民文学出版社1962年版,第143—144页。

绚烂的词藻,和左右相比太显得五色缤纷了。绚烂的词藻很好,但是摆在这里摆得不得其所"①。"绚烂的词藻",也有译成"大红补丁",亦即同庄严的格调不相称、不和谐。

贺拉斯认为,对于该写什么,不该写什么,作家主要依靠理性加以判断,做出取舍。例如,作为表演艺术的戏剧,主要靠行动取胜,呈现在观众眼前。"不该在舞台上演出的,就不要在舞台上演出,有许多情节不必呈现在观众眼前。"②例如,不必让美狄亚当着观众屠杀自己的孩子,不必让罪恶的阿特柔斯公开地煮人肉吃,不必把普洛克温当众变成一只鸟,也不必把卡德摩斯当众变成一条蛇。

第二,题材上的仿古原则。

在题材方面,贺拉斯是主张借鉴古希腊的,他提出的著名口号是:"你们应当日日夜夜把玩希腊的范例。"③他又说道:"从公共的产业里,你是可以得到私人的权益的。"④这里所谓"公共的产业"即指古希腊时期的题材,这是一种公共的财富,而所谓"私人的权益",即作家本人的独创。他尽管主张从古希腊文艺遗产中寻找题材,却竭力反对死搬死译,刻板地摹仿,而应是有某种独创性。他的这种看法,有点像现在的新编历史剧,借古人的事迹,

①亚里士多德、贺拉斯:《诗学·诗艺》,罗念生、杨周翰译,人民文学出版社1962年版,第137页。

②亚里士多德、贺拉斯:《诗学·诗艺》,罗念生、杨周翰译,人民文学出版社1962年版,第146页。

③亚里士多德、贺拉斯:《诗学·诗艺》,罗念生、杨周翰译,人民文学出版社1962年版,第151页。

④亚里士多德、贺拉斯:《诗学·诗艺》,罗念生、杨周翰译,人民文学出版社1962年版,第144页。

表现当代人的情感。

第三,观众方面的贵族原则。

贺拉斯认为,贵族与平民有不同的艺术趣味,对于当时流行的软绵绵的诗歌,或者某些淫词秽语,那些站在大街上买烤豆子、烤栗子吃的平民是十分赞许的,而骑士、长者、贵人、富人们却极其反感。贺拉斯对于平民的艺术趣味是十分厌恶的,对于贵族的艺术趣味却十分欣赏。他把贵族们尊称为"清醒、纯洁、有廉耻的人"①。他还认为,当时罗马艺术已有着某种程度上的堕落,就同迎合平民观众直接有关。他说:"本来么,观众中夹杂着一些没有教养的人,一些刚刚劳动完毕的肮脏的庄稼汉,和城里人和贵族们夹杂在一起——他们又懂得什么呢?因此,奏箫管的乐师便在古法之外加上些动作和花巧,在舞台上曳着长裙走过。"②很显然,贺拉斯是主张文艺应以贵族为服务对象。

第四,修辞上的典雅原则。

贺拉斯与亚里士多德相同,认为最重要的艺术样式是悲剧。悲剧在修辞上最重要的应是有某种高贵性的典雅原则,给人一种庄严崇高之感,不可反庄为谐,不可让天神与英雄穿着庄严的袍褂却说一些粗俗的语言。他说:"悲剧是不屑于乱扯一些轻浮的诗句的,就像庄重的主妇在节日被邀请去跳舞一样。"③他要求诗

---

①亚里士多德、贺拉斯:《诗学·诗艺》,罗念生、杨周翰译,人民文学出版社 1962 年版,第 148 页。

②亚里士多德、贺拉斯:《诗学·诗艺》,罗念生、杨周翰译,人民文学出版社 1962 年版,第 148 页。

③亚里士多德、贺拉斯:《诗学·诗艺》,罗念生、杨周翰译,人民文学出版社 1962 年版,第 149 页。

人"至少要能分辨什么是粗鄙,什么是漂亮文字,用我们的耳朵、手指辨出什么是合法的韵律"①。

2. 寓教于乐的功利作用

文艺的作用到底是什么呢? 柏拉图提出了"效用说",亚里士多德提出了"净化说",贺拉斯在此基础上提出了"寓教于乐"的名言,将教化与娱乐这两种功用结合了起来。他说:"寓教于乐,既劝谕读者,又使他喜爱,才能符合众望。"②当然,在教化与娱乐这两者之间,他更侧重于教化。在他看来,娱乐只不过是手段,只有教化才是目的。他甚至认为,"神的旨意是通过诗歌传达的;诗歌也指示了生活的道路"③。文艺的教化作用到底是什么呢? 他认为,古希腊时代是指导人们"划分公私,划分敬渎,禁止淫乱,制定夫妇礼法,建立邦国,铭法于木",后来的荷马和斯巴达诗人堤尔泰俄斯利用诗歌"激发了人们的雄心奔赴战场"④。

但单纯的教化还不能达到自己的目的,文艺毕竟有着自己的特点。首先是虚构性,即通过合理想象虚构形象,使读者或观众如闻其声、如睹其面,文艺的教化作用就通过形象产生。诚如贺

---

① 亚里士多德、贺拉斯:《诗学·诗艺》,罗念生、杨周翰译,人民文学出版社1962 年版,第 151 页。
② 亚里士多德、贺拉斯:《诗学·诗艺》,罗念生、杨周翰译,人民文学出版社1962 年版,第 155 页。
③ 亚里士多德、贺拉斯:《诗学·诗艺》,罗念生、杨周翰译,人民文学出版社1962 年版,第 158 页。
④ 亚里士多德、贺拉斯:《诗学·诗艺》,罗念生、杨周翰译,人民文学出版社1962 年版,第 158 页。

拉斯所说，"虚构的目的在于引人欢喜"。① 但虚构又应真实合理，不可随意杜撰。例如，你如告诉人们可从专吃婴儿的女妖拉米亚的肚皮里取出活生生的婴儿，那就近于荒诞了。同时，文艺还必须要有打动人心的情感。你自己先要笑，才能引起别人脸上的笑。同样，你自己得哭，才能在别人脸上引起哭的反应。这种情感在他看来就是文艺特有的"魅力"。他说："一首诗仅仅具有美是不够的，还必须有魅力，必须能按作者愿望左右读者的心灵。"②很显然，他把文艺的情感性看作"美"之外的另一种特性。由此可见，他这里所谓的"美"偏重于物质的外在的统一与和谐，而情感却是精神的、内在的。

　　贺拉斯不仅强调文艺的虚构性、情感性，而且再次突出地强调文艺的独创性。他认为，任何人，甚至律师、诉讼师都可犯平庸的毛病，"唯独诗人若只能达到平庸，无论天、人或柱石都不能容忍"③。对诗歌的唯一要求就是具有创造性，只有具有创造性，才能使人耳目一新，心旷神怡，从而达到教化的效果，否则就功亏一篑，一败涂地。由此可见，贺拉斯对于文艺的特性还是比较重视的。他的教化是尊重文艺特性前提下的教化，而强调文艺特性的根本目的又是为了教化。这说明，从亚里士多德开始的对文艺规律本身的研究到了贺拉斯已经有了更大的进展。

①亚里士多德、贺拉斯：《诗学·诗艺》，罗念生、杨周翰译，人民文学出版社1962年版，第155页。
②亚里士多德、贺拉斯：《诗学·诗艺》，罗念生、杨周翰译，人民文学出版社1962年版，第142页。
③亚里士多德、贺拉斯：《诗学·诗艺》，罗念生、杨周翰译，人民文学出版社1962年版，第156页。

3. 诗人的修养

第一,天才与训练的结合。

诗人应该具备一些什么样的修养呢? 这是自古希腊以来就争论不休的问题。有的强调天才(先天禀赋),有的强调训练。贺拉斯则主张天才与训练的结合。他说:"有人问:写一首好诗,是靠天才呢,还是靠艺术? 我的看法是:苦学而没有丰富的天才,有天才而没有训练,都归无用;两者应该相互为用,相互结合。"[1]

第二,诗人应切忌失去理性。

贺拉斯强调理性对创造的指导,因而在天才与训练上更侧重于后天的训练。他举例说,竞技场上的优胜者,是因幼年勤于训练,吃过很多苦,出过汗,受过冻,并且严于律己,戒酒戒色。在纪念日神阿波罗的音乐竞赛会上受到人们称赞的音乐演奏家们也是经过艰苦的努力,长期在老师的严格要求之下训练而成。为此,他在《诗艺》中尽力抨击天才论者。古希腊的哲学家德谟克利特是天才论者,贺拉斯认为,他所起的坏作用是"把头脑健全的诗人排除在赫利孔之外"[2]。这里所说的赫利孔,是希腊神话中诗神所居的山,泛指诗歌领域。这就是说,推行天才论的结果,竟使所谓的诗人队伍没有一个真正头脑健全的人。这些人不修边幅,缺乏正常人的生活习惯。他们不剪指甲,不剃胡须,流连于人迹不到之处,从不进入浴室,浑身污垢。而且,神志不清、疯疯癫癫。

---

① 亚里士多德、贺拉斯:《诗学·诗艺》,罗念生、杨周翰译,人民文学出版社1962年版,第158页。

② 亚里士多德、贺拉斯:《诗学·诗艺》,罗念生、杨周翰译,人民文学出版社1962年版,第153页。

贺拉斯将他们说成是"癫诗人"。这些癫诗人两眼朝天,口中吐些不三不四的诗句,东游西荡,最后落入陷阱、自取灭亡。贺拉斯对他们极其痛恨,告诫人们说:"让诗人们去享受自我毁灭的权利吧。"①他这里所说的"癫诗人",就是柏拉图所说的获得灵感的、处于失去理性的迷狂状态的诗人。

第三,诗人应重视诗作的修改。

贺拉斯强调,作品完成后,作家要进一步润色、修改。这与他对天才论的反对相一致。他认为,任何成功之作都得经过多次涂改,就好像雕塑家不停地用指甲在雕像上磨擦检查接缝处的光润状况,以便加以修正。②

第四,诗人应正确对待批评。

贺拉斯非常重视文艺批评对于发展文艺的作用。他十分形象地将文艺批评比作磨刀石,说:"我不如起个磨刀石的作用,能使钢刀锋利,虽然它自己切不动什么。"③所谓"磨刀石作用",就是通过批评,阐明诗人的成绩、功能、创作的源泉、诗人的修养与正确道路等等。很显然,这是以理性对诗人及其创作加以指导。他告诫诗人,千万要分辨真假朋友,珍视出于善意的批评家的严厉批评,警惕别有用心者的阿谀奉承。他说:"出殡的时候雇来的哭丧人的所说所为几乎超过真正从心里感到哀悼的人;同样,假意奉承的人比真正赞美(你的作品)的人表

①亚里士多德、贺拉斯:《诗学·诗艺》,罗念生、杨周翰译,人民文学出版社1962年版,第161页。

②亚里士多德、贺拉斯:《诗学·诗艺》,罗念生、杨周翰译,人民文学出版社1962年版,第152—153页。

③亚里士多德、贺拉斯:《诗学·诗艺》,罗念生、杨周翰译,人民文学出版社1962年版,第153页。

现得更加激动。"①

第五,诗人应摆脱金钱贪欲。

罗马时代由于商品经济的发展,在市民阶层中逐步发展起来的对金钱的贪欲,对文艺创作也有所腐蚀,贺拉斯对此不以为然。他说:"当这种铜锈和贪得的欲望腐蚀了人的心灵,我们怎能希望创作出来的诗歌还值得涂上杉脂,保存在光洁的柏木匣里呢?"②

4. 人物塑造的类型说

在人物塑造上,亚里士多德强调诗应描写"有普遍性的事",即"按照可然律或必然律会说的话,会行的事"。在这里,亚里士多德尽管对典型与个别的辩证法缺乏应有的认识,但毕竟是揭示了人物的合规律的普遍性。贺拉斯却明确提出按照不同人物的类型进行描写的要求。具体地说,他认为,不同的年龄应有不同的性格类型。他说,一个诗人,如果希望自己的作品赢得观众的掌声,"那你必须(在创作的时候)注意不同年龄的习性,给不同的性格和年龄以恰如其分的修饰"③。应写出儿童的天真、少年的无知、成年的野心、老年的痛苦。他要求,"我们必须永远坚定不移地把年龄和特点恰当配合起来"④。他还认为,不同身份的人,

①亚里士多德、贺拉斯:《诗学·诗艺》,罗念生、杨周翰译,人民文学出版社1962年版,第159页。

②亚里士多德、贺拉斯:《诗学·诗艺》,罗念生、杨周翰译,人民文学出版社1962年版,第155页。

③亚里士多德、贺拉斯:《诗学·诗艺》,罗念生、杨周翰译,人民文学出版社1962年版,第144—145页。

④亚里士多德、贺拉斯:《诗学·诗艺》,罗念生、杨周翰译,人民文学出版社1962年版,第146页。

应有不同的语言特点和性格。他说:"如果剧中人物的词句听来和他的遭遇(或身份)不合,罗马的观众不论贵贱都将大声哄笑。"①神、英雄、饱有经验的老人、热情的少年、货郎、农夫及各个不同地区的人所说话都大不相同。再就是,他认为,古希腊神话和悲剧中的人物也都有固定的性格类型,后人在描写这些人物时也不能加以更改。例如,阿喀琉斯的急躁、暴戾、无情、尖刻,美狄亚的凶狠、剽悍,伊诺的哭哭啼啼,伊克西翁的不守信义,伊俄的流浪,俄瑞斯忒斯的悲哀等等。

三、对贺拉斯文艺思想的评价

1. 成就

第一,贺拉斯是西方古典主义的奠基人。他在《诗艺》中提出了古典主义创作原则,特别是对理性的肯定,对"合式"原则的倡导,对后世产生较大影响,为17世纪的新古典主义提供了理论根据。布瓦洛所坚持的理性原则,除了受笛卡尔理性主义的影响外,主要是对贺拉斯古典主义原则的继承与发展。

第二,《诗艺》对现实生活的肯定,对普通人性的赞扬,对文艺社会作用的倡导,对文艺复兴时期的理论家有较大的启发,并受到18世纪启蒙运动的推崇。

第三,在西方美学与文艺理论史上,贺拉斯首次作为一个诗人从总结自己的创作经验出发来阐述美学与文艺理论问题。他

①亚里士多德、贺拉斯:《诗学·诗艺》,罗念生、杨周翰译,人民文学出版社
　1962年版,第143页。

的思想尽管在理论性与系统性上有所欠缺,但同亚氏相比,对文艺的论述与文艺本身更加切近,有许多自己独到的见解,特别是在诗人修养与文艺作用等问题上观点更加突出。他对"和谐"范畴的探讨,也多次对外在的、物质的和谐有所突破,涉及理性的主导作用与作品内在风格的协调一致等。

2. 局限

第一,《诗艺》中流露出明显的保守思想,确立了僵化的创作原则,形成了文艺中长期束缚创造性的清规戒律,为中世纪神学家所称道。

第二,《诗艺》明显地表现出对普通劳动人民的蔑视,对贵族阶级的颂扬,是一种阶级的偏见,其艺术趣味也纯是贵族式的。

第三,《诗艺》所提出的类型说,同亚氏的典型论相比,内容更具体丰富,但在理论深度上却有所倒退,极大地助长了此后人物类型化的倾向,所产生的作用是消极的。

第四,在理性与灵感、天才与训练的关系上,过分否定灵感与天才的作用,有形而上学绝对化倾向,不甚符合文艺创作实际。

第 二 编

新古典主义与启蒙主义美学

第五章　布瓦洛的新古典主义

　　新古典主义文艺思想与启蒙主义文艺思想同属于西方古典美的范围,但各处于西方古典美的不同发展阶段。它们都尊崇理性,所使用的基本范畴都是和谐。但两者又有所不同。新古典主义的理性是一种对封建君主专制政体高度服从的理性,而启蒙主义的理性则是资产阶级文化运动包含着"自由""民主"等新内容的理性。新古典主义的和谐是感性与理性机械、外在地统一于理性的和谐,而启蒙主义的和谐则是探索感性与理性通过内在矛盾实现自由统一的和谐。

　　布瓦洛是新古典主义最主要的理论代表,他的文艺论著《诗的艺术》是新古典主义的法典。俄国伟大诗人普希金曾说:"布瓦洛为古典主义诗歌写作了一部《可兰经》。"

一、生平与时代

　　布瓦洛(1636—1711),出身于巴黎一个司法官的家庭。由于早年丧母,生活不幸,养成沉默的个性。一开始,他根据父亲的旨意,专攻神学,准备为宗教服务。但因做神父不是自己的志愿,后改学法律。1657 年毕业于巴黎大学,考取了律师。由于厌恶律师生活的枯燥乏味,在得到父亲一笔遗产后,离开法院,专心致力于文学事业,开始了诗人的生涯。一开始,布瓦洛颇有锋芒,将讽刺的矛头对准没落的封建贵族和专事雕琢的官方诗人,著有《讽刺诗》(十二篇)。但在种种压力下不得不改变原先激进的态度,开始出入宫廷。先后写了几篇献媚于路易十四的书简诗,受到国王赏识,被命名为宫廷诗人。就在这种向贵族统治屈膝妥协的情况下,布瓦洛写作了《诗的艺术》,并于1674年发表。这部著作由于适应了封建王朝的政治需要,因此很快被钦定为古典主义的理论法典,布瓦洛本人也被聘为皇家的史官。1684年,布瓦洛在路易十四的推荐下进入法兰西学士院,成为40个"不朽者"之一。1711年3月,布瓦洛去世。

布瓦洛生活于欧洲由封建社会向资本主义社会过渡而封建势力仍占绝对统治地位时期,这是新古典主义产生的时代条件,也是《诗的艺术》产生的时代条件。

第一,政治上,法国中央集权君主政体的形成与巩固。

法国进入16世纪以后,封建制度日趋解体,资本主义开始发展,贵族势力有所削弱,国家在政治上得到了统一。法王路易十三和路易十四时期,由于任用了两个有才能的宰相,采取了有力的措施,使法国中央集权的君主专制在17世纪中期进入了黄金时代,成为当时欧洲最强的中央集权的君主制国家。此时的法国,封建势力与资产阶级斗争十分尖锐,在力量对比上封建贵族阶级仍占优势,但也压不倒新兴的资产阶级。社会上的等级制仍很严格。第一等级为天主教僧侣,代表着占有优势的封建势力;第二等级为贵族,世袭着种种政治上的特权;第三等级为市民,作为新兴资产阶级,虽有经济实力,但政治上却处于附庸地位。作为君主政体的国家,则居中,处于表面协调的地位,使贵族与市民彼此保持平衡。但实际上却仍然是依靠贵族势力维持自己的统治，当然也利用市民阶级的经济实力。

第二，思想上，笛卡尔的唯理主义成为当时法国的统治思想。

笛卡尔是唯理主义哲学的创始人，他把理性置于最高的地位，认为人类的思想是判断现实生活的准绳。他的著名命题，是"我思故我在"，强调理性决定一切。这种哲学，用人的理性去代替神的启示，同中世纪神学相比，无疑具有进步意义。但唯理主义哲学明确认为理性的具体化就是国家，就是君主专制。它特别强调君权高于一切，在思想上必须绝对遵守王权。因此，受到封建统治者的欢迎，很快成为当时的统治思想。

第三，文艺上的专制主义措施与尖锐激烈的斗争。

封建的君主政体在文艺上实行专制主义政策，1635年，路易十三的宰相黎塞留为了推行他的文化政策，把文艺置于专制王权的直接控制之下，创立了法兰西学士院，任务就是制定与中央集权的政治相适应的文学与语言法规。这就使皇家宫廷成为王国的文化中心，它的趣味成为一时的风尚。封建宫廷通过法兰西学士院对文艺实行强有力的控制。1638年，曾发生法兰西学士院公开批评高乃依著名戏剧《熙德》的事件。《熙德》是高乃依所著的一部成功的古典主义悲剧，演出后受到巴黎观众的热烈欢迎，但也受到一些人的攻击。当时的宰相，红衣主教黎塞留对它极为不满，便利用他所控制的法兰西学士院对《熙德》加以攻击，并指使夏泼兰写了《法兰西学士院对〈熙德〉意见书》，谴责这部作品违背了"三一律"，使高乃依为此辍笔五年。17世纪80—90年代，又发生了轰动法国文坛的"古今之争"。双方争论的中心，是在文艺方面究竟是古人胜过今人，还是今人胜过古人？崇古派以布瓦洛为领袖，崇今派以贝洛勃为代表。崇今派的主要理论家是艾弗蒙，虽也承认以理性为基础的永恒的法则，但更强调时代的变化与文学的发展,并明确提出:"我们应该把脚移到一个新的制度上去站着,才能适应现时代的趋向和精神。"①这一争论表明资产阶级作家冲破古典主义清规戒律束缚、争取创作上的更大自由的强烈要求。

二、布瓦洛的文艺思想

布瓦洛的文艺思想集中表现于《诗的艺术》一文,该文是新古典主义的法典。

1.唯理论

作为新古典主义的代表人物,布瓦洛认为体现封建君主政体利益的理性在文艺创作中处于最重要的位置。首先,他认为,理性是衡量作品价值的最根本的标准。14 世纪以来,意大利作家除但丁之外,大都倾向于形式主义的文风,追求浮华的辞藻,离奇的情节,以及其他种种穿凿附会。到 17 世纪,发展得更加严重,并把这种风气带到了法国。布瓦洛有感于此,针锋相对地提出:"因此,首须爱义理:愿你的一切文章,永远只凭着义理获得价值和光芒。"②在他看来,对于文艺家来说,最重要的就是热爱理性,并凭借着理性,使自己的作品获得价值和光芒。其次,在文艺创作中,诗人必须明确地把握住理性,完全在理性的指导

① 转引自朱光潜:《西方美学史》上卷,人民文学出版社 1963 年版,第 198—199 页。
② 伍蠡甫、胡经之主编:《西方文艺理论名著选编》上卷,北京大学出版社 1985 年版,第 182 页。

之下。那就要做到,在写作之前就应构思清楚。布瓦洛说:"你心里想得透彻,你的话自然明白,表达意思的词语自然会信手拈来。"①这就说明,体现理性的主题思想在创作中起着指导的作用。这段话在当时的法国流行极广,已经成为谚语。最后,对于作品来说是内容决定形式。布瓦洛认为,义理与音韵,二者似乎对立,但又不是不能相容。义理作为作品内容在作品中起着主导的作用,决定了形式,所谓"音韵不过是奴隶,其职责只是服从",但音韵作为形式,也对义理有辅助的作用,所谓"韵不能束缚义理,义理得韵而愈明"②。他特别反对的是"以韵害义"的形式主义倾向。

2. 自然人性说

布瓦洛是古希腊摹仿说的继承者,强调对自然的摹仿。他认为,"我们永远也不能和自然寸步相离"③,著名的古希腊诗人荷马,他的成功就是由于以大自然为师,所谓"荷马之令人倾倒是从大自然学来"④。但他的摹仿说是建立在理性主义基础之上的,和传统的摹仿说相比有很大的差别。首先,他所说的"自然"是一种先天的、与生俱来的人性,这种人性是由抽象的

---

① 伍蠡甫、胡经之主编:《西方文艺理论名著选编》上卷,北京大学出版社1985年版,第 186 页。
② 伍蠡甫、胡经之主编:《西方文艺理论名著选编》上卷,北京大学出版社1985年版,第 181 页。
③ 伍蠡甫、胡经之主编:《西方文艺理论名著选编》上卷,北京大学出版社1985年版,第 208 页。
④ 伍蠡甫、胡经之主编:《西方文艺理论名著选编》上卷,北京大学出版社1985年版,第 202 页。

理性决定的。因而，他所说的"自然"，是一种打上了理性烙印
的"自然人性"。他对作家们说道："你们唯一钻研的就应该是
自然人性"，这种自然人性即是一种抽象的、先天的好尚、精神
与行径，表现为一种类型，分为不同的年龄、职业、性格等。其
次，他认为，这种"自然人性"存在于宫廷与城市之中，因此，诗
人应由此获得对自然人性的正确认识。他的名言是："好好地
认识都市，好好地研究宫廷，二者都是同样地经常充满着模
型。"[1]但布瓦洛认为，城市只需一般地认识，而皇家贵族的宫廷
却须认真研究。可见，他认为，真正的符合理性的人性存在于宫
廷之中。

3. "三一律"

"三一律"又称"三整一律"，包括地点整一律（剧中的事件
发生在同一地点，整出剧不换景）、时间整一律（剧情表现的时
间限于二十四小时或十二小时）、情节整一律（全剧表现一个
完整的情节）。"三一律"是新古典主义文艺思想的重要内容。
布瓦洛在《诗的艺术》中对此作了明确的规定："我们要求艺术
地布置着剧情发展；要用一地、一天内完成的一个故事，从开
头直到末尾维持着舞台充实。"[2]从此，地点、时间与情节的整
一成为戏剧创作的金科玉律，高乃依的悲剧《熙德》就因为没有
完全遵守"三一律"而受到法兰西学士院的严厉批评。据说，"三

---

[1] 伍蠡甫、胡经之主编：《西方文艺理论名著选编》上卷，北京大学出版社
　1985年版，第207页。
[2] 伍蠡甫、胡经之主编：《西方文艺理论名著选编》上卷，北京大学出版社
　1985年版，第195页。

一律"来自亚里士多德的《诗学》,其实是对亚里士多德《诗学》的曲解。"情节整一律"来自亚氏"悲剧是对于一个完整而具有一定长度行动的摹仿"①,看来有一定根据。"地点整一律",据说源于《诗学》"悲剧不可能摹仿许多正发生的事,只能摹仿演员在舞台上表演的事"②。这种看法,将舞台上表演的事等同于同一地点发生的事,显然依据相当不充分。但古希腊由于条件的限制,演出时换景十分困难,因此常常使情节表现的地点只局限于一处。"时间整一律",据称源自《诗学》中的一句话:"就长短而论,悲剧力图以太阳的一周为限。"③原来是指演出时间的长短,一出悲剧只限于白天的十二小时。后来被附会为情节所表现的是十二小时或二十四小时所发生的事,显然是一种曲解。从戏剧的特点出发,"三一律"要求内容的紧凑,确有一定道理。但如作为一种僵死的规则,就一定会成为创作的束缚。从这个意义上说,布瓦洛所特别强调的"三一律"恰恰反映了封建君主政体的僵死划一的文艺思想,是对丰富多彩的生活的硬性剪裁,也是对诗人创造精神的扼杀,消极作用十分明显,被后人称为"野蛮的规则"。

4. 崇尚古代

新古典主义文艺思想的另一个重要特征是崇尚古代。在他

---

① 亚里士多德、贺拉斯:《诗学·诗艺》,罗念生、杨周翰译,人民文学出版社1962年版,第25页。
② 亚里士多德、贺拉斯:《诗学·诗艺》,罗念生、杨周翰译,人民文学出版社1962年版,第86页。
③ 亚里士多德、贺拉斯:《诗学·诗艺》,罗念生、杨周翰译,人民文学出版社1962年版,第17页。

们看来,古希腊文艺是永恒的楷模,是文艺创作取之不尽的源泉。布瓦洛说:荷马的书是"众妙之门,并且是取之不尽"①。他号召当时的诗人,"你爱他的作品吧,但必须爱得诚虔"②。与此同时,布瓦洛在《诗的艺术》中对崇今派们作了尖锐的批评与无情的讽刺。他称这些崇今派是"不学无术的诗人","被冲昏头脑骄傲得如狂如醉",他们自我欣赏,不知天高天厚,"维吉尔比起他来算不得工于创造,老荷马比起他来也难说臆想高超",其结果是"大作早已悲凄地被虫豸厌尘腐蚀"③。

5. 诗人论

布瓦洛以理性为指导,对诗人的道德修养、创作态度、诗品人品提出了严格的要求。首先是要求诗人接受批评。他认为,一个聪明的诗人应热情地欢迎批评,并将严格批评之人看作净友。他说:"无知的人才永远倾向于欣赏自己。"又说:"一个益友经常是既严格而又刚毅;一发现你的错误就绝不让你安息。"④他还要求诗人,"勤访周咨,倾听大家的评语,有时候狂夫之言也能有一得之愚"⑤。他

---

① 伍蠡甫、胡经之主编:《西方文艺理论名著选编》上卷,北京大学出版社
　　1985年版,第203页。
② 伍蠡甫、胡经之主编:《西方文艺理论名著选编》上卷,北京大学出版社
　　1985年版,第203页。
③ 伍蠡甫、胡经之主编:《西方文艺理论名著选编》上卷,北京大学出版社
　　1985年版,第203、204页。
④ 伍蠡甫、胡经之主编:《西方文艺理论名著选编》上卷,北京大学出版社
　　1985年版,第188页。
⑤ 伍蠡甫、胡经之主编:《西方文艺理论名著选编》上卷,北京大学出版社
　　1985年版,第211页。

认为,真正优秀的批评家还是凭借理智才能正确地判断是非。他说:"望你选个品题者,要他能坚定、内行,凭理智判断是非,论学问见多识广,要他能运斤成风,一动笔就能指出你哪里意存藏拙,你哪里欠缺功夫。"①其次,要求诗人从容写作,不管别人如何催逼。布瓦洛由于特别强调诗歌的教化作用,所以对诗歌的质量特别重视,他强调在理性指导下的从容创作,反复修改,反对仅凭情感的急就章。他说:"不论你写些什么,总归是涂抹之流。从从容容写作吧,不管人怎样催逼。"②又说:"还要十遍、二十遍修改你的作品:要不断地润色它,润色,再润色才对;有时可以增添,却常要割爱删弃。"③再次,要求诗人切忌平庸。布瓦洛继承贺拉斯的观点,认为任何行业都可允许普通平庸,唯有诗人切忌平庸。他说:"任何别的艺术里都分不同几等,你虽是二流角色也还能显示才能;但是写诗和作文是最危险的一行,一平庸就是恶劣,分不出半斤八两。"④他甚至极端地认为,平庸的诗人连疯子都赶不上。他说:"一个疯子倒还能逗我们发笑消愁,一个无味的作家除讨厌一无是处。"⑤最后,布瓦洛认为,诗人应有

---

①伍蠡甫、胡经之主编:《西方文艺理论名著选编》上卷,北京大学出版社
　1985 年版,第 212 页。
②伍蠡甫、胡经之主编:《西方文艺理论名著选编》上卷,北京大学出版社
　1985 年版,第 187 页。
③伍蠡甫、胡经之主编:《西方文艺理论名著选编》上卷,北京大学出版社
　1985 年版,第 187 页。
④伍蠡甫、胡经之主编:《西方文艺理论名著选编》上卷,北京大学出版社
　1985 年版,第 209 页。
⑤伍蠡甫、胡经之主编:《西方文艺理论名著选编》上卷,北京大学出版社
　1985 年版,第 210 页。

高尚的道德、无邪的诗品。布瓦洛认为,一部作品实际上是人的
心灵与品格的写照,反映了人的道德面貌与品德修养。他说:
"你的作品反映着你的品格和心灵,因此你只能示人以你的高贵
小影。"①因此,他要求诗人加强道德修养,做到"爱道德,使灵
魂得到修养"②。这样,作品在内容上才能做到符合理性的要
求。由此,他认为,人品决定了诗品。他说:"一个有德的作
家,具有无邪的诗品,能使人耳怡目悦而绝不腐蚀人心。"③从
总的方面,他要求诗人将自己的艺术趣味同善与真融合在一
起,"处处能把善和真与趣味融成一片"④。具体地来说,要求
诗人守信义("也还要结交朋友,做一个信义之人"),戒贪欲
("为光荣而努力啊! 一个卓越的作家绝不能贪图金钱,把得
利看成身份")⑤。

6.古典主义的风格论

新古典主义文艺有自己特有的风格:质朴、高尚、和谐。正如
布瓦洛在《诗的艺术》中所说,"提高你的笔调吧,要从工巧求朴

---

① 伍蠡甫、胡经之主编:《西方文艺理论名著选编》上卷,北京大学出版社
1985年版,第213页。
② 伍蠡甫、胡经之主编:《西方文艺理论名著选编》上卷,北京大学出版社
1985年版,第214页。
③ 伍蠡甫、胡经之主编:《西方文艺理论名著选编》上卷,北京大学出版社
1985年版,第214页。
④ 伍蠡甫、胡经之主编:《西方文艺理论名著选编》上卷,北京大学出版社
1985年版,第213页。
⑤ 伍蠡甫、胡经之主编:《西方文艺理论名著选编》上卷,北京大学出版社
1985年版,第215页。

质,要雄壮而不骄矜,要优美而无虚饰"①。这是对古典主义艺术风格的一个综合要求,形成一种严整、简朴、和谐并充满贵族气的美学特征。这种古典主义风格,首先要求一种高贵的典雅性。布瓦洛认为,在题材上,"不管你写的什么,要避免鄙俗卑污:最不典雅的文体也有其典雅的要求"②。他极其讨厌"村俗的调笑""市井嗷嘈""滥咏狂讴"③等等,将他们看作流毒各地、贻害各界的瘟疫。他说:"这风气有如疫疠,直传到全国郡县,由市民传到王侯,由书吏传到时贤。"④甚至对于喜剧,布瓦洛认为,它的任务也不是跑到街口用下流的语言博取观众欢呼。相反,他要求"它的演员们应当高尚地调侃诙谐"⑤。其次他要求古典主义的文艺要真正做到内在与外在的和谐,这就要符合"常情常理"。布瓦洛说:"就是作歌谣也该讲艺术、合乎常情。"⑥在语言的运用上,"精选和谐的字眼自不难妙合天然"⑦。如果在语言的运用上违背和谐

①伍蠡甫、胡经之主编:《西方文艺理论名著选编》上卷,北京大学出版社1985年版,第185页。

②伍蠡甫、胡经之主编:《西方文艺理论名著选编》上卷,北京大学出版社1985年版,第184页。

③伍蠡甫、胡经之主编:《西方文艺理论名著选编》上卷,北京大学出版社1985年版,第184页。

④伍蠡甫、胡经之主编:《西方文艺理论名著选编》上卷,北京大学出版社1985年版,第184页。

⑤伍蠡甫、胡经之主编:《西方文艺理论名著选编》上卷,北京大学出版社1985年版,第208页。

⑥伍蠡甫、胡经之主编:《西方文艺理论名著选编》上卷,北京大学出版社1985年版,第192页。

⑦伍蠡甫、胡经之主编:《西方文艺理论名著选编》上卷,北京大学出版社1985年版,第186页。

原则,选用拗字拗音,那么,即便是最有内容的诗句,高贵的意境,也使人刺耳难听,难以欣赏。在结构上,要布置适当,形成一个完整的整体。诚如布瓦洛所说,"必须里面的一切都能够布置得宜;必须开端和结尾都能和中间相配;必须用精湛的技巧求得段落的匀称;把不同的各部门构成统一和完整"①。在和谐的风格上,内在的和谐,内容的和谐,布瓦洛涉及的较少,仍主要局限于语言、结构等外在的物质和谐。最后,布瓦洛要求古典主义文艺具有一种静止的风格。在性格创造上,他的类型说,是一种从一开始就是一个稳定的性格,直到结束,从不发展,也不变化。他说:"你打算单凭自己创造出新的人物? 那么,你那人物要处处符合他自己,从开始直到终场表现得始终如一。"②在这里,他主张性格的一致是对的,但性格的一致并不等于处于静止状态的平面展开,而不向纵深发展。在表现手法上,布瓦洛更多地称赞叙述的方式而反对依靠行动,这同其典雅性的要求相适应。在这样的要求下,很多事物不能通过行动表演,而只能诉诸叙述。他说:"不便演给人看的宜用叙述来说清,当然,眼睛看到了真相会格外分明;然而,却有些事物,那讲分寸的艺术,只应该供之于耳而不能陈之于目。"③在这里,他继承了贺拉斯的观点,但由于过分强调"讲分寸的艺术",故而使得古典主义戏剧里叙述过多,以致形成一种冗长、沉闷的艺术风格。

---

①伍蠡甫、胡经之主编:《西方文艺理论名著选编》上卷,北京大学出版社1985年版,第187页。

②伍蠡甫、胡经之主编:《西方文艺理论名著选编》上卷,北京大学出版社1985年版,第199页。

③伍蠡甫、胡经之主编:《西方文艺理论名著选编》上卷,北京大学出版社1985年版,第195—196页。

三、基 本 评 价

1. 贡献与历史地位

第一,《诗的艺术》作为 17 世纪古典主义艺术实践的理论总结,适应了君主专制的需要,而君主专制政体在当时对于统一法兰西民族,在一定程度上促进资本主义的发展,都是有其积极的作用。因此,古典主义美学与艺术理论作为反映君主专制政体政治要求的意识形态就应有其一定的进步作用,须给其应有的地位。

第二,在《诗的艺术》中,布瓦洛关于诗歌的义理与音韵的关系、诗人的修养,以及真实并不逼真等论述,都有合理的成分,值得后人借鉴。

2. 局限

第一,《诗的艺术》产生于法国君主专制的全盛时期,充分地体现了绝对王权的美学思想和艺术观点,从总体上看,是一种保守的形而上学的美学与文艺理论体系。在后来的资产阶级革命中产生过消极的作用,对于我们今天直接借鉴的价值也不太大。

第二,布瓦洛在《诗的艺术》中表现出极其明显的贵族阶级御用文人的阶级倾向,流露出明显的对普通人民的鄙视。他在谈到莫里哀时,就毫不掩饰地批评他:"可惜他太爱平民,常把精湛的画面,用来演出那些扭捏难堪的嘴脸。"①

——————————

①伍蠡甫、胡经之主编:《西方文艺理论名著选编》上卷,北京大学出版社
　1985 年版,第 207 页。

第六章　狄德罗的现实主义美学思想

（参见第一卷《西方美学简论》第 45 页）

第七章　莱辛及其美学思想

（参见第一卷《西方美学简论》第 80 页）

第八章　新古典主义与启蒙主义美学思想的异同

　　新古典主义美学思想与启蒙主义美学思想同属西方古典美的范围，但各处于西方古典美的不同发展阶段。对于它们之间的异同，只有在这二点的前提下才能较准确地把握。

　　首先，我们来看一下它们的相同之处。它们之间最主要的相同之处就是新古典主义美学思想与启蒙主义美学思想都属于西方古典美的范围，最基本的美学特征都是和谐。在这里，对西方古典美的确定及其基本特征"和谐"的把握，我们借用了黑格尔在《美学》中的论述。但在时间的确认上，又不同于黑格尔。黑格尔认为，古典美仅限于古希腊罗马时期，从中世纪就开始了近代的以崇高为特征的美。我们则认为，西方古典美一直延续到 19 世纪资本主义初期，而其理论上的最高总结就是黑格尔。黑格尔完善了著名的"美在自由说"和"有机整体说"，成为西方古典美理论的集大成者。关于这一点的最重要的论据，就是"和谐"对于新古典主义与启蒙主义来说都是其关于"美"的基本内涵。布瓦洛在《诗的艺术》中以"和谐"为基本出发点，对诗歌的语言与结构都提出了明确的要求。如"精选和谐的字眼"，"把不同的各个部门构成统一和完整"①等等。温克尔曼则在《古代艺术史》中指出:"美正是由和谐、单纯和统一这些特征形成的。"②狄德罗的"美在关系说"将美分为"实在美"与"相对美"两种,前者是指事物本身的美,即各个部分之间的对称、秩序和安排等,仍为形式方面的和谐;"相对美"指事物之间的关系,包含有社会内容。莱辛所说的,绘画的理想是"美",此处所说的"美"也指形式美。

从理论本身来看,新古典主义与启蒙主义美学思想都崇尚抽象的理性,即普遍的人性。当然,它们所说的理性的内涵及对其崇尚的程度还是不同的。法国新古典主义崇尚理性,主张理性第一。这是大家都清楚的。启蒙主义美学思想也是崇尚理性的。法国启蒙主义美学家狄德罗在著名的《关于演员的是非谈》中就反对靠敏感演戏而主张靠思维(即理智)演戏。他说:"演员的眼泪是从他的脑内流出来的,敏感者的眼泪是从他的心里倒流上去的。"③温克尔曼也把造型艺术称作"通过理智创造的有灵感的自然"④。

从文艺的功用看,新古典主义与启蒙主义美学思想都主张文艺的道德教化作用。新古典主义美学家布瓦洛在《诗的艺术》中说:"一个有德的作家,具有无邪的诗品,能使人耳怡目悦而绝不

①[法]布瓦洛:《诗的艺术》,见伍蠡甫、胡经之主编:《西方文艺理论名著选编》上卷,北京大学出版社1985年版,第186、187页。

②[德]温克尔曼:《论希腊人的艺术》,邵大箴译,见《世界艺术与美学》第2辑,文化艺术出版社1983年版,第363页。

③[法]狄德罗:《关于演员的是非谈》,李健吾译,见《戏剧报》编辑部编《"演员的矛盾"讨论集》,上海文艺出版社1963年版,第209页。

④[德]温克尔曼:《关于在绘画和雕刻中摹仿希腊作品的一些见解》,杨德友译,见《世界艺术与美学》第1辑,文化艺术出版社1983年版,第207页。

腐蚀人心;他的热情绝不会引起欲火的灾殃。因此你要爱道德,使灵魂得到修养。"①启蒙主义美学家狄德罗在《论戏剧艺术》中说:"倘使一切摹仿艺术树立一个共同的目标,倘使有一天它们帮助法律引导我们爱道德恨罪恶,人们将会得到多大的好处!"②这说明,这两个时期对美的独特的情感领域及其与真、善的区别尚未完全把握。

从艺术形象的创造看,这两个时期的理论主张基本上都是类型说。布瓦洛在《诗的艺术》中说:"好好地认识城市,好好地研究宫廷,两者都是同样地经常充满模型。"③他进一步阐述道,写古代英雄要写其骄傲敬神的某种本性,写普通人则要按流浪汉、守财奴、老实、荒唐、糊涂、嫉妒的类型描写,或者写出老中青不同的定性。狄德罗在《关于演员的是非谈》中提出的"理想典范"的概念,就从角色创造的角度提出了形象创造的"类型化"问题。所谓"理想典范",就是演员根据某些人的特点所创造的一个"范本",以后每次演出都遵照这个"范本"。他说:"哈巴贡和达尔杜弗是照世上所有的杜瓦纳尔和格利塞耳创造的;这里有他们最一般和最显著的特征,然而不是任何人的准确的画像,所以也就没有一个人把戏里的人物看成自己。"④可见,哈巴贡和达尔杜弗就是按

---

① [法]布瓦洛:《诗的艺术》,见伍蠡甫、胡经之主编:《西方文艺理论名著选编》上卷,北京大学出版社 1985 年版,第 214 页。

② [法]狄德罗:《论戏剧艺术》上,陆达成、徐继曾译,见《文艺理论译丛》第 1 期,人民文学出版社 1958 年版,第 150 页。

③ [法]布瓦洛:《诗的艺术》,见伍蠡甫、胡经之主编:《西方文艺理论名著选编》上卷,北京大学出版社 1985 年版,第 207 页。

④ [法]狄德罗:《关于演员的是非谈》,李健吾译,见《戏剧报》编辑部编《"演员的矛盾"讨论集》,上海文艺出版社 1963 年版,第 226—227 页。

照吝啬鬼和伪君子的类型创造的。这里的"理想典范"显然并不等于后来美学史上所说的"典型",而是"类型"。

其次,我们来看一下这两个时期的相异之处。

新古典主义美学与启蒙主义美学作为古典型的美,有着共同的美学理想——和谐,但在此前提下,在同为和谐美的具体内涵上还是有差异的。

这两个时期的和谐美反映了不同的社会内容。新古典主义美学与启蒙主义美学尽管其基本特征都是和谐,但由于处于不同的历史时期,所以其所包含的社会内容就不相同。新古典主义在某种程度上是当时法国封建的君主专制政体的产物,这种美学思潮中所包含的"和谐"是一种封建专制主义所能允许的,并在其控制之下的"和谐"。布瓦洛在谈到文艺作品的题材要做到高雅避免鄙俗之风时说:"但是,最后,朝廷上感觉到这股歪风,它憎恶着诗坛上这种荒唐的放纵,辨认出真率自然不同于俳优俗滥,让《梯风》一类作品到外省去受称赞。"[①]这就充分反映了当时的封建的文化专制主义。而其在题材、体裁、风格与语言上的某种高度的规范化的要求及由此形成的某种特殊的"和谐",的确是集中地反映了封建君主政体之下大一统的政治要求。该时期所发生的一个重大事件,即1636年对高乃依《熙德》一剧的争论,就是封建的文化专制主义的集中表现。当时文坛上正统派攻击《熙德》的主要论点是:不能严守"三一律";该剧快乐的收场破坏了悲剧传统;内容庞杂,不符合整一性的要求;将史诗的题材用于悲剧是不合适的;主题不符合道德的要求;等等。后经法兰西学院裁决,写出

————————

[①]〔法〕布瓦洛:《诗的艺术》,见伍蠡甫、胡经之主编:《西方文艺理论名著选编》上卷,北京大学出版社1985年版,第184—185页。

了否定性的《对熙德的感想》一文,迫使高乃依沉默了几年并改变
了创作倾向。

　　启蒙主义美学是资产阶级思想教育运动的产物。这种美学
思潮中所包含的"和谐"是资产阶级思想文化运动所要求的"和
谐"。温克尔曼明确地提出了美的根源在自由的论断,他在《古代
艺术史》中指出:"就希腊的政治体制和机构来说,古希腊艺术的
卓越成就的最主要的原因在于自由。"①

　　同时,新古典主义与启蒙主义还处于古典美的不同发展阶
段。这里就出现了一个如何划分美的不同发展阶段的问题。我
们认为,美的问题属于情感领域,涉及主体与客体、感性与理性等
各个方面,是主体与客体、感性与理性在特定关系中出现的一种
情感状态。作为古典美,主体与客体、感性与理性之间基本上处
于一种和谐的状态之中。但在和谐的前提下,主体与客体、感性
与理性之间还有着不同的关系。这种不同的关系就形成了古典
美发展的不同阶段。具体来说,新古典主义美学是主体与客体、
感性与理性机械地统一于理性的阶段,而启蒙主义美学则是探索
主体与客体、感性与理性通过内在矛盾实现自由统一的阶段。我
们可从这两个时期不同的代表人物的理论观点来论证上述看法。
布瓦洛是新古典主义最主要的理论代表,他的美学论著《诗的艺
术》是新古典主义美学的法典。俄国著名诗人普希金曾说:"布瓦
洛为古典主义诗歌写作了一部《可兰经》。"布瓦洛提出了著名的
"理性第一"的观点,认为诗的"一切要受理性的指挥"。温克尔曼
在西方美学史上的突出贡献是第一次试图以历史的观点研究古
希腊的造型艺术,而其特殊地位则是其处于由新古典主义到启蒙

①转引自朱光潜:《西方美学史》上卷,人民文学出版社1963年版,第304页。

主义美学的过渡之中。一方面,他提出古典美的突出标志是"高尚的简朴和静穆的伟大",另一方面他又把美的根源归于自由;一方面他力主一种绘画的形式美,另一方面他又将美与表现相对立,揭示了两者的矛盾;一方面他鼓吹静态的美,另一方面又揭示了动态的美的发展的历史形态,即由无形式的崇高到秀美再到美的摹仿的动态发展过程。这一切都说明温克尔曼是一个过渡性的人物。当然,莱辛也是过渡性的人物。在温克尔曼和莱辛身上,两个时期的美学特点都有,但在他们身上到底哪一个时期的美学特点占的比重更大,在美学史上的见解则不相同。我们认为,温克尔曼似乎是新古典主义美学的成分更多,莱辛则应属于下一个时代的人物,在他的身上启蒙主义的成分更多。著名美学史家鲍桑葵则持相反的看法。他说,"我相信,在美学史中,应该把莱辛放在温克尔曼前面加以论述⋯⋯。单单他们的生卒年月和他们的著作的发表日期并不具有决定意义","莱辛的见解是以前的时代产生出来","温克尔曼所开创的新方向倒和他以后的时代联系着,而不是和他以前的时代联系着","总之,莱辛代表了一个较早的传统","温克尔曼代表了一个相似而不同的新方向"①。我们认为,鲍桑葵的不能完全以美学家的活动时代作为其所处美学阶段的唯一根据的观点是可取的,但他对温克尔曼与莱辛所处美学阶段的结论我们却不能同意。我们将在下文进一步论述莱辛作为启蒙主义美学代表的理由。在此之前先应谈一下狄德罗。狄德罗是法国启蒙主义美学的代表。其主要贡献有四个方面。一是提出了著名的"美在关系说";二是首次论述了一种新的戏剧形式——严肃喜剧(悲喜剧);三是论述了带有浪漫主

①［英］鲍桑葵:《美学史》,张今译,商务印书馆1985年版,第281—282页。

义文学色彩的原始主义;四是在表演艺术中论述了表现与体验的冲突而倾向于基于理性的表现。至于莱辛,是德国启蒙主义美学的代表。其主要贡献是通过诗画的区别论述了新古典主义与启蒙主义两种美学理想的对立,又通过诗画的统一将两种美学理想加以统一,即将感性与理性、客体与主体、美与表现加以统一。同时,他还将丑与崇高引入美学领域,作为重要的美学范畴。

现在,我们再更深一层地论述一下新古典主义与启蒙主义在美学理想上的具体差异。这两个时期尽管在"和谐"这一基本的美学理想上是一致的,但仍有具体的差异。

第一,在美的形态上,新古典主义是一种静的美学形态,强调一种物质的、叙述体的、平面的、静止的美。布瓦洛在《诗的艺术》中就反对动态的激情表现,而崇尚叙述。他说,"感动人的绝不是人所不信的东西,不便演给人看的宜用叙述来说清"①。而启蒙主义则是一种动的美学形态,强调一种精神、动态的美。莱辛就明确提出绘画的理想在美,而诗歌的理想在行动。所谓"绘画的理想"即代表新古典主义的美学理想,是一种物质的静态的美学理想。而"诗歌的理想"则代表启蒙主义的美学理想,是一种精神、动态的美学理想。

第二,在美的基本原则上,新古典主义的美的基本原则是美在理性。所谓"理性"即是符合人性原则的一种先天的规范。于是,新古典主义的理论家们在对亚里士多德的《诗学》加以曲解的基础上提出了著名的"三一律",即所谓时间、地点和情节一律。

---

① [法]布瓦洛:《诗的艺术》,见伍蠡甫、胡经之主编:《西方文艺理论名著选编》上卷,北京大学出版社1985年版,第195页。

布瓦洛在《诗的艺术》中要求，"要用一地、一天内完成的一个故事"①。启蒙主义最著名的美学原则是"美在关系"。这就有了更为丰富的内涵，不仅有"实在美"即物体自身的关系，而且有"相对美"即此物与他物之间的关系、物体与社会之间的关系。"相对美"中包含着矛盾与行动，当然最后还是要实现和谐。

第三，在美的典范上，对于新古典主义来说，美的典范在古代，而且主要是古罗马。温克尔曼也把自己的美的典范放到古代，但主要是指古希腊。这是他同纯粹的新古典主义理论家的相异之处。新古典主义的理论代表布瓦洛在《诗的艺术》中说道："古典就是自然，摹仿古典就是运用人类心智所曾找到的最好的手段，去把自然表现得完美。"温克尔曼认为："拉斐尔之所以达到这种伟大，正因为他摹仿了古代艺术家。"启蒙主义美学家虽也推崇古代，但却更多地面向现实。他们要求文艺家更多地反映现实生活，特别是第三等级的生活、利益与要求。狄德罗就提出了著名的"试住到乡下去，住到茅棚里去"②的口号。莱辛也要求文艺家描写"我们周围人的不幸"。

第四，在审美趣味上，新古典主义适合贵族阶级的要求，在审美趣味上崇尚一种典雅性。由此出发，在题材上要求描写贵族生活，而不主张描写世俗内容。在体裁上推崇单一的悲剧、喜剧和史诗，特别是悲剧。在风格上推崇一种华丽的高贵。启蒙主义美学为了适应新兴资产阶级的要求，在审美趣味上崇尚一种通俗

①［法］布瓦洛：《诗的艺术》，见伍蠡甫、胡经之主编：《西方文艺理论名著选编》上卷，北京大学出版社1985年版，第195页。
②转引自周忠厚：《试论狄德罗的美学思想》，中国社会科学院文学研究所文艺理论研究室《美学论丛》2，中国社会科学出版社1980年版，第123页。

性,在题材上要求反映市民生活,在体裁上主张悲喜剧的融合,创造了严肃喜剧或市民悲剧,强调悲剧性与喜剧性的混杂,所谓"俗气的滑稽和最庄重的严肃巨大结合"①。在风格上推崇语言的通俗易懂。

第五,在美的具体涵义上,新古典主义的美是一种形式的美,基本上局限于物质本身的对称、和谐、匀称、秩序。而启蒙主义的美虽也包含形式美,但已有社会内容。狄德罗关于高乃依《荷拉斯》一剧中"他就死"这句话的分析,莱辛关于"非图画性的美"的论述,实际上都涉及社会美的问题。

第六,在真善美的关系上,新古典主义虽然主张真善美的统一,但不能划清美与真、善之间的界限。他们将美与真、善混同,特别将美与真混同。布瓦洛在《诗的艺术》中说,"只有真才美,只有真才可爱;真应该到处统治,寓言也非例外"。真即科学、真理。因为将美与真混同,必将抹杀美的情感特征,忽视艺术创作中的想象。启蒙主义则开始将美与真、善相区别,特别是狄德罗的名言,在真与善"两种品质之上加以一些难得而出色的情状,真就显得美,善也显得美"②。狄德罗这里所说的"情状"的含义是什么呢? 有三种理解。一种将"情状"理解为社会环境,这实际上就是"善"。另一种将"情状"理解成"形式",这实际上是"真"。再一种将"情状"理解为"关系",这更符合狄德罗的原意,即指一种特殊的关系。虽仍模糊,但已开始探寻"美"的特征,将美与真、善加以认真地区别。

①[德]莱辛:《汉堡剧评》,张黎译,上海译文出版社1981年版,第74页。
②[法]狄德罗:《绘画论》,见《文艺理论译丛》第4期,人民文学出版社1958年版,第70—71页。

第 三 编

德国古典美学

第九章　康德论美

一、生平与思想

　　康德(1724—1804),德国最著名的哲学家之一,德国古典美学的奠基者,近代西方美学发展中承先启后的人物。他的美学与文艺理论著作《判断力批判》在欧洲美学与文艺理论史上影响深远。

　　康德出生于东普鲁士的哥尼斯堡,父亲是马鞍匠,父母均为虔诚派教徒,家庭充满浓厚的宗教气氛。大学期间,他广泛地学习了物理学、数学、地理学、哲学和神学,打下了深厚的知识基础。大学毕业后,从1746年到1755年,当了九年家庭教师。1755年,到哥尼斯堡大学当讲师,担任多种课程的教学任务。1770年,被提升为教授,主要讲授"逻辑学"和"形而上学"。1797年退休,仍继续著述活动,直到逝世。

　　康德思想的发展有一个过程,一般以1770年为界,1770年以前为前批判时期,1770年后为批判时期。在前批判时期,他主要研究自然科学。他的大学毕业论文为《活力测定考》,1754年发表了论述潮汐的著作。1755年,出版了《自然通史和天体论》,提出了著名的"星云说"假设。1760年左右,他开始由对自然的研究转而注重对人性的研究。1770年,转变完成,进入了批判时期。他作为资产阶级唯心主义的代表人物,及其在哲学史、美学史与文艺理论史上的重要地位,主要由其批判时期的成就决定的。这个时期,他写了著名的三大批判,即《纯粹理性批判》(1781)、《实践理性批判》(1788)和《判断力批判》(1790)。

在政治思想上,康德集中地反映了当时德国资产阶级的两面性。一方面接受了法国启蒙主义的某些观点,反对封建制度,主张民主共和,强调人的地位与能动作用。但另一方面,又具有极大的妥协性,认为民主共和是永远不能实现的,贵族等级制度还可以存在。因此,他的启蒙主义的进步倾向就集中地表现在理论研究之中,而在现实的实际斗争上却一无所为。马克思曾经极其深刻地将康德哲学称为"法国革命的德国理论"①。

学习、研究康德的美学与文艺思想,必须首先学习、研究其哲学思想。这是因为,《判断力批判》是其整个哲学中不可分割的组成部分。康德把《判断力批判》看作沟通和统一他的认识论(真)和伦理学(善)的中介。他通过写这部美学著作,结束他的全部的"批判"工作,完成他的哲学体系。

黑格尔曾经正确地指出,康德哲学是欧洲近代哲学由形而上学到辩证法的"转折点"②。在康德之前,哲学领域分为两大派。一派以先天的理性为客观世界和人类知识的基础,这就是以德国的莱布尼茨、沃尔夫为代表的大陆理性主义。另一派则承认物质的独立存在,主张一切知识从感觉经验开始,这就是以培根、柏克为代表的英国经验主义。在认识论方面,经验派认为一切知识都以感性经验为基础,理性派却认为没有先验的理性基础,知识就

①《马克思恩格斯全集》第1卷,人民出版社1956年版,第100页。
②[德]黑格尔:《美学》第1卷,朱光潜译,商务印书馆1981年版,第70页。

不可能。在方法论方面,经验派以产生于经验的因果律来解释世界,而理性派则以产生于先天理性的目的论(天意安排)来解释世界。两派的对立是明显的,斗争是尖锐的。到了康德,则充分地看到了经验派与理性派的对立与各自所包含的合理因素,因而企图在主观唯心主义的基础上将两者调和起来。因此,康德哲学带有二元论的色彩,包含着辩证法的因素,但究其实质仍是主观唯心主义。

康德把自己的哲学称为"批判哲学",这里的所谓"批判"是指批判地研究人的认识能力,确定认识的方式和限度,这主要是针对理性派的。因为,理性派无限制地强调理性的作用,在没有事先考察人的认识能力之前就预先断定,理性无须经验的帮助,单凭自身的力量就可认识事物,对各种问题做出理论上绝对正确的证明。康德将其称为"独断论",他不同意这种独断论,要给思辨哲学领域内的研究以"一个完全不同的方向"①。当然,康德的哲学研究的这种出发点是错误的。因为,马克思主义认为,认识只能产生于实践并被实践所检验,决不可能离开实践而去考察人的认识能力。

康德经过自己对于认识能力的批判,得出结论:人的认识能力是有限的,只能认识"现象界",而不能认识"物自体"。"现象界"和"物自体"是贯穿于康德哲学体系的两个基本概念,将两者从根本上分开是其整个哲学体系的轴心。这里所谓的"物自体"是指在主体之外的"客体",但我们只能感知到它对感官的刺激,却不能认识到它是什么样子。所谓"现象界",则是"物自体"作用

①〔德〕康德:《任何一种能够作为科学出现的未来形而上学导论》,庞景仁译,商务印书馆1982年版,第9页。

于我们的感官而在我们心中引起的"感觉表象"。但这种表象已经过了我们的认识能力以其先天固有的认识形式的综合整理,打上了主观形式的烙印,有了"增加改变",而非"物自体"的本来面目。由此,他认为,一切认识都是后天的感觉经验经由先天的认识形式综合整理的结果,其公式为:科学知识＝先天形式＋经验质料。

以上就是康德对人的认识能力的一个考察。具体说来,他认为,人的认识能力有三个环节:感性、知性、理性。它们由低到高,逐步发展、深化。在感性认识时,经验质料是"物自体"刺激我们的感官所引起的"感觉",而其先天形式则是时间与空间的"感性直观纯形式",经过它对感觉的综合整理,就使感性认识脱离了"物自体",成为主观的,不依赖于经验的。在知性认识时,经验质料是感性,而其先天形式则是"因果性""必然性""可能性"等十二个先天的知性范畴。感性认识只有经过先天知性范畴的综合整理,才能具有普遍必然性,从而成为科学知识,自然法则就是由人的知性强加到自然之上的,因此,"人是自然的立法者"。理性认识指对无限、绝对的本质的认识。康德认为,知性对知识的综合还不是最高的,人的认识能力要求将知性所把握的知识再加以综合整理成最高最完整的系统,认识的这种最高的综合整理能力就叫做理性。它所追求的最高统一体有三个:物理现象中的"世界"、精神现象中的"灵魂",和二者统一的"上帝"。这三者又可统称为"理念",即是超越于经验和现象之外的"物自体"。对于这种"理念"或"物自体",尽管可借用十二个知性范畴去把握,但立即会陷入矛盾和错误。因此,康德认为"理念"或"物自体"不是认识的对象,而是信仰的对象。

二、《判断力批判》的
结构与基本内容

　　《判断力批判》是康德的代表性的美学与文艺理论论著,在欧洲美学与文艺理论史上占有极重要的地位,对我们理解美与艺术的本质极富启发性。但因其所要解决的问题本身较为繁难,加之具有抽象的思辨哲学的特点,所以该书显得特别晦涩,需要对全书作一些简单扼要的介绍。

　　关于《判断力批判》的结构。《判断力批判》分导论、分析论、辩证论、目的论四个部分。导论是总结性论述其整个哲学体系。《判断力批判》上卷为"审美判断力的批判",包括分析论与辩证论两个部分,主要阐述他的美学思想。下卷为"目的论的判断力批判",内容是考察目的论的自然观及道德问题。

　　"审美判断力的分析论"又分两章。第一章"美的分析",主要论述对于形式美(纯粹美)的鉴赏(判断)问题,从质、量、关系、方式四个方面着手,为形式美鉴赏的愉快界定了无利害与具有普遍性、必然性、主观合目的性四个方面的特点。第二章为"崇高的分析",主要论述美的鉴赏与崇高的鉴赏的异同,阐述了崇高的对象是一种不符合任何形式美规律的"无形式",崇高的鉴赏的愉快是以不愉快为媒介的消极的愉快,而其根源完全在于主体的心灵。"审美判断力的辩证论"是对审美鉴赏的二律背反提出解决的办法。康德认为,作为审美鉴赏来说,有两个相互对立但又各有其合理性的命题:审美鉴赏的不可论证的特点,说明它不是建立在一个概念的基础之上;审美鉴赏的普遍性,则要求它建立在一个概念的基础之上。这样两个命题就构成二律背反,实际是审美内

在本质矛盾的两个侧面,康德人为地将它们调和于主观的合目的
性(理性)之中。

　关于审美判断力的性质。《判断力批判》是专门研究审美判
断力的。为此,必须了解审美判断力的性质,而要了解审美判断
力的性质,就首先要了解什么是判断力。康德认为,判断是基本
的认识形式之一,包括主词、宾词和系词三个部分。它通过肯定
或否定指明事物的属性,给予人们某种知识。判断有两种,一种
是分析判断,宾词包含在主词之中,没有给人以新的知识。再一
种是综合判断,把本来互不包含的概念综合在一起,给人以新的
知识。但这种综合判断必须凭借某种先天的知性范畴,才能使知
识具有普遍必然性,因而又叫先验的综合判断。先验的综合判断
又分定性判断与反思判断两种。所谓定性判断,即是通常所说的
逻辑判断,由普遍到特殊,从先验的概念范畴出发来规范个别对
象的性质。例如,花是植物,即由植物的概念出发确定某株花是
否具有植物的属性。一般的凭借知性力的理论思维都是采用定
性判断。所谓反思判断,即由特殊到一般,由特殊的个别事物反
思其是否具有某种本质的普遍性。这种反思判断又有两种情形。
一种是审目的判断,即是判定某一对象的存在与结构是否符合自
身先天统一性(完善)的目的,因为是判定对象是否同自身的目的
相符合,所以叫做客观的合目的性。另一种是审美判断,即是判
定某一对象的形式是否符合主体的某种心理功能,从而使人们在
主观情感上感到某种合目的性的愉快。因为在审美判断中主客
体之间是以情感而不是以概念作为媒介,所以又叫情感判断。它
的合目的性叫做形式的合目的性,或主观的合目的性。对于反思
判断的上述区别,康德自己是这样说的:"判断力批判区分为审美
的和目的论的判断是建基在这上面的:前者我们了解为通过愉快

或不快的情感来判定形式的合目的性（也被称为主观的合目的性）的机能，后者是通过悟性和理性来判定自然的实在的（客观的）合目的性的机能。"①由此可知，所谓审美判断力，就是一种以情感为媒介的，对于对象的形式的一种反思判断的能力。《判断力批判》一书的任务就是批判地考察这种审美判断力的能力、方式和限度，研究它是如何可能的，怎样构成的，为什么对个别事物的美的判断却具有普遍必然性，为什么作为主观的情感判断却具有客观的可传达性。凡此种种，说明康德抓住了审美中个别与一般、客观与主观的普遍性矛盾，从而在揭示审美与艺术的本质方面为我们提供了许多极富启发性的宝贵意见。

关于审美判断力的作用。从康德写作《判断力批判》的主观目的来看，主要还不是为了揭示审美与艺术的本质，而是为了其哲学体系的完整。因为，康德在写作《判断力批判》之前已经完成了《纯粹理性批判》与《实践理性批判》两部著作。前者涉及的纯粹理性世界，属于现实界、自然的领域，受自然的必然律支配，知性力在其中行使自己的职能。后者则是实践理性世界，属于道德、意志、物自体的自由领域，理性力在其中行使自己的职能。这两个世界彼此孤立，各自成为独立封闭的系统，当中有一条难以逾越的鸿沟。这样，他的哲学体系就还不是完整的。因为，实践理性世界中的道德意志，具有强烈的实践愿望，要求在现实界里实现自己。这样，就需要在自然与自由、知与意之间找到一座桥梁将两者沟通起来。他认为，审美判断力就具有这种桥梁的作用，能完成"从自然诸概念的领域达到自由概念的领域的过渡"②。因为，审美

①〔德〕康德:《判断力批判》上卷,宗白华译,商务印书馆 1964 年版,第 32 页。
②〔德〕康德:《判断力批判》上卷,宗白华译,商务印书馆 1964 年版,第 16 页。

判断力所凭借的先验原理是形式的(主观的)合目的性,而形式的合目的性就既包含自然领域中对象的形式与合规律的知性力,又包含自由领域中的合目的的愉快,因此成为沟通自然与自由的桥梁。上述观点是具有极重要的理论价值的。因为,尽管康德的主要目的不在于探讨审美与艺术的规律,但实际上,这些观点却极为深刻地为审美与艺术开辟了独立的情感领域,揭示了它们作为自然与自由、真与善的中介的本质。

三、论审美判断

康德的美学思想是完全否定客观美的存在的。因此,他的论美实际上论述的是美感,即所谓审美判断力,其所著的《判断力批判》就是旨在批判地研究这种审美判断力的方式和限度。不过,通过康德对美感的论述,亦可窥见其对美的基本品格的认识。特别可贵的是,康德打破了美学研究中经验派和理念派的形而上学的对立,开辟了感性与理性统一的美学研究的新路。他提出美在无目的的合目的性的形式,认为美是沟通真与善的桥梁,是两者的统一。他认为,所谓审美判断就是情感判断,是认识与意志的统一,这就论述了真善美的关系问题,成为贯穿康德美学思想的中心线索。

审美判断是反思判断。康德认为,判断是人类认识世界的基本形式,可分两种。一种是定性判断,又叫逻辑判断,是由普遍的概念出发,逻辑地去判定个别事物的性质。这是人们在理性认识(知性力)中所常常采用的。另一种是反思判断,是由个别出发,反思其普遍性的判断。康德认为,审美判断就是属于这种反思判断,是对于一个个别事物反思其是否具有美的普遍性的判断。

　　审美判断是情感判断。康德认为,反思判断又分两种。一种是审目的判断,亦即由个别对象出发反思其结构与存在是否符合自身完善的概念,而这种符合是先天的合目的的。例如,面对一朵花,判断其是否是一朵符合概念的完善的花。这时,主体与客体之间是由概念作为中介的。康德认为,审美不是这种审目的判断。这实际上是对鲍姆嘉通的理性派美学思想的否定。因为,鲍姆嘉通将美归结为"感性认识的完善"。康德不同意这种看法,认为审美判断是不同于这种审目的判断的。它不涉及对象的概念,只涉及对象的形式,是由个别对象出发反思其形式对于主体能否引起某种具有普遍性的愉快,而且这是先天的合目的。因此,在审美判断中,对象与主体之间的中介是愉快与不愉快的情感。正因为如此,我们将这种审美判断叫做情感判断。这样将审美判断界定为情感判断,将审美领域界定为情感领域,在西方美学史上是第一次,具有划时代的意义。

　　审美判断是沟通认识与意志之间的桥梁。审美判断在康德的整个哲学体系中具有巨大的"桥梁"和"过渡"的作用。因为,在康德的整个哲学体系中,有两个各自封闭的世界。一个是纯粹理性世界(真),属于自然的现象界的领域,感性与知性在其中起作用,以规律性为其原则。另一个是实践理性世界(善),属于自由的物自体的领域,理性在其中起作用,以"绝对命令"的"最后目的"为其原则。这两个世界各成封闭的圆圈,互不相通。但实践理性作为意志目的,具有强烈的实践愿望,要求在现实的纯粹理性的自然世界里实现自己。康德认为,审美判断力就是沟通自然与自由这两个封闭世界的桥梁。从所涉及的领域来说,审美判断涉及的是情感领域,既是对个别对象的感受,涉及自然领域,又是对主体的审美愉快,涉及自由的领域。从所凭借的认识能力来说,审美所凭借的是判断力,既包括认识范畴的想象力与知性力的协调,又是一种意志领域的绝对的无条件的普遍性。从所遵循的先天原则来说,审美判断所遵循的是"自然的合目的性",既包含个别对象形式的无目的性,又包含形式唤起主体愉快的先天的合目的性。具体可见下表:

类别 方面	纯粹理性世界 (真)	审美 (美)	实践理性世界 (善)
领域	自然 (现象界)	情感 　(客体的对象＋主体的审美愉快)	自由 (物自体)
凭借的能力	感情、知性	判断力 　(想象力与知性力的协调＋主观无条件的普遍性)	理性
遵循的原则	规律性	自然的合目的性 　(自然的无目的性＋主体愉快的合目的性)	最后目的 (绝对命令)

当然,康德关于审美判断作为沟通自然与自由的桥梁的这一理论比较晦涩,其原因在于理论本身不免有牵强之处,同我们所习惯的思维不顺。我们觉得,运用康德关于人类认识的通用公式倒可说明这一问题。康德给人类的认识规定了这样一个通用的公式:科学知识＝普遍必然性＋新内容。其中,普遍必然性是先天形式,与经验无关,为人的认识能力所固有;而新内容则是从感觉经验得来的质料,这样,他的公式就是:科学知识＝先天形式＋经验质料。按照这一公式,审美就成为:审美＝主观的合目的性的先天原理＋对于对象形式的感受。这里,"主观的合目的

性的先天原理”,即指审美感受的合目的性的普遍性,具有“自由”的性质,而“对于对象形式的感受”则涉及对象的形式,带有“自然”的性质。由此,审美就具有了沟通自然与自由的桥梁的作用。

这样,自然与自由、真与善、感性与理性、规律性与目的性、知与意就通过这特有的审美的情感判断而统一了起来。这一思想在康德的美学理论中是极其重要的,成为其整个美学理论的总的出发点和关键之所在。同时,这一思想也是极其深刻的,可以毫不夸张地说,在西方美学史上具有里程碑式的作用。因为,从 17世纪到康德所生活的 18 世纪,整个美学领域尽管观点繁多、学派林立,但归结起来无非是重自然的感性派和重理念的理性派。这两派形而上学的理论思潮长期以来争论不休,束缚了美学的发展。康德则以审美的情感判断为旗帜,迈出了感性与理性统一的第一步。这在西方美学领域无异于一声惊雷,具有振聋发聩的作用。当然,康德这种以美作为真与善的桥梁的理论本身不免牵强附会,并且是唯心的。因为,他对实践完全作了唯心主义的歪曲,使其脱离了自然领域和感性经验而仅仅属于主观的意志领域。事实上,实践本身就是主观见之于客观,人们完全能够在实践中,并且只有在实践中实现主观与客观、知与行、真与善的统一。美只不过是人们在实践中所达到的主观与客观、真与善的直接统一而已。

四、论 纯 粹 美

康德为了完成他的哲学体系,在纯粹理性与实践理性之外,又提出了审美判断力,作为以上两者的桥梁,并为此创造了“无目的的合目的性”的先验原理。这个“无目的的合目的性”的先验原理是贯穿于康德整个美学思想的中心线索,但其具体含义在形式美、壮美和艺术美中又有所不同。总的来看,是经历了一种由美到善,即由优美到壮美、纯粹美到依存美的过渡。现在,我们先来分析康德关于形式美的观点。他认为,经验派与理性派的薄学思想都被世俗的观点玷污了,因而他要做一番"净化"。这种"净化"就是将审美对象的内容全部抽去,而只留下形式。这种对于对象纯形式的审美就是所谓纯粹美。他从质、量、关系、方式四个方面加以论述,但多有重复,颇为烦琐,我们只概括分析其主要论点。

审美是一种同对象无任何利害关系的"自由的愉快"。康德针对经验派把美归结为生理快感、理性派把美归结为善的倾向,明确地指出美是"无利害的"。这里的所谓"无利害",就是指主体对于客体没有上述"快感"和"善"的利害关系。他认为,所谓快感只不过是一种生理的官能满足。这尽管是一种主观的满足,但仍然同对象客观存在的某种自然属性相联系。例如,食欲的满足就同对象的营养素有关。而所谓"善",则是一种在道德上被主体所珍贵和赞许的。这种珍贵和赞许同对象对于社会的"客观价值"直接有关。例如,我们赞扬某位同志的爱国主义行为,这种赞扬就是因爱国主义行为本身具有有利于祖国的客观社会价值。康德认为,审美同上述的快感及善不同。它同对象的自然的或社会的客观存在都无任何利害关系,而只是对象的形式适应了主体的某种心理活动的能力而引起的愉快。康德认为,这种愉快是无"偏爱的""纯然淡漠的""静观的""自由的愉快"。当然,这里所谓的"自由",并不是他在《实践理性批判》中所谈到的信仰、意志范畴的"自由",而是指主体不受对象的存在束缚、同对象无任何利害关系。因此,这里的"自由"同后来论艺术美时提出的"游戏说"直接有关,同样带有不受束缚、轻松愉快的性质。这是他为美规定的重要特征。他认为,快感和善都受对象的内容束缚,同对象有利害关系,因而是不自由的。当然,这种毫无内容的纯形式的"静观"是一种露骨的形式主义。但主体与对象的关系在审美中又的确与快感及善不同,它不是一种直接行动性的关系,而是一种间接的"观照"的关系。正是在这个意义上,我们吸取了康德这一观点中的合理因素,把审美叫做"静观"或"自由的观照"。那么,审美为什么会成为同对象无利害关系的"自由的愉快"呢?康德认为,这主要是由审美主体既是动物性的又是理性的人决定的。他把人分成了动物的自然形态的人与理性的道德的人。这两种人各具纯粹理性和实践理性的能力,是互相对立、难以统一的。从与对象的关系来看,动物性自然的人具有本能方面的要求,只能产生快感;理性的道德的人具有超验的理性要求,只能产生道德感。只有既具有动物性又具有理性的人,才能一方面产生某种非本能的愉快,另一方面这种愉快又具有不凭借对象客观价值的合目的性。这就是现实的理性的人所特具的审美能力。

审美是一种具有主观普遍性的愉快。康德认为,审美与快感一样,对象都是单个事物。但快感是纯个人的,无普遍性。例如,这个辣椒好吃,只对嗜辣的人才有意义。但审美却要求普遍性。你感到美的事物,别人也必须感到美,否则就不成其为美。例如,这朵花是美的,必须以大家都感到美为前提。那么,审美为什么会具有普遍性呢?康德认为,这种量的普遍性是以质的无利害感为前提的。也就是说,审美之所以具有量的普遍性是因为在性质上它不基于主体与对象的利害关系,不是从主体纯粹的个人需要出发,不是一种偏爱。而快感却是从个人的主观生理条件出发的,基于主体与对象的利害关系,是一种偏爱。因此,在量上也只能是纯个人的,没有普遍性。这就揭示了审美与快感的根本区别,说明了审美具有社会性的根本特征。康德认为,审美与快感在量的问题上发生差异的另一个重要原因,就是快感是完全以主体的感受作为基础,而审美则以判断作为基础,是判断先于感受。他提醒我们说:"这个问题的解决是鉴赏判断的关键,因此值得十分注意。"①这说明,康德已真正从经验派摆脱了出来。因为,经验派把美归结为自然物本身的自然属性,因而必然主张快感在先,美感等于快感。这就完全排除了美本身包含的物化了的理性因素。但康德却认为,快感在先与审美的普遍传达性是"自相矛盾"的。因为,快感是一种单纯的官能满足,如果快感在先判断在后,那么,判断就会受到官能快感的束缚而没有普遍性。康德认为,审美不是由对象自然属性决定的官能快感的满足,而是一种对人类具有普遍的社会意义的价值;美感也不是快感,而是包含着理性因素的判断。康德接着指出,审美的这种普遍性不同于概念的普遍性。概念的普遍性是客观的,具有客观可见的规律,可以言传,甚至可以强迫别人接受。例如,对于花是植物的逻辑判断,就可以讲出一番道理,让别人接受这个道理。但审美的普遍性却不是这种客观的概念的普遍性,而是主观的普遍性。它不是凭借概念,而是凭借由对象的形式所引起的主体的共同感受。这种共同感受只是一种共同的心意状态,只可意会,不能言传,无明确的规律但却趋向于某种规律。例如,这朵花真美!就完全是一种发自内心的惊赞。大家面对绚烂芬芳的花朵,不约而同、情不自禁地发出了这一美的赞语,既不需事先约好,也不能用命令的方式强制。这就从量上划清了审美与真、善的界限,说明真、善是客观的凭借概念的普遍性,有可以明确表述的规律,审美则是主

---

① [德]康德:《判断力批判》上卷,宗白华译,商务印书馆1964年版,第54页。

观感受的普遍性，难以用客观的概念将其明确地表述。

　　审美是主观的合目的性。按照马克思主义的哲学理论，所谓
"目的性"是指人的行动的有意识性、自觉性。它是建立在对于某
种普遍规律的认识和掌握的基础之上的。但在康德的美学理论
中，"目的性"则与上帝的"创世说"联系在一起，即指一种唯心主
义的因果论。也就是说，按照先天的某种意图（因），必然会出现
现实中的某种现象（果）。康德认为，这种目的性有两种。一种是
客观的目的性，即事物的内容、存在合乎了某种先天的目的，或者
是符合了外在有用的目的。如马可拉车耕地；或者是符合了内在
"完善"的目的。如骏马就符合"完善"的马的概念。而审美却既
没有这种外在的合目的性，亦无这种内在的合目的性。它是一种
不涉及任何概念内容的主观合目的性，或形式的合目的性。它的
对象不包含任何内容，仅仅以其形式适合了主体的需要而引起愉
快。而这一切都是合目的的，"好像是有意的，按照合规律的布
置"①。由于这种主观的合目的性只涉及对象的形式，因而，实质
上是一种主观感受的合目的性。它只使主体获得某种愉快而不
提供对于对象的功利方面的评价。例如，人们在对一块草场进行
审美时，就仅仅是一种合目的的愉快而已，而不会想到草场可作
跳舞场等用途。在这里，康德认为审美不完全等同于功利目的是
正确的，但将审美同功利目的完成割裂，则不免堕入了形式主义
的泥坑。

　　审美是范式的必然性。所谓必然性，是指事物间一种必然联
系的方式，指这一方存在另一方必然存在。审美必然性，即指主

————————

①［德］康德：《判断力批判》上卷，宗白华译，商务印书馆1964年版，第
　　146页。

体面对审美对象时必然会产生审美快感。康德认为，必然性有两种。一种是客观的借助概念的必然性。认识领域的必然性就借助于知性概念。如人们面对着一株花，借助于知性概念就必然地认识到花是植物。而作为实践领域的必然性，则要借助于理性概念。如人们看到一个儿童落水，凭借着"救助受难者"的道德律令就被某种义务驱使而跳入水中救助。但审美却不是这种凭借概念的客观的必然性，而是借助于主观共同感受的主观的范式必然性。康德认为，所谓范式必然性，就是"一切人对于一个判断的赞同的必然性，这个判断便被视为我们所不能指明的一个普遍规则的适用例证"①。这就说明，范式必然性的特点是例证性。它是对于一个对象所进行的单称判断，而这个单称判断则包含着某种不能指明的普遍规则。这就是个别中包含着一般，已有艺术典型论的含义。范式必然性的基础，是一种主观的共通感。康德对于这种主观共通感作了比较深入细致的分析。他认为，这种主观共通感就是审美的社会性。他说，主观共通感"靠拢着全人类理性"，并指出，一个孤独地居住在荒岛之上的人决不会有对美的追求，不会去修饰自己和自己的茅舍，"只在社会里他才想到，不仅做一个人，而且按照他的样式做一个文雅的人（文明的开始）；因为作为一个文雅的人就是人们评赞一个这样的人，这人倾向于并且善于把他的情感传达于别人，他不满足于独自的欣赏而未能在社会里和别人共同感受"②。这就说明，审美的共通感是社会性的产物，而且也只有这种普遍可传达的社会性才使审美愉快成为

①［德］康德：《判断力批判》上卷，宗白华译，商务印书馆1964年版，第75页。
②［德］康德：《判断力批判》上卷，宗白华译，商务印书馆1964年版，第138、141页。

价值。他说:"诸感觉也只在它们能被普遍传达的范围内被认为有价值。"①

审美的心理基础是想象力与知性力的"自由的协调"。审美为什么作为单称判断但却具有普遍性呢?康德将其归结为人们都具有一种想象力与知性力自由协调的共同主观条件。这是一种主观的心理机能。康德认为,这种共同的心理机能就是审美的情感判断的"规定根据"。这种心理根据的探寻是康德论美的特点之一,是其对于英国经验派美学在这一方面成果的继承和发展。康德在论述纯粹美、壮美(崇高)和艺术美的各个范畴时,最后都归结到心理的根据。他将纯粹美的心理根据界定为"想象力与知性力的自由协调"。这里所谓想象力是指对于感觉表象的综合能力,即通常所说的形象思维能力。而知性力则指把想象力中的感性材料进一步综合起来的能力,即通常所说的合规律的思维能力。在通常情况下,二者是通过概念来协调的。也就是知性力通过概念对想象力中的感性表象加以综合。这就是知识认识、逻辑判断。但审美却是不通过概念的主观的协调,而是通过主体的心理机能来协调。这就是审美不凭借概念但却合规律、具有普遍必然性的根本原因。

那么,主体如何凭借心理机能将想象力与知性力协调起来的呢?康德认为,这是一种由想象力自由地唤起知性力的"自由的协调"。其具体含义有三:第一,想象力充分自由,处于主动地位,知性力服务于想象力。这就是我们通常所说的在形象思维过程中始终不离开具体可感时形象。第二,想象力不借助概念,但却

①[德]康德:《判断力批判》上卷,宗白华译,商务印书馆1964年版,第142页。

趋向于某种概念；没有明确的规律，但却"暗合"某种规律。亦即形象思维中完全依据形象的自由发展而不以概念加以束缚，但形象却有自身发展的逻辑和规律。这一思想在我国古代文论中亦有相似的表述。例如，严羽在《沧浪诗话》中认为，诗歌创作中的理性和规律性是一种"不涉理路，不落言筌"，好像是"羚羊挂角，无迹可求"。第三，这种协调由于不凭借概念，因而不是知性认识范畴的作为因果律的"假定""将要"，而是属于理性范畴的合目的性的"设想""期待"。这就是所谓"人同此心，心同此理"，凡是我认为美的，与我具有相同心理机能的人也"应该"认为是美的。因而，这是一种"合目的性"的"自由的协调"。总之，康德认为，这种想象力与知性力的自由的协调就是产生审美愉快的根本原因。它不同于快感。快感没有知性力参加，因而是无规律性和普遍性的。康德认为，无规律性本身是违反目的的、不愉快的。例如，生理缺陷和不对称的建筑就不会引起人的审美愉快。对于大自然现象，也许刚刚接触时会产生赏心悦目之感，但时间一长也会因其缺乏应有的规律而令人厌倦。当然，审美也不同于认识。因为认识是运用的概念手段，以知性力为主，想象力服从知性力并被其所束缚。这样，想象力就是不自由的，因而产生不了愉快的情感。

　　总之，康德在"美的分析"中所探讨的纯粹美，就是一种纯形式的美。这种美在现实世界中是极其少见的。康德自己也认为，可以称为纯粹美的自然现象也只不过包括单纯的颜色、音调、建筑物上的框缘、壁纸上的簇叶饰、无标题的幻想曲等，而现实世界中绝大多数事物或者以无规则的高大怪异的形态出现，或者是同其本身的客观概念密切相连。这样，康德就不得不离开自己纯粹形式主义的道路而面对现实，于是提出了壮美(崇高)和艺术美的问题。

五、论　崇　高

康德在对纯粹美作了一番分析之后，就过渡到对崇高的分析。他之所以要实现这样的过渡，其主要原因是在对纯粹美的判断中还没有完全实现由自然到自由的过渡。因为，在纯粹美中，自然只有形式，毫无内容，重点仍在合目的性的自由。这样，他的哲学天平就还没有真正摆平。于是，他提出了崇高的判断。尽管在崇高的判断中，对象的内容亦是纯主观的，经过了"偷换"的途径，才由主观移至客观，但毕竟还是有了内容。康德是在将崇高与审美的比较中论述崇高的。他首先简要地论述了崇高与审美的相同之处。他认为，崇高与审美一样都是自身令人愉快的，但又都是主观的合目的性的愉快，既不同于快感而具有普遍必然性，又不同于认识而仅只是形式的合目的性。但他的主要力量还是放在对崇高与审美的区别的论述之上。他从对象、种类、心理状态和根源四个方面论述了这种区别。

审美的对象在形式，崇高的对象是"无形式"。康德认为，审美是一种形式的合目的性，即审美对象的形式符合了想象力与知性力协调的心理机能从而引起愉快。这就是说，尽管审美的对象是一种纯形式，但却要符合某种不明确的规律，受到这种不明确的规律的限制。这就使审美对象都要在不同的程度上具有某种对称、比例、节奏等形式美的规律。因此，审美对象都是有限度的，人们凭借自然的感官是完全能够把握的。可以通过视觉观其外形、色彩，通过听觉听其音响、节奏。但崇高的对象却与此不同，是一种"无形式"。所谓"无形式"，就是一种不符合任何形式美规律的形式。也就是说，这也是一种形式，而不是实在。既不是以其物质的实在给人以真正的感性威胁,也不是以其意义的实在给人以理论的认识。当然,这种"无形式"本身并不符合目的,而只为唤起某种主观的目的提供一个外在的诱因,康德将这叫做"机缘"。他认为,对于这种"无形式",人们凭借着感官是无法把握的,也不能运用感性的尺度来衡量。它是一种"无限"。"我们对某物不仅称为大,而全部地、绝对地,在任何角度(超越一切比较)称为大,这就是崇高。"①因为崇高的对象本身是无目的的、不涉及概念的,所以这种无限不包括艺术、雕塑、建筑和动物,而只是粗野的自然。其中又分两种情形。一种是数量上的无限。如茫茫星空,无边无际的大海,连绵不绝的崇山峻岭,等等。另一种是力量的无限。如好像要压倒人的悬崖陡壁,密布天空进射出迅雷疾电的黑云,具有毁灭威力的火山,势可扫空一切的狂风,惊涛骇浪的大海,巨河投下的悬瀑,等等。康德认为,正因为崇高的对象是一种无限,所以,对于崇高的判断和审美判断不同,总是和量结合着。也就是说,在崇高的判断中,着重对对象进行量的鉴赏和把握。它的愉快产生于面对着无限大的对象而能够把握其整体。审美的判断是和质结合着的。也就是,在审美的判断中着重对对象进行性质方面的鉴赏和把握,从对象的形式符合某种不明确的规律而获得愉悦。

　　审美是一种积极的愉快,崇高则是消极的愉快。康德认为,从愉快的种类来说,审美的愉快是一种"积极的愉快",而崇高的愉快则"更多的是惊叹或崇敬,这就可称作消极的快乐"②。所谓"积极的愉快"是一种直接引起的愉快,对人的生命起促进作用。

①[德]康德:《判断力批判》上卷,宗白华译,商务印书馆1964年版,第89页。
②[德]康德:《判断力批判》上卷,宗白华译,商务印书馆1964年版,第84页。

它表现为主体与对象之间的一种吸引,主体的心情舒展愉快,犹如在游戏一般。因此,我们通常将这种美称为"优美"。而"消极的愉快"则是一种间接的愉快,以不愉快为媒介的愉快。它的表现是由于想象力承受不了对象的巨大压力,故而主体对于对象先是取推拒的态度,是一种痛感,生命力受阻。继而,因为借助于理性力量,战胜了对象,主体才对对象变推拒为吸引。从主体本身来说,也才由痛感到快感,从生命力受阻到生命力迸发洋溢。作为主体的状态,由于是由痛感到快感,因而不是轻松,而是严肃认真的。所以,我们通常把崇高称为"壮美"。

审美的心理机能是想象力与知性力的协调,而崇高则是想象力与理性的对立。康德认为,审美判断的心理状态是想象力与知性力的协调。这是因为,想象力能够把握对象的形式,因而在其自由的活动中同知性力相协调。但崇高判断的心理状态却是想象力与理性的对立。这是由于崇高的对象是一种巨大的"无形式",因而压倒了想象力,使其难以继续,被夺去了自由。所谓"对立"亦可理解成想象力与知性力的不一致,即通过想象力的无能为力而发现理性力量的无限能力。康德指出:"于是那自然对象的'大'——想象力在把它全部总括机能尽用在它上面而无结果——必然把自然概念引导到一个超感性的根基(作为自然和我们思维机能的基础)。这根基是超越一切感性尺度的大,因此它不仅使我们把这个对象,更多的是把那估计它时候的内心的情调评判为崇高。"①正因为审美判断是想象力与知性力的协调,所以其心境状态是平静安息,而崇高的判断却是想象力与理性的对立,所以其心境状态是一种激动、奋发、高扬。

①［德］康德:《判断力批判》上卷,宗白华译,商务印书馆1964年版,第95页。

　　崇高的愉快的根源完全在于主体的心灵。尽管康德在审美判断中将美的愉快的根源归于适应主体心理机能的一种合目的性,但对象之中仍然保留着形式的因素。而在崇高的判断中,康德则连对象仅有的形式也完全抛掉,而将崇高的愉快完全归于主体心灵。他说:"由此得出结论:崇高不存在于自然的事物里,而只能在我们的观念里寻找。"①这就是说,崇高的对象作为巨大的"无形式",不适合人的认识能力,想象力无法承受,形象思维的活动被迫中止,而引导到超感性的理性领域。康德举例说,狂风巨浪中的大海本身不能说就是崇高,而是可怕的。一个人只有在内心里先装满大量观念,才能在观照时把内心的崇高激发出来。他进一步认为,崇高产生于崇敬感对于恐惧感的战胜。所谓"恐惧感",它的产生是由于想象力凭借着生理的自然因素,无力适应巨大的自然对象,也就是在量上较小的人体的自然因素战胜不了在量上宏大的无限的对象。康德认为,如果老是恐惧就不可能产生崇高的判断,就好像局限于生理快感的"偏爱"不能进行美的判断一样。这样,就必须借助于崇敬感才能战胜恐惧感。所谓崇敬感,即是对人的理性力量的崇敬。这是一种以人的尊严及道德精神力量为武器的自我保存方式,是区别于凭借着本能的自然因素的另一种自我保存方式。它具有战胜恐惧感的足够力量。康德认为,崇敬感战胜恐惧感的过程是一种净化和升华的过程。所谓"净化",是指在崇高的判断中丢弃了平常关心的各种财产、健康和生命等。心灵不再受个人的感性因素的东西支配,因而摆脱了恐惧。所谓"升华",则是指在崇高的判断中,心灵战胜了对象的感性因素,将我们的精神提到了理性的高度,使我们充分地看到

①［德］康德:《判断力批判》上卷,宗白华译,商务印书馆1964年版,第89页。

人的理性力量是远远地高出自然的。康德还认为,这种崇高感产生的途径是一种"偷换"(Subreption)。也就是将主体内心对人的理性的崇敬通过"偷换"的途径移到自然对象之上。这样,表面上看是对对象的崇敬,而实质上是人对自己理性的崇敬。因此,崇高的对象本身并不直接蕴含着崇高,反倒是同崇高感相对立,它只能通过"偷换",作为对于崇高的一种象征。这也是与审美不同的。因为,在审美之中,对象本身就是符合形式美的规律。在这里,康德接触到了鉴赏中的"移情"问题,对后世影响很大,应引起我们的注意。

对于崇高,尽管早在康德之前古罗马的朗吉努斯、法国古典主义理论家布瓦洛和英国经验派美学家博克等人都曾作过论述。但他们或主要局限于文章风格,或只是建基于某些粗浅的感性经验之上。康德吸收了他们关于崇高的认识的合理成分,将其提到一个新的理论高度,使之更加完备系统。他认为崇高的根源在于人的内在心灵的理性观念,这也说明他已经超越了美在纯形式的观点,将美同作为善的形态的伦理道德联系了起来。在此,康德的美学思想已经有了发展。

六、论 艺 术 美

康德整个美学体系的核心是论述真善美之间的关系,以美到善的过渡作为其中心线索。实际上,表现为两个具体的过渡:一个是由美到崇高的过渡,一个是由纯粹美到依存美的过渡。所谓纯粹美,即是不包含任何内容的纯粹性的美,而依存美则是依存于一定的概念、具体内容意义的美。他认为,全部的艺术品和大部分自然美都属于依存美。在完成了上述两个过渡之后,康德断言:"美是道德的象征。"①这就真正使美成为真与善的中介。

　　对于艺术美,康德没有在《判断力批判》中列专章论述,只在"审美判断力的分析论"中涉及。但这决不意味着他不重视艺术美,只能再次证明他的注意力主要在于哲学体系的完整,而不在于对美学与艺术规律的探讨。事实上,他是非常重视艺术美的。因为他把理想美归结为依存美,而依存美又主要是艺术美。

(一)关于"游戏说"

　　康德对于文艺的本质的论述,集中表现在他把文艺看成"自由的游戏"。他的这一观点,是欧洲美学与文艺理论史上长期发生影响的"游戏说"的滥觞。康德的"游戏说",并非像有些人所曲解的那样,是将文艺看成无意义的儿童嬉戏,实质是将文艺界定为不受任何外在束缚的"自由的愉快"。因而,康德的"游戏说"实质上就是一种"自由说"。他说:"诗人说他只是用观念的游戏来使人消遣时光,而结局却于人们的悟性提供了那么多的东西,好像他的目的就是为了这悟性的事。感性和悟性虽然相互不能缺少,它们的结合却不能没有相互间的强制和损害,两种认识机能的结合与谐和必须好像是无意地,自由自在相会合着的,否则那就不是美的艺术。"他还说:"没有这自由就没有美的艺术,甚至不可能有对于它正确评判的鉴赏。"②

　　康德"游戏说"的提出不是偶然的,而是建立在他对审美本质

―――――――――――

① [德]康德:《判断力批判》上卷,宗白华译,商务印书馆1964年版,第201页。
② [德]康德:《判断力批判》上卷,宗白华译,商务印书馆1964年版,第168、203—204页。

认识的基础之上的。众所周知,在康德所生活的 18 世纪的欧洲,哲学领域内形而上学的机械论仍然占据着统治的地位,表现在美学与文艺理论上就形成了互相对立的经验派与理性派。经验派将美与艺术的本质归结为感性快感,理性派将美与艺术的本质归结为先天的理性。康德不满于经验派与理性派各自将审美束缚于感性快感或理论概念的局限性,他说:"人们能够首先把鉴赏的原理安放在这里面,即:鉴赏时是按照着经验的规定根据,也就只是后天的通过感官所付予的。或者人们可以承认:鉴赏是由于先验的根基来下判断的。前者将是鉴赏批判里的经验主义,后者是唯理主义。按照前者我们的愉快的对象将不能从舒适,按照后者——假使那判断是建基于规定的概念上的话——将不能和善区别开来。这样一来,一切的美将从世界里否定掉,而只剩下一特殊的名词来代替它,指谓着前面所称的两种愉快的某一种混合物。"①康德打破经验派和理性派的桎梏,独创地将审美的本质归结为情感判断。所谓情感判断,就是主体因不受对象的感性存在和理性概念的束缚而获得自由,由此引起的情感愉悦,是主体的一种解放。他说:"于是我们能够一般地说:不管是自然美或艺术美,美的事物就是那在单纯的评判中(不是在官能感觉里,也未曾通过概念)而令人愉快满意的。"②康德认为,这种审美的情感愉快的根据是凭借着一种特有的先验原理,即是无目的的合目的性,又叫自由的合目的性。它既同对象的存在无直接关系,又同

---

① [德]康德:《判断力批判》上卷,宗白华译,商务印书馆 1964 年版,第 194 页。
② [德]康德:《判断力批判》上卷,宗白华译,商务印书馆 1964 年版,第 152 页。

对象的概念无直接关系,而是主观上的各种心理功能的自由的协调一致。总之,由于对于对象的"无利害""不凭借概念"的自由的鉴赏而唤起主体各种心理功能的自由的协调,从而引起主体的合目的的愉快,这整个的审美过程都同"自由"密切相关。

康德对于这种以"自由"为特性的审美愉快给予极高的评价,认为它既涉及对象的形象又涉及主体的合目的性的愉快,因而成为客体与主体、感性与理性、真与善之间的一种过渡和桥梁。他说:"判断力以其自然的合目的性的概念在自然诸概念和自由概念之间提供媒介的概念,它使纯粹理论的过渡到纯粹实践的,从按照前者的规律性过渡到按照后者的最后目的成为可能。"①这就说明,康德给予"自由的"审美以多么高的地位,将其确定为由真到善、自然到人、感性的人到理性的人的必由之途。当然,这是指整个审美来说的,但作为包含着理性的艺术美,则能更好地承担起这种桥梁和过渡的作用。因此,康德在《判断力批判》的《导论》的最后部分,列表说明由自然到自由的过渡,明确地以艺术代替审美作为真与善的中介。

康德"游戏说"的提出,不仅有其追求真善美统一和批判地继承经验派和理性派的美学根据,而且,在政治思想方面,也是他受到资产阶级启蒙主义思想影响的结果。因为,在这一理论中,康德特别地强调了人及其价值,强调了理性与自由。

现在,需要进一步探讨康德为艺术界定的"自由的游戏"的具体含义。根据康德的论述,我们认为,其具体含义就是通过形象对于理性的不受任何障碍的自由的观照(直观)。康德在论述审美直接使人愉快时解释道:审美的愉快对于理性"只是在反味着

①［德］康德:《判断力批判》上卷,宗白华译,商务印书馆1964年版,第35页。

的直观里,不像道德在概念里"①。正因为如此,艺术美作为"自由的游戏"决不是无意义的嬉戏,而是包含着某种理性观念,具有某种价值。康德认为,这是艺术与自然、艺术美与自然美的最重要的区别,也是通过"自由"而产生的产品的重要特性。他说:"正当地说来,人们只能把通过自由而产生的成品,这就是通过一意图,把他的诸行为筑基于理性之上,唤做艺术。"②在他看来,只有这种以理性观念为基础的艺术创作活动才真正是创造性的,是有目的的"制作"。但自然却与此相反,只是一种无目的、无意识的本能性的"动作"。从成品来说,自然物是有果无因(目的)的"效果",而艺术品则是有果有因(目的)的"作品"。他举例说,蜜蜂的蜂巢尽管很规则,但却只不过是由蜜蜂的无目的的本能所产生的"效果",而沼泽地里发掘出来的远古人作为工具的削正的木头,看似粗糙,但却是包含着理性观念的艺术作品。另外,康德还通过论述艺术美与自然美的区别,进一步阐明了艺术美包含着理性观念。他认为,自然美只是事物本身的美,而艺术美则是对事物所作的美的形象描绘,应该将事物自身的性质与对事物的美的形象描绘区别开来。因为,在美的形象描绘中已经包含了艺术家的理性观念,对事物作了某种程度的改造。由此,他认为,艺术显出它的优越性的地方就在于可以把自然中本来是丑的或不愉快的事物描写得美。例如,复仇、疾病、战争的毁坏等坏事都可以作为文艺的题材,运用理性观念改造加工,变自然丑为艺术美。康德

---

① [德]康德:《判断力批判》上卷,宗白华译,商务印书馆 1964 年版,第 202 页。

② [德]康德:《判断力批判》上卷,宗白华译,商务印书馆 1964 年版,第 148 页。

认为,正因为艺术美必须包含着理性观念,所以自然只有在像似艺术时才美。① 这就是说,作为自然美,必须在自然中见出艺术的自由,看出它的合规律性好像是在某种理性观念指导之下经过人工创造时,才显得美。

但是,艺术美包含着某种理性观念只是"游戏说"的一个方面,更重要的是,康德认为,艺术美是一种对于理性的自由的观照(直观)。这种"自由的观照",就是要求艺术做到使其理性目的显不出任何痕迹,虽有理性但却看不到任何理性,虽是趋向于某种理性概念但却觉察不到任何概念,显露在人们面前的只是同生活本来的面目一样的形象。这一关于自由的观照的观点是其"游戏说"的精髓之所在,贯穿于他的艺术理论的始终。他是从两个方面来论述文艺的这种自由观照的特征的。首先是通过艺术创作与手工艺劳动的比较,认为艺术创作不同于手工艺劳动,在内容上不受对象的存在束缚。他说:"艺术也和手工艺区别着。前者唤做自由的,后者也能唤做雇佣的艺术。前者人看做好像只是游戏,这就是一种工作,它是对自身愉快的,能够合目的地成功。后者作为劳动,即作为对于自己是困苦而不愉快的,只是由于它的结果(例如工资)吸引着,因而能够是被逼迫负担的。"②这就是说,他认为,手工艺劳动是被迫的,本身是痛苦的。原因在于主体被劳动报酬所束缚,而劳动报酬是由对象的数量来计算的,因而也可以说,在手工艺劳动中主体被对象的存在所束缚,所以是不

①参见[德]康德《判断力批判》上卷,宗白华译,商务印书馆1964年版,第152页。
②[德]康德:《判断力批判》上卷,宗白华译,商务印书馆1964年版,第149页。

自由的。而艺术创作却好像是游戏，因为它本身是愉快的，主体在艺术创作中是自由的，不受束缚的，心情舒展，犹如在游戏中一般。当然，康德在这里泛用"劳动"的概念是片面的。因为，痛苦的强制的劳动只是剥削社会中"异化"了的劳动，而不是共产主义社会中作为人的第一需要的劳动。同时，完全将艺术与劳动对立起来，也就在实际上割裂了艺术与实践的关系。但康德在这里强调的重点是艺术不像劳动那样有明显的外在目的，而是不受对象存在束缚的、自由的。他还通过艺术与科学的比较，认为艺术创作不同于科学之处是在形式上不受对象的概念束缚。当然，康德在论述艺术与科学的区别时，将科学单纯地归结为"知"（死的书本知识），而将艺术归结为"能"（技能），这本身并不科学，无可取之处。但他在批判关于"美的科学"的概念时，倒是抓住了艺术与科学在思维形式上的区别，从另一个侧面揭示了"游戏说"的含义。康德指出："没有关于美的科学，只有关于美的评判；也没有美的科学，只有美的艺术。因为关于美的科学，在它里面就须科学地，这就是通过证明来指出，某一物是否可以被认为美。那么，对于美的判断将不是鉴赏判断，如果它隶属于科学的话。至于一个科学，若作为科学而被认为是美的话，它将是一个怪物。"①这就是告诉我们，艺术作为审美的鉴赏判断，是以形象为形式的思维，而科学作为证明，则是以概念为形式的思维。在科学的判断中，主体受到概念的束缚，是有限制的，但在艺术创作的鉴赏判断中，主体不受对象的概念的束缚，是自由的。这种自由性表现在，形象不是蕴含一个概念内容，而是可以蕴含无限丰富的内容。

① ［德］康德：《判断力批判》上卷，宗白华译，商务印书馆 1964 年版，第 150 页。

　　综合上述主体在内容与形式两个方面都不受对象束缚的自由性的特点,康德认为,艺术的这种"自由的游戏"的本质特征就是无目的的合目的性,或曰自由的合目的性。他说:"所以美的艺术作品里的合目的性,尽管它也是有意图的,却须像似无意图的,这就是说,美的艺术须被看做是自然,尽管人们知道它是艺术。"①这就说明,艺术的这种"自由的游戏"的本质特征实质上就是合目的性与无目的性、有意图性与无意图性、艺术与自然的统一。虽有目的却看不到目的,虽含意图却不显露意图,虽是艺术却看似自然。这真是抓住了艺术寓思想于形象的根本特征。

　　还需要说明的一点就是,康德还从生理学的角度探讨了"游戏说"的理论,认为艺术的自由和谐必将引起身体的自由放松,从而促进人体的健康。他说:"所以人们可以,我想,承认伊比鸠的说法:一切的愉快,即使是通过那些唤醒审美诸观念的概念所催起来的,仍是动物性的,即肉体的感觉。"②他进一步将其过程归结为:由精神的自由放松(想象力的自由驰骋)导致肉体的自由放松,推动内脏和横隔膜的和谐活动,并进而加强精神上的自由愉快。他形象地举了一个谐谑的例子:一个印第安人在一个英国人的筵席上看见一个啤酒坛子被打开时,有许多泡沫喷出,于是惊呼不已。主人问他有何可惊之事,这个印第安人说,我并不是惊讶那些泡沫是怎样出来的,而是惊讶它们当初是怎样被搞进去的。于是,人们听后大笑不已。康德认为,在这种谐谑中,人们产

①[德]康德:《判断力批判》上卷,宗白华译,商务印书馆1964年版,第152页。
②[德]康德:《判断力批判》上卷,宗白华译,商务印书馆1964年版,第182页。

生愉悦的原因不在知性获得了什么知识,而是在于由紧张的期待
到虚无,从而引起精神的放松(自由)和肉体的放松(自由)。正是
通过这样的精神和肉体放松的"自由的游戏",才产生了情感愉
悦。这就说明,康德尽管认为艺术是一种包含着某种理性观念的
超越生理快感的愉悦之情,但并不否认艺术美包含着生理快感的
因素,并正确地将身体的自由放松也包含在自由的游戏的内涵之
内。这是十分切合艺术创作实际、极有价值的见解。

(二)关于"审美观念"

审美观念是康德关于艺术美的中心概念,接近于当代文艺
理论中"典型"的概念。所谓"观念",即德文"Idee"字,意指某种
包含着丰富内容的不确定的理性概念。朱光潜先生借用中国古
典美学的"意象"概念予以翻译。根据康德的论述,所谓审美观
念,即指某种包含了无限理性内容的现实的形象。康德说:"人
们能够称呼想象力的这一类表象做观念;这一部分因为它们对
于某些超越经验界限之上的东西至少向往着,并且这样企图
接近到理性诸概念(即智的诸观念)的表述,这会给予这些观念
一客观现实性的外观。"①当然,审美观念只不过是从创作的角
度给艺术典型所界定的概念,而从欣赏的角度,康德则将其称为
审美理想。这个概念被黑格尔在《美学》中所接受。"理想"
(Weal)本身"意味着一个符合观念的个体的表象"②。朱光潜先
生更明确地将其翻译为:"把个别事物作为适合于表现某一观念

———————

① [德]康德:《判断力批判》上卷,宗白华译,商务印书馆 1964 年版,第
160 页。
② [德]康德:《判断力批判》上卷,宗白华译,商务印书馆 1964 年版,第 70 页。

的形象显现。"①所谓"形象显现"就是理性与形象之间不经过概念的自由的统一。这就更充分地揭示了这一概念同黑格尔关于"美是理念的感性显现"的定义之间的渊源关系。一般来说,理性观念尽管无比丰富,但还需借助于概念来表达,但审美观念却不经过概念,仅借助于一个表象将无比丰富的理性观念直接显现出来。因此,康德认为,审美观念"生起许多思想而没有任何一特定的思想,即一个概念能和它相切合,因此没有语言能够完全企及它,把它表达出来"②。正是在这个意义上,康德认为,审美观念是理性观念的"对立物"。

　　康德认为,审美观念具有巨大的作用,标志着艺术美所达到的高度,使艺术形象具有"精神"和"灵魂"。"精神(灵魂)在审美的意义里就是那心意付予对象以生命的原理。"③这里的所谓"生命"就是艺术形象的艺术魅力、感染力和吸引力。他进一步论证道,有些艺术形象,表面上看也符合美的规律,找不出什么毛病,但却没有精神,不具备艺术的魅力,就好像一个妇女,尽管俊俏、健谈、规矩,但却缺乏内在的吸引人的力量。这种内在的吸引人的力量就正是审美观念所特有的。那么,审美观念的这种内在的吸引人的力量或艺术的魅力是从哪里产生的呢?根据康德的论述,就是由理性与形象的不经过概念的自由的统一中产生的。因为,理性本身是具有巨大的力量的,经过这样一种与形象的自由

---

① 朱光潜:《西方美学史》下卷,人民文学出版社 1963 年版,第 395 页。
② [德]康德:《判断力批判》上卷,宗白华译,商务印书馆 1964 年版,第 160 页。
③ [德]康德:《判断力批判》上卷,宗白华译,商务印书馆 1964 年版,第 159 页。

的统一,就能产生巨大、震撼人心、潜移默化的效果。

康德还进一步对审美观念的性质作了论述,认为它是经过理性观念改造的"另一自然"。他说:"想象力(作为生产的认识机能)是强有力地从真的自然所提供给它的素材里创造一个像似另一自然来。"①朱光潜先生更明确地翻译为"第二自然"②。"另一自然"所依据的是现实自然所提供的素材,其外在形式是保持现实自然的本来面目,看上去似乎同自然一样是无目的、无理性的,而其实质却是经过了理性的改造,充满着理性的内容,因而是"优越于自然的东西"③。这就在一定程度上揭示了艺术美与自然美的关系,说明自然美是艺术美的根据,艺术美不脱离现实自然的外在形式,但艺术美中渗透着理性内容,同自然相比更为"优越"。这也说明,虽然在康德的总的美学体系中形式主义色彩浓厚,但在审美观念的理论中却对其形式主义的弊病有所补救,并在一定程度上纠正了理性派过分重视艺术美、感性派过分重视自然美的偏颇。

不仅如此,他还进一步探讨了"另一自然"的产生过程。他认为,这个过程就是给理性观念一个客观现实性的外观,也就是使理性观念具体化,使其通过直观的形象显现出来。这种具体化有两种情况,一种是对于极乐世界、地狱世界、永恒界、创世等抽象的概念,应使其具有感性外观;另一种是对于死、忌妒、爱、

①[德]康德:《判断力批判》上卷,宗白华译,商务印书馆 1964 年版,第 160 页。
②朱光潜:《西方美学史》下卷,人民文学出版社 1963 年版,第 399 页。
③[德]康德:《判断力批判》上卷,宗白华译,商务印书馆 1964 年版,第 160 页。

荣誉等现实的思想,应使其超出现实,达到理性的高度,"在完全性里来具体化"。① 这就反对了自然主义倾向,强调了理性在审美观念创造中的作用,表现了康德受到启蒙主义影响的进步倾向。

康德对于审美观念的寓无限于有限的重要特征也作了深刻的论述。他说:"在一个表象里的思想(这本是属于一个对象的概念里的),大大地多过于在这表象里所能把握和明白理解的。"② 这里所说的"思想"是指表象(形象)本身所包含的理性内容,而"所能把握和明白理解的"则指读者或观众在鉴赏中所能把握和明白理解的思想。这就是我们通常所说的"形象大于思想""言有尽而意无穷""意在言外""咫尺之图写千里之景""以一当十"等等。为什么会这样呢? 原因之一,是审美观念作为无限的理性内容与有限的感性形象的自由的统一,实际上就是寓无限于有限。原因之二,是在艺术创作中经过了艺术提炼的过程。这就是运用想象力的自由驰骋,在可能表达某种理性内容的杂多的形式中选出一个能够最完满地显现理性观念的形式,从而使人们可从这一个形式联系到不能用语言表达的无限深广的理性内容。正如康德所说,"通过它使想象力自由活动,并在一给予了的概念的界限内,在可能与此相协和的诸形式的无限多样性之下,提供那一形式,这形式把表现这概念和一种思想丰富性结合着,对于这思想的丰富性是没有语言的表达能够全部切合的因而提升自己达到

---

① [德]康德:《判断力批判》上卷,宗白华译,商务印书馆 1964 年版,第161 页。
② [德]康德:《判断力批判》上卷,宗白华译,商务印书馆 1964 年版,第161 页。

诸理念。"①当然,康德在这里所说的"提供"(即选出),并未真正地揭示提炼的内在本质,这一任务将由黑格尔来承担。原因之三,是从鉴赏的角度看,由于审美观念是具体、感性的个别形象,这就给人以充分自由地发挥想象能力和给形象以补充的余地。因为,如果面对着概念,主体的想象力就受到局限,没有发挥驰骋的可能,而只有面对着形象,想象力才是自由的、不受束缚的,才有可能浮想联翩,通过自己的想象补充形象间的空白,最后引导到无限广阔的理性领域。

(三)关于创造的想象力

康德对审美的探讨,从总的方面来说就是侧重于心理的分析,这是其论美的基本特点。他对艺术美的论述也不例外,最后也归结到心理功能的分析,他认为,艺术美的心理功能是一种创造的想象。② 这种创造的想象力是多种心理功能的综合,包括想象力、知性力、理性力(精神)和鉴赏力。他说:"所以美的艺术需要想象力、悟性、精神和鉴赏力。"③这四种心理功能在艺术创作中处于一种合目的的自由的协调状态。文艺作为一种"自由的游戏",就是根源于这种创作过程中各种心理功能的合目的的自由协调。也正是由这种自由的协调,才使主体产生了美的愉悦之情。他说,艺术创作就是"把心意诸力合目的地推入跃动之中,这

①[德]康德:《判断力批判》上卷,宗白华译,商务印书馆1964年版,第173页。
②参见[德]康德《判断力批判》上卷,宗白华译,商务印书馆1964年版,第161页。
③[德]康德:《判断力批判》上卷,宗白华译,商务印书馆1964年版,第166页。

就是推入那样一种自由活动,这活动由自身持续着,并加强着心意诸力"①。

当然,在这四种心理功能中最核心的还是鉴赏力。康德在论述到艺术创作需要四种心理功能时,特别加注指出:"前三种机能通过第四种才获得它们的结合。"②这就说明,创造的想象力中的想象力、知性力、理性力的自由协调必须以审美的情感判断为中介。它们都统一于情感判断。最后的目的也是为了产生审美的情感判断。离开了审美的情感判断的中介,创造的想象力将不复存在。

但是,比较起来,想象力却是最活跃的因素。因为,作为创造的想象力始终是以直观形态的感性表象为其心理活动的基本元素的。只有在想象力的生气勃勃的活动中,才把知性与理性的功能带进了艺术创作的复杂的心理活动之中。正如康德所说:"在这场合,想象力是创造性的,并且把知性诸观念(理性)的机能带进了运动。"③而且,艺术创作中合目的的审美愉快也主要是由想象力的自由活动唤起的。康德指出:"这主观合目的性是建基于想象力在自由中的活动。"④他认为,艺术创作中想象力具体表现为象征、类比手法的运用。因为,艺术创作中对于理性观念是无

---

① [德]康德:《判断力批判》上卷,宗白华译,商务印书馆1964年版,第160页。
② [德]康德:《判断力批判》上卷,宗白华译,商务印书馆1964年版,第166页注①。
③ [德]康德:《判断力批判》上卷,宗白华译,商务印书馆1964年版,第161页。
④ [德]康德:《判断力批判》上卷,宗白华译,商务印书馆1964年版,第198页。

法用一个概念来表达的,那就只好借助于一个直观的形象来加以类比和象征。康德将这种类比、象征称作是审美对象的特质(Attribute),它可以使想象力活跃起来,通过类似表象的联想,表达出某种理性概念,最后创造出审美观念。这种方法是远远地超出借助于文字的、通过逻辑概念对理性的表达的。正如康德所说,"这些东西给予想象力机缘,扩张自己于一群类似的表象之上,使人思想富裕,超过文字对于一个概念所能表出的,并且给予了一个审美的观念字,代替那逻辑的表达。它服务于理性的观念,本质上为使心意生气勃勃,替它展开诸类似的表象的无穷领域的眺望"①。他举例说,朱匹特的鸷鸟和它爪子上的闪电就是那威严赫赫的天帝的状形标志。因为,通过鸷鸟及其爪子上的闪电这样的直观的感性表象,可以象征类比另一感性表象天帝朱匹特。这是想象力的特殊作用,比借助于语言和逻辑概念要丰富得多。在语言和逻辑概念里是什么就是什么,但具体的表象却可以引起人丰富的联想。例如,通过鸷鸟及其爪子上的闪电不仅可使人想到天帝的赫赫威严,还可以使人想到他的残忍凶暴及其他……这就可将人引导到无限丰富的理性观念的领域。

不过,知性力在创造的想象力之中仍然占有重要的地位。康德认为,在一切审美判断中都是判断先于快感,这是审美愉快与生理快感的根本区别。正因为如此,知性才是创造的想象力中不可或缺的因素。这样,就使创造的想象力的成果——审美观念成为有意义和内在逻辑的精神产品。他指出:"对于审美观念的丰富和独创性不是那样必要的,而想象力在它的自由活动里适合着

---

① [德]康德:《判断力批判》上卷,宗白华译,商务印书馆 1964 年版,第161 页。

悟性的规律性却是必要的。因前者的一切富饶在它的无规律的自由中只能产生无意义的东西,而判断力与此相反,它是那机能,把它们适应于悟性。"①正因为知性是创造的想象力的不可或缺的因素,所以就使艺术创作必然地包含着认知的性质。但这却又是一种特殊的认知,是一种不凭借概念而只是凭借形象的认知。这就使这种认知带有直观的无意识的性质,看似通过形象的直接领悟,实际是一种形象的感染、情感的启迪,但其中确又包含着某种认识和内在的逻辑。只是,这种认识不是概念所表达的认识,这种逻辑不是外在的形式逻辑,而是一种形象所唤起的认识和内在的情感逻辑。因为,在创造的想象中,想象力与知性力之间,是知性力服务于想象力,而不是想象力服务于知性力。想象力是为主的,充分自由的,始终处于主动的活跃的状态。正是在想象力的自由的生气勃勃的活动当中,自然而然地"暗合"了某种知性规律,但又不经过任何概念因而是语言难以表达的。这倒仿佛同中国古代文论中所谓的"不涉理路,不落言筌""羚羊挂角,无迹可求"(严羽《沧浪诗话·诗辨》)的情形有些相似。康德也讲过一段类似的话,他说:"想象力(作为先验诸直观的机能)通过一个给定的表象,无意识地和悟性(作为概念机能)协合一致,并且由此唤醒愉快的情绪。"②

　　在创造的想象力中,理性力占据着突出的地位。它决定了创造的想象力的性质,使艺术具有了无限丰富深广的内涵,具有了深刻的伦理道德的价值,也使创造的想象力与复现的想象力划清

①[德]康德:《判断力批判》上卷,宗白华译,商务印书馆1964年版,第166页。
②[德]康德:《判断力批判》上卷,宗白华译,商务印书馆1964年版,第28页。

了界限。复现的想象力是对形式美的鉴赏中所凭借的想象力，是想象力与知性力的自由协调，运用的是经验的联想律，只把自然物的外形复现出来，使其和原物类同。例如，用红云比喻盛开的红梅，用伞盖比喻亭亭青松等。这完全是一种刻板的"再现"，是对现实的纯然相同的"摹仿"，有如我们通常所说的自然主义创作方法。康德认为，创造的想象力完全与此不同。它是想象力与理性力的自由协调，是根据更高的理性原则去进行联想、类比，将经验所提供给我们的印象加以改造。这就不仅是借助于经验材料的再现，而且要经过主观改造，是打上了主观理性印记的表现，是再现与表现的统一。

（四）关于天才论

康德认为，只有天才才具备创造的想象力，因此，"美的艺术必然地要作为天才的艺术来考察"。① 这就必然地由艺术创作问题过渡到天才问题。在西方美学与文艺理论史上，关于天才的理论始终笼罩着神秘主义的迷雾，从柏拉图开始，许多理论家都把天才归于"灵感""神启"。但康德却与之相反，认为天才是文艺家独具的创造能力，是一种先天的心灵禀赋，它就是创造的想象力，是与生俱来的，同人的生理因素一样是身体结构的一部分，属于"自然"的范畴。其原因在于，审美不是凭借概念的判断，而是凭借主体的某种合目的性的情感判断，而这种情感即来自自然生成的心理功能。他说："因美必须不按照概念来评定的，而是按照想象力和概念机能一般相一致时的合目的性的情调来评定的。因

①［德］康德:《判断力批判》上卷，宗白华译，商务印书馆 1964 年版，第153 页。

此,不是法规和训示,而只是那在主体里的自然(本性),不能被把握在法规或概念之下。"①关于天才的"自然"属性,他还曾以审美观念的"传授"加以说明。他认为,审美观念的得以"传授",完全基于师生之间在心灵上被大自然装配了类似的比例。他说:"一个艺术家的诸观念激动了他的学徒的类似的观念,假使大自然给他的心灵能力装配了一个类似的比例。"②但苏联的阿斯穆斯在《康德论艺术中的"天才"》一文中将此处的"自然"解释为"理性所认识的世界"。③ 这是不符合康德的原意的。

不仅如此,康德还进一步认为,通过天才,自然给艺术制定法规。因为,在他看来,艺术必须具备某种普遍可传达的规则性,但这种规则性不能来自客观的概念,所以是一种不凭借概念的不明确的规则。这种不明确的规则性就只能来自天才所独具的主体的创造想象力的心理功能。康德认为,这种心理功能是属于"自然"范畴的。正是在这样的意义上,康德才断言:"天才是天生的心灵禀赋,通过它自然给艺术制定法规。"④

关于天才的特征,康德在《判断力批判》的第46节和第49节中分别归纳为四个规定性。前者侧重于无目的的独创性,后者侧重于合目的的典范性。因此,归结起来就是两者的统一。正如康

①[德]康德:《判断力批判》上卷,宗白华译,商务印书馆1964年版,第191页。
②[德]康德:《判断力批判》上卷,宗白华译,商务印书馆1964年版,第155页。
③[苏]B.阿斯穆斯:《康德论艺术创作中的"天才"》,王善忠译,见《现代文艺理论译丛》第6辑,人民文学出版社1964年版,第200页。
④[德]康德:《判断力批判》上卷,宗白华译,商务印书馆1964年版,第152—153页。

德所说:"天才就是:一个主体在他的认识诸机能的自由运用里表现着他的天赋才能的典范式的独创性。"①这就告诉我们,他认为,天才是以主体的创造的想象力的心理功能为根据的独创性与典范性的统一。首先,天才具备某种无目的的独创性。这是天才的第一特性和构成天才品质的本质部分。这种独创性就意味着,天才所创造出来的作品是独一无二的,不符合任何客观规则的,同摹仿是完全对立的,具有一种不受任何束缚的自由性。这样,艺术天才的这种独创性就将它和科学家的才能区别了开来。康德认为,艺术天才的独创性具有一种不能明确传达的特征,不能对自己的创作过程进行描述证明,不能提供明确的规范传达给别人,因而常常造成人亡艺绝,只好让新的天才去重新受之于天。而科学家却可规定自己的创作道路,让别人追随学习。他举例说,大科学家牛顿就可将自己的知识传授给别人,但古希腊诗人荷马和德国诗人魏兰却无法为后人提供学习的规范。从不同的产生途径来说,天才是先天具备的,在诞生时由守护神指导而产生的,但科学知识却靠后天学习。从成果来说,天才的产品也不同于科学。天才的作品只是作为导引,作为工具性的范例来唤醒、启发、引导另一天才;但科学的成果却可作为范本让人摹仿。其次,天才具有合目的的典范性。但这只是艺术的典范性,而不是科学的典范性,它只存在于具体的艺术形象之中,而不存在于概念与法规之中,是一种无明确规则的规则。康德认为,这种典范性也是十分重要的,它是对于天才的陶冶和训练,就好像是驯马与悍马的区别。因此,如果缺乏典范性,就不成其为艺术作品,

---

① [德]康德:《判断力批判》上卷,宗白华译,商务印书馆1964年版,第164页。

而只是偶然性的自然事物。

(五)关于艺术分类

康德认为可用借以表现的物质手段加以区分。具体地说来,可类比于语言的表现手段,从文字、表情和音调三个方面区分。他说:"所以我们如果要把美的艺术来分类,我们所能为此选择的最便利的原理,至少就试验来说,莫过于把艺术类比人类在语言里所使用的那种表现方式,以便人们自己尽可能圆满地相互传达它们的诸感觉,不仅是传达他们的概念而已。这种表现建立于文字,表情,和音调(发音,姿态,抑扬)。"①这里所说的"文字",是指说话所使用的文字,用于艺术即指语言文学;所谓"表情"是说话时的姿态、形体动作,用于艺术即指造型艺术;所谓"音调"是说话时抑扬顿挫的语调,用于艺术即指感觉的艺术。

关于语言艺术,康德认为可分为雄辩术和诗的艺术两种。"雄辩术是悟性的事作为想象力的自由活动来进行;诗的艺术是想象力的自由活动作为悟性的事来执行。"②这就是说,在他看来,演说家为了取悦于听众,在使用雄辩术时,有意把严肃的理解力的事情作为自由的感性的游戏来进行,使得听众乐而不倦;诗人则与此相反,是在一种自由的感性想象力的游戏中寄寓着深刻的理解与目的。对于造型艺术,他认为是"诸观念在感性直观里

---

① [德]康德:《判断力批判》上卷,宗白华译,商务印书馆 1964 年版,第167 页。

② [德]康德:《判断力批判》上卷,宗白华译,商务印书馆 1964 年版,第 167—168 页。

的表现"①。这就是说，观念不必通过文字，而是直接在感性直观中表现出来。具体可分为感性的真实形体的艺术和感性的假象的艺术。前者为雕塑，因为是立体的，所以诉诸视觉和触觉。后者为绘画，因为是平面的，所以仅仅诉诸视觉。绘画又可分为对于自然的美的描绘和对于自然产物的美的安排。前者为绘画本身，后者为园林艺术，即是对自然风景用绘画的意境加以安排、布置。他认为，感觉的自由活动的艺术所涉及的是"对于感觉所隶属的感官的不同程度的情调（紧张）间的比例，这就是说那调子的准确把握"②。也就是说，在他看来，这种艺术是感官对于外界刺激的不同程度的准确把握。这里又可分为通过听觉和视觉对外界刺激的把握，即音乐和色彩的艺术两种。但由于光的摇曳不定，难以把握，因而通过视觉的色彩的艺术就不包括在内。所以，这种感觉的自由活动的艺术只有音乐一种。

随着艺术的发展，单一的艺术种类已不可能，而必然出现各种艺术种类相互结合的趋势。康德看到了这一点，他指出，戏剧是雄辩术和绘画的表现方式的结合；歌唱则是诗和音乐的结合；歌剧是歌唱和戏剧的结合。至于舞蹈，则是音乐和形象的游戏的结合。

对于各艺术种类的审美价值的比较，康德认为，有两种不同类型的艺术："第一种从诸感觉达到不规定的诸观念；第二种却从规定的诸观念达到诸感觉。"③第一种即指语言艺术、造型艺术

---

① ［德］康德：《判断力批判》上卷，宗白华译，商务印书馆1964年版，第168页。

② ［德］康德：《判断力批判》上卷，宗白华译，商务印书馆1964年版，第171页。

③ ［德］康德：《判断力批判》上卷，宗白华译，商务印书馆1964年版，第176页。

等,是一种具有持久性的艺术。第二种即指音乐,"只是流转着的印象"。① 对于这两种艺术,按照不同的标准有不同的评价。他说:"如果人们把诸艺术的价值按照着它们对人们的心情所提供的修养来评量,并且把人们认识过程里必须集合起来的诸机能的扩张作为评量标准,那么,音乐就将在诸美术中居最低的位置。"②也就是说,他认为,从道德和认识的标准看,诗的价值最高,造型艺术次之,音乐的位置最低。雄辩术因为使道德原则和人的心术受了损害,所以是"应被放弃的"③。但如果是"按照它们的舒适性来评价的,音乐大概会占据最高位"④。

七、《判断力批判》的地位、
影响及其局限

《判断力批判》是一部包含着丰富内容的美学与文艺理论著作,长期以来一直为后代理论家和文艺家所重视。德国大诗人歌德曾经充满感情地说:"我一生中最愉快的时刻都应归功于它。在这本书里我找到了我的那些井然有序的极其多种多样的兴趣:对艺术作品和自然界作品的解释是按同一方式进行的,审美的和

---

① [德]康德:《判断力批判》上卷,宗白华译,商务印书馆 1964 年版,第177 页。
② [德]康德:《判断力批判》上卷,宗白华译,商务印书馆 1964 年版,第176 页。
③ [德]康德:《判断力批判》上卷,宗白华译,商务印书馆 1964 年版,第174 页。
④ [德]康德:《判断力批判》上卷,宗白华译,商务印书馆 1964 年版,第176 页。

目的论的判断力是相互得到阐明的。"①《判断力批判》一书在西方美学与文艺理论史上有着极其重要的贡献与影响。黑格尔认为,康德说出了关于美的第一句合理的话。

　　首先,《判断力批判》奠定了感性与理性统一的美学与文艺研究的道路。在欧洲美学与文艺理论史上,长期以来存在着感性派与理性派、摹仿论与灵感论、再现说与表现说的尖锐对立。它们各自或从感性因素出发,或从理性因素出发,而有其片面性。这反映了欧洲形而上学机械论对美学与文艺研究的影响。康德则打破形而上学的桎梏,独辟蹊径,首次以感性与理性统一的方法研究文艺,为文艺界定了理性内容与感性形象自由的统一的深刻涵义。这就既包含了客观的感性因素,又包含了主观的理性因素,较为符合文艺的实际。更重要的是,开始将文艺现象作为感性与理性统一的整体来研究,包含着辩证法的合理内涵,从而为整个欧洲近代文艺理论史,特别是德国近代文艺理论史指明了正确的途径。黑格尔在《美学》中运用的辩证的研究方法,就同康德的《判断力批判》有着直接的渊源关系。正因为《判断力批判》在方法上有所突破,所以能够深刻地揭示文艺内在的感性与理性、合规律性与合目的性、无意图性与有意图性等矛盾现象,康德将其称为互相对立而又带有某种合理性的"二律背反"。对于这样的"二律背反",康德在《判断力批判》中尽管并未给予真正的解决,但却较充分地加以揭示,因而特别富有启发性。

　　其次,为美学与文艺开辟了崭新的"情感领域"。在欧洲美学与文艺理论史上,长期以来美学与文艺并未形成自己独立的领

———————————

①［苏］阿尔森·古留加:《康德传》,贾泽林等译,商务印书馆1981年版,第206页。

域,理性派将其同哲学与伦理学混同,感性派则将其与生理学混同。只有到了康德,才在《判断力批判》中第一次明确地指出了美学与文艺的独特领域是介于认识与意志之间的独立的情感领域,审美是一种不凭借概念的主体的情感愉悦。这就将文艺同哲学、科学及伦理道德划清了界限。他还认为,文艺是一种包含着理性内容、以判断先于快感的高级形式的愉悦之情。这又将文艺与生理快感划清了界限。更重要的是,他还在《判断力批判》中指出,文艺的独立的情感领域具有沟通知与意的中介作用。这就既完成了他自己的哲学体系,实现了真善美的统一,又使文艺成为不同于知与意的人类掌握世界的特有手段。马克思在《〈政治经济学批判〉导言》中指出:"整体,当它在头脑中作为被思维的整体而出现时,是思维着的头脑的产物,这个头脑用它所专有的方式掌握世界,而这种方式是不同于对世界的艺术的、宗教的、实践—精神的掌握的。"①这里所说的艺术的掌握世界的方式就是从情感的角度掌握世界的方式,正是马克思对康德的《判断力批判》批判地继承的成果。

再次,提出了著名的"自由的游戏"说,在一定程度上揭示了文艺的本质。康德在《判断力批判》中提出的关于文艺的本质的"自由的游戏"说,在欧洲文艺理论史上影响极大,后为席勒和斯宾塞所补充与发展。这个理论虽有其明显的局限与消极作用,但却在一定程度上揭示了文艺的本质。它揭示了文艺具有的既不受对象的存在,又不受其概念直接束缚的自由性的本质特征。这既说明了康德文艺思想中的资产阶级民主主义色彩,又在一定程度上反映了文艺创作与欣赏中的自由观照和主客体统

①《马克思恩格斯选集》第2卷,人民出版社1972年版,第104页。

一的内在规律。同时,"游戏说"也揭示了文艺创作与欣赏的真实性与假定性统一的特点。康德在《判断力批判》中认为,文艺同客体的内容与形式有关,具有真实性的一面,但又不受其内容与形式的束缚,具有同真实性有别的假定性。正由于这种真实性与假定性的统一,就使文艺既同实践活动、认识活动有关,又不同于它们而具有超越客体的目的与意义。这就使文艺成为再现与表现的统一,即既同现实生活密切相关,又具有超出现实生活的宏大的意义,有如我国古代文论常说的"味在咸酸之外"。

另外,康德在《判断力批判》中着重从文艺心理学的角度探讨了文艺创作问题,具有开创的意义。康德在整个的对于审美的分析中最后都要落脚到心理根据的探寻之上。对于艺术美的分析也不例外,最后归结到对于创造的想象力的深刻分析,论述了文艺创作中想象力、知性力、理性力等心理功能以情感判断为中介的有机统一,揭示了文艺创作中认识与直观、理性与情感内在的和谐一致的特点。这种分析是极为深刻细致的,在欧洲文艺理论史上具有开创的意义。因为,尽管对于文艺创作与欣赏中心理现象的分析从英国经验派美学即已开始,但它们较多地偏重于生理快感一面,康德却在一定程度上克服了这种片面性,较全面地深刻地论述了文艺创作中的心理现象。这对于文艺心理学这一独立的学科的形成具有重要意义,对于后人真正把握文艺创作的内在本质也有极大的启示作用。

综上所述,从《判断力批判》的巨大贡献可以看出,它在欧洲美学与文艺理论发展史上处于关键性的转折点上,是一部影响深远的伟大著作。它不仅在当时开创了美学与文艺理论研究的新时代,而且直接成为欧洲现代与当代一系列文艺理论思潮的源头。我国理论界长期以来对康德的《判断力批判》一直评价较低，近几年来这种情况有所变化。有的学者认为，"《判断力批判》在近代欧洲文艺思潮上起了很大影响，是一部极重要的美学著作，在美学史上具有显赫地位(例如胜过于黑格尔的《美学》)"。这位学者的意见恐怕不尽全面。《判断力批判》是否全面胜过《美学》，还要进一步具体分析。应该说，这两部著作各有所长。从揭示审美与文艺的内在心理根据的角度看，《美学》是赶不上《判断力批判》的；但从科学性与系统性的角度看，《美学》却又在《判断力批判》之上。当然，这是历史发展的必然结果，没有《判断力批判》也就没有《美学》。

　　当然，《判断力批判》决不可能是一部完美的著作，它不可避免地有其历史与阶级的局限，而最主要的是这部著作在哲学上的主观唯心主义的理论内核。康德在这部著作中，对于感性与理性、客体与主体、个别与一般、无目的与合目的等二律背反的解决统统是以其主观唯心主义为出发点的，他人为地把它们统一于主观，最后归之于属于信仰领域的理性。这不仅不能给上述矛盾以科学的解决，而且成为违背客观现实的极大谬说。正因为如此，西方现代与当代的许多唯心主义与神秘主义美学与文艺思潮都常到康德的《判断力批判》那里去寻找理论根据。特别是随着从19世纪60年代至70年代新康德主义的泛滥，李普曼等提出的"回到康德那里去"的口号的盛行，康德在整个西方现代与当代美学思潮中逐步成为影响最大的美学家。康德美学思想中的主观先验的理论内核成为许多以表现主义、存在主义和象征主义标榜的美学和文艺思潮的理论支柱。例如，著名的存在主义理论家萨特就曾在其《什么是文学》一书的第二章《为何写作》中认为："作家无论在什么地方接触的只是他的知识、他的意志、他的计划，一句话,只是他自己。他只触及他自己的主观。"①

　　另外,这部著作也带有明显的形式主义的非理性的倾向。这不仅表现在论述真善美的关系时过分地强调了三者的区别而忽视了它们的统一,在一定程度上将美与真善相割裂;在论述纯粹美时又完全抽去了思想内容,而且,在艺术美部分,在论述"游戏说"的过程中,又特别地强调无功利的直观的特征,相对忽视了具有功利性的一面。这些都被后来的形式主义与非理性主义文艺思潮所袭用。英国的斯宾塞就以生物学的进化理论来解释游戏说,认为高等动物,特别是人类由于营养丰富,除了进行保持生命的活动之外还有"过剩而无用的精力",这种精力的无目的发泄的游戏就产生审美愉快,所以,美是无目的无利害的一种过剩精力的活动。这种从生理学的角度对审美的解释成为西方一股绵延不断的潮流,其错误就在于继承和发展了康德"游戏说"中抹杀审美的社会功利作用的非理性倾向。这里面,尽管有对康德美学与文艺思想曲解的一面,但也的确与《判断力批判》本身包含有形式主义与非理性主义的因素有关。

　　再就是,这部著作本身还有其内在的不统一性。有的命题前后不够一致,例如,"无目的的合目的性"的中心命题,在纯粹美、壮美和艺术美中含义都不完全相同,经历了由纯形式到美是道德的象征的重大变化。有的概念前后也不统一,例如,关于鉴赏力,前面解释为包含着想象力与知性力和谐统一的情感判断,后又单纯地将其归结为知性力。关于天才,前面将其作为各种心理功能的统一,后又仅仅将其作为想象力来理解。凡此种种,都说明体

①伍蠡甫主编:《现代西方文论选》,上海译文出版社1983年版,第194页。

系本身不够严密,不免给后人的学习与研究带来困难。还有就是,这部著作尽管对艺术美的分析有独到、精辟的见解,但结合文艺史的实际太少,而对艺术分类的论述则显得过于单薄,价值不大,在论述中还时有重复,颇为烦琐。

第十章　席勒的美学思想

一、生平、著作和美学研究的出发点

席勒(1759—1805)，德国诗人、剧作家、狂飙突进运动的主要人物之一。1759年11月10日出生于内卡河畔的马尔巴赫。父亲是军医，母亲是面包师的女儿。1766年，举家迁往路德维希堡。幼年曾进拉丁语学校。13岁时，被公爵强迫选入军事学校，接触到莎士比亚剧作、狂飙运动文学和启蒙思想家卢梭的作品，深受影响。1780年毕业后，在一个步兵旅当军医。1781年，完成《强盗》的写作，公演后引起强烈反响。1782年9月22日，席勒毅然摆脱公爵束缚，乘机逃出斯图加特，到达曼海姆。其间，完成《阴谋与爱情》。这是席勒青年时代最成功的一部剧作，反映了当时德国统治阶级政治的腐败、生活的侈靡、精神的空虚、宫廷的秽行。恩格斯曾说，它的"主要价值就在于它是德国第一部有政治倾向的戏剧"①。1785年4月，席勒接受克尔纳等人的邀请，前往莱比锡。由于深感友情温暖，写成名诗《欢乐颂》。同年秋，迁居德里斯顿，写成中篇小说《失去荣誉的犯罪者》和未完成的《视鬼

①杨柄编：《马克思恩格斯论文艺和美学》，文化艺术出版社1982年版，第797页。

者》,同时完成《唐·卡洛斯》。这是席勒青年时代最后一个剧本,也是他的文艺创作由狂飙突进时期进入古典时期的一个过渡。1787 年 7 月,席勒应卡尔普夫人之邀前往魏玛,因感需要学习,毅然放下写作。从 1788 年至 1795 年,研究历史与康德哲学。1789年 3 月,经歌德介绍到耶拿大学任历史教授。1792 年,获法国国民会议颁发的荣誉公民状。1793 年 9 月,席勒回路德维希堡探望父母,结识了出版商科塔,商定出版文艺刊物《季节女神》,后又出版《文艺年鉴》。其间,席勒同歌德结为深交。从 1794 年至 1805年的 10 年,两位诗人的结交给德国民族文学的发展以深刻的影响。两人通力协作、相互启发。歌德已经衰惫的创作精力经席勒的激荡而又旺盛起来,获得“第二次青春”;席勒得到歌德的帮助,逐步从唯心主义的哲学探讨中摆脱出来,面对现实。由于两人的密切合作而产生了一系列重要的作品。席勒最大的一部历史剧《华伦斯坦》于 1799 年完成。同年 12 月,席勒举家迁往魏玛。1801 年,完成剧本《玛丽亚·斯图加特》和《奥尔良的姑娘》。1803年,完成他最后的一部剧作《威廉·退尔》。这部剧作塑造了一个反抗异族统治和封建统治、进行解放斗争的典型,洋溢着爱国主义激情,具有高度的现实意义。它是席勒的呕心沥血之作,演出时受到群众的热烈欢迎。1805 年 5 月 9 日,席勒因病逝世。

　　席勒是德国资产阶级的思想代表,对德国封建专制制度进行了激烈的批判,为冲破封建的枷锁、赢得资产阶级的“民主”“自由”而大声疾呼。早在青年时代,他就在《强盗》一剧中发出了“德国应该成为一个共和国”的革命呼声。晚年,他又在《威廉·退尔》中公开地对自由进行召唤,以澎湃的激情唱道:“他们冲锋陷阵,封建之花凋谢,自由高高地举起胜利的大旗。”但作为德国资产阶级的思想代表,他又必然地有其软弱性的一面,对封建制度的批判和对"自由"的呼唤都仅仅是停留在思想理论上而已。归根结底，在政治上，他只不过是一个改良主义者。在哲学上，席勒并没有形成自己的完整的理论体系，而是受到康德、歌德、孟德斯鸠、卢梭、温克尔曼、莱辛等各种思想流派的影响。其中，对他影响最大的是康德和歌德。特别是康德，对他的影响更大。所以，人们一般都把席勒看作康德哲学的信奉者。但席勒并没有完全拘泥于康德的哲学体系，而是努力地摆脱其主观先验的根本局限。正因此，才使席勒的美学与文艺思想没有成为康德理论的翻版而有其独特的意义和地位。

席勒不仅是著名的诗人、剧作家，而且对理论深有兴趣。自1791年开始研究康德哲学后，他先后写作了一系列有关美学和文艺理论的论著。最具代表性的，有《给克尔纳的信》《美育书简》《论素朴的诗与感伤的诗》等。《给克尔纳的信》，又名《论美》，写于1793年2月。此时，他正在研究康德的《判断力批判》，同时又受到歌德的影响。这就使他对康德将美归结为主观性有些不同的看法，准备把这些看法写成一篇论美的对话。结果，对话没有写出，写出的却是给友人克尔纳的七封信，其中最重要的是1793年2月28日写的题为《论艺术美》的一封。《美育书简》的初稿，写于1793年5月至次年7月。他为了报答丹麦亲王奥古斯登堡的克里斯谦公爵曾给予自己的资助，将这十多封论述美育的信寄给了公爵。这些信最初只流传于哥本哈根的宫廷之中。1794年，原稿因火灾被焚，但保留了复制件。后来，席勒又重写了全部书简，篇幅较原稿几乎加长了一倍，并于1795年上半年陆续发表。《论素朴的诗与感伤的诗》写于1794年秋，完成于1796年1月。最初分几部分发表，各有独立的标题：《论素朴》《感伤的诗人》《关于素朴诗人和感伤诗人的结论。附关于人们的一个突出差别的若干意见》。

　　席勒的美学和文艺理论论著尽管也同康德一样,具有思辨哲学的特点,极为晦涩抽象,但其出发点却同康德迥异。康德的美学与文艺理论研究不是从现实的社会和文艺现象出发,而是从其先验的哲学体系出发。席勒的美学与文艺理论研究却完全是从活生生的德国现实出发的,在抽象的理论形式中包含着丰富的现实内容。他的美学和文艺理论研究开始于震荡整个欧洲大陆的法国大革命之后。这场大革命,一方面取得了推翻封建统治、促进资本主义生产发展的巨大成就,另一方面也暴露了资产阶级革命和资本主义生产方式本身所固有的弊病。那就是,这场革命尽管以"自由"为旗帜,但却并未能真正给人民带来"自由"。席勒在描述当时的现实时,说道:"国家和教会、法律和习尚现在是分裂开了;享受同工作分离了,手段同目的分离了,努力和奖励分离了。由于永远束缚在整体的一个小碎片上,人自身也就成为一个碎片了;当人永远只是倾听他所转动的车轮的单调声音,他就不能够发表自己存在的和谐,他并不在自己的天性上刻下人性的特征,而是仅仅成为自己的业务和自己的科学的一个刻印。"①这是对资本主义社会矛盾的深刻揭露。不仅如此,他还深刻地洞察到了弥漫于整个资本主义社会的"畜类状态"。这就是:由于不知道自己的人的尊严,因而不能够尊重别人的尊严;由于意识到自己的粗野的情欲,因而害怕别人这种类似的情欲;从来在自己身上看不见别人,而只能在别人身上看到自己。社交越来越把人封闭在个体之内,而不是把他向全社会扩展。席勒看到了资产阶级革

――――――――――

① [德]席勒:《美育书简》,曹葆华译,见《古典文艺理论译丛》第 5 册,人民文学出版社 1963 年版,第 97 页。

命和资本主义社会的弊病，并试图改造污浊的现实。但是，选择什么样的道路来实现这一目的呢？席勒对以法国革命为标志的政治革命的道路已感绝望。他以厌恨的态度对待法国大革命，认为这只不过是一场政治暴乱和"梦想"。因此，他深感绝望，决心采取超现实的方式来解决现实问题，彻底摆脱现实的政治与经济要求，而通过美与艺术来改造人的灵魂，实现人的内在心灵自由。他在1795年11月4日给歌德的信中写道："因此我看不出天才有什么脱险的办法，除非抛弃现实的领域，努力避免和现实建立危险的联系，和它完全断绝关系。因此我想诗的精神要建立它自己的世界，通过希腊神话来和辽远的不同性质的理想时代维持一种因缘，至于现实则只会用它的污泥来溅人。"①他甚至在《美育书简》中设想过一个培养拯救人类的艺术天才的最佳途径。那就是，当天才还在襁褓之中时，就由神把他从母亲的怀抱中攫走，带到辽远的希腊的明朗天空下养大，成为完全脱俗的纯洁而高尚的人，再让他回到祖国，用艺术来教育和清洗他的时代。由此可见，席勒已将美与艺术的追求看作改造社会与人的唯一手段。

　　从理论上看，席勒的美学与文艺理论的研究是从资产阶级的人性论出发的。他的这种人性论主要来自康德的影响。他在《美育书简》的第一封信中就明确地说："我对您毫不隐讳，下述命题绝大部分是基于康德的各项原则。"②席勒同康德一样，将统一的具体的人性分成了抽象的感性与理性两个方面，并认为现代社会导致了这两个方面的分裂，只有通过美与艺术才能使这两个方面重新统一，从而达到人的改造和社会改造的目的。他在《美育书

---

① 转引自朱光潜：《西方美学史》下卷，人民文学出版社1963年版，第456页。
② ［德］席勒：《美育书简》，徐恒醇译，中国文联出版公司1984年版，第35页。

简》第七封信中声言:"当人的内在分裂还没有停止的时候,任何改革都是不合时的,建筑于其上的任何希望也都只能是空想。"①这一思想贯穿席勒美学思想的始终,成为一条中心的理论线索。只有抓住这条中心线索,才能理解席勒的美学思想。显然,席勒从康德所继承来的这种人性论的理论观点是一种露骨的唯心主义。但在哲学观上,席勒又不完全与康德相同。他试图摆脱康德美学的主观性的弊病,克服康德将美与艺术的根源归结为某种主观先验的原则。为此,他努力探索美与艺术的客观性。诚如黑格尔所说:"席勒的大功劳就在于克服了康德所了解的思想的主观性与抽象性,敢于设法超越这些局限,在思想上把统一与和解作为真实来了解,并且在艺术里实现这种统一与和解。"②席勒在著名的给克尔纳的信中指出,"我希望以充分的说服力证明,美是客观的属性",并认为美是对象中的"客观要素","当它存在时使对象有美,而当它不存在时就使对象失掉这种美的东西本身"。③席勒在一定程度上承认了美与艺术的客观性,但抽象人性的观点却又使他将这种客观性仅仅停留在美与艺术本身的领域,而完全脱离了社会的政治与经济状况。

在文艺上,席勒的美学与文艺理论研究正值德国文学由浪漫时期向"古典"时期转变之时。席勒曾经是德国浪漫主义文学的狂飙突进运动的主要代表人物之一,力主文艺创作从主观的思想感情出发,使之成为时代精神的号筒。但从 18 世纪 80 年代开

①转引自蒋孔阳:《德国古典美学》,商务印书馆 1980 年版,第 182 页。
②[德]黑格尔:《美学》第 1 卷,朱光潜译,商务印书馆 1981 年版,第 76 页。
③[德]席勒:《论美》,张玉能译,见刘纲纪、吴樾编:《美学述林》第 1 辑,武汉大学出版社 1983 年版,第 284、292 页。

始，特别是席勒与歌德结交之后，他就逐渐倾向于"古典主义"文学。在当时的德国，以史雷格尔兄弟为代表的消极浪漫主义势力甚大。这种消极浪漫主义在政治上日趋反动，公开向封建贵族投降；在内容上则缅怀过去，歌颂封建、教会的中古时代；在艺术上则是一种散漫的怪诞的形式、模糊的语言。从某种意义上说，他们已经是 19 世纪末期资产阶级颓废文学的先驱。席勒与歌德对这种消极浪漫主义是持批判态度的，并逐渐形成了以他们为代表的特有的德国古典主义文学。这种古典主义既不同于 17 世纪法国的古典主义，又不同于德国启蒙运动初期高特舍特派所倡导的侧重于摹仿法国文学的古典主义。在艺术理想上，他们把希腊艺术作为典范，同时也从民间文学吸收养分。在思想体系上，他们继承文艺复兴时期的人文主义传统，坚持人道主义原则。在创作方法上，则倾向于现实主义，并强调现实主义和浪漫主义的结合。在艺术上，追求形式的完整、语言的纯洁。席勒的美学与文艺理论论著就表现了这种德国古典主义的特征。

二、《论素朴的诗与感伤的诗》

在写完《美育书简》和《论艺术形式运用上的必要界限》之后，席勒于 1796 年写成了《论素朴的诗与感伤的诗》。这是席勒的最重要的一篇美学与文艺理论论著，在欧洲美学与文艺理论史上，特别是欧洲近代美学与文艺理论史上具有重要的地位和广泛的影响。

（一）素朴的诗与感伤的诗的起源

席勒认为，所谓"素朴的诗"，即是"模仿自然"的诗。此时，诗人与自然之间是一种原始的和谐的素朴关系。所谓"感伤的诗"，则是"表达理想"的诗。此时，诗人失掉了自然，所以在作品中千方百计地寻求自然，对自然的态度就像成人失去了童年一样，是依恋的、感伤的。他说，这类作品中所描写的自然"代表着我们失去的童年，这种童年对于我们永远是最可爱的；因此它们在我们心中就引起一种伤感"①。马克思在论述古希腊文艺的永久魅力时曾吸收了席勒这一关于人对自己童年眷恋的思想，指出："一个成人不能再变成儿童，否则就变得稚气了。但是，儿童的天真不使他感到愉快吗？他自己不该努力在一个更高的阶梯上把自己的真实再现出来吗？在每一个时代，它的固有的性格不是在儿童的天性中纯真地复活着？为什么历史上的人类童年时代，在它发展得最完美的地方，不该作为永不复返的阶段而显示出永久的魅力呢？"②席勒认为，素朴的与感伤的这两种诗的对立起源于人同自然（现实）的关系。素朴的诗起源于诗人同自然（现实）的和谐一致，而感伤的诗则起源于诗人同自然（现实）的对立。他说："诗人或者是自然，或者寻求自然。前者使他成为素朴的诗人，后者使他成为感伤的诗人。"③人与自然的关系又同人性密切相关。当人性处于内在的感性与理性和谐统一的状况时，他本身就是自然（现实），因而诗人同自然处于素朴的和谐关系之中，同自然之间是一种现实的协调。而当人性处于感性与理性的分裂状态时，诗人就同自然处于对立的关系，只能通过表现理想来追寻自然，这

---

① 转引自朱光潜：《西方美学史》下卷，人民文学出版社 1963 年版，第 460 页。
② 《马克思恩格斯选集》第 2 卷，人民出版社 1972 年版，第 114 页。
③ [德]席勒：《论素朴的诗与感伤的诗》，曹葆华译，见《古典文艺理论译丛》
　第 2 册，人民文学出版社 1961 年版，第 1 页。

时，人同自然的协调就只能在理想中存在。因此，在席勒看来，素朴的诗和感伤的诗的对立实际上是两种不同的人性的对立，也就是感性与理性和谐统一的人性同感性与理性分裂的人性的对立。这就超出了文艺学的范围，将文艺学的问题同伦理学的问题相联系。

　　不仅如此，席勒还进一步将素朴的诗与感伤的诗的对立归结到社会学上来，认为同社会历史时代紧密相连。具体地说，就是一定的社会时代产生了一定的人性，进一步产生出某种特定的艺术类型。他认为，古代希腊罗马的时代是一种自然的素朴时代，这个时代为人性的和谐统一提供了足够的条件，人可以在自己的感性行动中充分体现理性的力量。而近代的文明社会则由于道德的沦丧、分工的发展导致了人性的分裂。正是从这个意义上，席勒认为，素朴的诗是古代诗的代表，而感伤的诗则是近代诗的代表。他说："在自然的素朴状态中，由于人以自己的一切能力作为一个和谐的统一体发生作用，他的全部天性因而表现在外在生活中，所以诗人的作用就必然是尽可能完美地模仿现实；在文明的状态中，由于人的天性的和谐活动仅仅是一个观念，所以诗人的作用就必然是把现实提高到理想，或者换句话说，就是表现或显示理想。"[1]这种追溯素朴的诗与感伤的诗所产生的社会历史根源的做法，反映了席勒美学与文艺思想中所包含的极其重要的历史意识。这是对温克尔曼与莱辛将古今文艺在对比中加以研究的继承和发展。

（二）素朴的诗与感伤的诗的区别

　　素朴的诗与感伤的诗之间有着根本的区别，集中表现于它们

---

[1]［德］席勒：《论素朴的诗与感伤的诗》，曹葆华译，见《古典文艺理论译丛》第2册，人民文学出版社1961年版，第2页。

处理艺术与现实的关系时遵循着根本不同的原则。席勒将此归结为对艺术与现实的关系在"处理上"的差别。他说,"因为素朴的诗人除了素朴的自然和感觉以外,再没有其他的范本,只限于模仿现实,所以他对于自己的对象只能有单一的关系,因而在处理上是没有选择余地的",而感伤的诗人则"沉思事物在他身上所产生的印象;他的心灵中所引起的和他在我们心灵中所引起的感情,都是以他的这种沉思为基础。对象是联系着观念而考察的,它的诗的印象就是以同观念的这种关系为基础"。① 这就说明,素朴的诗是以对现实的客观的"模仿"作为其原则的,而感伤的诗则以主观的"沉思"为原则。因此,"素朴的诗"就具有主观与客观绝对统一的根本特点,具体表现为客观描写对象与文艺作品是完全一致的,客观对象作为主观表象的文艺的唯一范本,而文艺则是客观现实的忠实"摹本"。正如席勒所说:"因果的这种绝对的统一是素朴的诗的特点。"②而"感伤的诗"则是一种对客观对象的主观的"沉思",对象经过了观念的改造加工,客观经过了主观的变形的处理,主观与客观、因与果已不完全一致。他在另一个地方用另一种方式对这两类诗的不同的创作原则进行了表述,他说:"当然,诗应当以无限为描述的内容;诗之所以为诗就在于此;但是这个要求可以用两种不同的方式实现出来。诗可以描述它的对象的一切界限,即把它个性化,而表现出形式的无限;或者诗可以使它的对象摆脱一切界限,即把它理想化,而表现出绝对观

---

①〔德〕席勒:《论素朴的诗与感伤的诗》,曹葆华译,见《古典文艺理论译丛》第 2 册,人民文学出版社 1961 年版,第 5 页。

②〔德〕席勒:《论素朴的诗与感伤的诗》,曹葆华译,见《古典文艺理论译丛》第 2 册,人民文学出版社 1961 年版,第 5 页。

念的无限——换句话说,诗或者作为绝对的描述可以是无限的,
或者作为绝对物的描述可以是无限的。前一条路是素朴诗人所
走的,后一条路是感伤诗人所走的。"①这是完全从艺术创作的过
程来论述素朴的诗与感伤的诗的不同的原则。席勒认为,作为文
艺,"素朴的诗"与"感伤的诗"的目标是相同的,都要通过有限表
现出无限,但达到目标的方式却迥然不同。"素朴的诗"采取"个
性化"的方式,始终不离开感性的个别的形象,通过艺术的提炼与
加工使之具有巨大的艺术概括性,从而在有限的个别中蕴含着无
限的内容。这是一种"绝对的描述",即通过相对的事物表现出绝
对的内容。但"感伤的诗"却与之相反,采取的是"理想化"的方
式,可以脱离客观的描写对象,直接地表现主观的具有无限性含
义的思想观念,这是一种对于作为无限理性的"绝对物的描述"。
这就是所谓的"达到同一目标的不同道路"②。席勒曾举出一些
生动的事例来说明素朴诗与感伤诗的区别。其中的一个例子是,
荷马在《伊利亚特》卷六写特洛伊方面的将官格罗库斯和希腊方
面的将官阿麦德在战场上相遇,在挑战时的交谈中发现彼此有世
交之谊,就交换了礼物,相约此后在战场上不再交锋;文艺复兴时
期意大利诗人阿里奥斯陀的《疯狂的罗兰》中也有类似的情节,是
说回教骑士斐拉古斯和基督教骑士芮那尔多原是情敌,在一场恶
战中都受了伤,听到他们同爱的安杰里卡在避险中,两人就言归
于好,在深夜里同骑一匹马去追寻她。席勒认为,这两段情节尽

---

① [德]席勒:《论素朴的诗与感伤的诗》,曹葆华译,见《古典文艺理论译丛》
　第 2 册,人民文学出版社 1961 年版,第 29—30 页。
② [德]席勒:《论素朴的诗与感伤的诗》,曹葆华译,见《古典文艺理论译丛》
　第 2 册,人民文学出版社 1961 年版,第 20 页。

管类似,但两位诗人在表现时所遵循的原则却完全不同。阿里奥斯陀是一位近代的感伤诗人,他"在叙述这件事之中,毫不隐藏他自己的惊羡和感动","突然抛开对对象的描绘,自己插进场面里去",以诗人的身份表示他对"古代骑士风"的赞赏。但荷马却丝毫不露主观情绪,"好像他那副胸膛里根本没有一颗心似的,用他那种冷淡的忠实态度"去描写。① 这就是主观的"理想化"的方式与客观的"个性化"的方式的明显区别。通过席勒的这些论述,我们可以清楚地看到,他所讲的"素朴的诗"即是"现实主义的诗",而"感伤的诗"则是"浪漫主义的诗"(或理想主义的诗)。1796 年3 月 21 日,就在席勒完成《论素朴的诗与感伤的诗》之后两个多月的时候,他在写给威廉·亨布尔特的信中写道:"我突然发现了","我的关于现实主义和理想主义的思想的非常令人惊奇的证明,这个证明同时能在我的诗的结构中顺利地给我帮助"②。歌德对此也有着明确的表述。③

　　如上所说,素朴的诗与感伤的诗的产生都有其历史的根源,其典型形态产生于特有的古代和近代,从而成为古典主义和浪漫主义的不同流派。但作为创作方法,它们又决不仅仅局限于古代与近代,在古代会有感伤的诗,在近代也同样有素朴的诗。诚如席勒自己所说:"如果把近代诗人拿来和古代诗人比较,我们就不仅应该注意到时间的差别,也应注意到风格的差别。甚至在近时,而且在最近期间,我们也看到多种多样的素朴的诗,虽然不是

①参见朱光潜:《西方美学史》下卷,人民文学出版社 1963 年版,第 464 页。
②转引自[苏]阿斯穆斯:《席勒的美学观点》,曹葆华译,见《现代文艺理论译丛》第 6 辑,人民文学出版社 1964 年版,第 185—186 页。
③《歌德谈话录》,朱光潜译,人民文学出版社 1982 年版,第 221 页。

完全纯粹的；在古代罗马诗人中，甚至在希腊诗人中，也不是没有
感伤诗的。"①他认为，莎士比亚和荷马尽管是被时代的无法计量
的距离所隔开，但在按照客观的态度模仿自然这一点上却是完全
一致的，因而都属于"素朴的诗"，即现实主义的创作方法。席勒
指出这一点是十分重要的，这就深刻地揭示了创作方法与文学流
派之间的紧密联系和严格区别。

　　席勒还进一步具体地阐述了素朴的诗与感伤的诗之间的区
别。主要有以下四个方面：第一，题材不同。素朴的诗侧重于摹
写客观的自然（现实），而感伤的诗则侧重于表现主观的观念。席
勒认为："正是题材才使感伤的诗和素朴的诗迥然不同。"②第二，
产生的效果不同。素朴的诗由于侧重于对客观现实的摹仿，是一
种较单纯的形象浮现，因而产生的效果不是那么强烈复杂，而是
愉快的、纯洁的和平静的。这也同素朴诗人与自然（现实）处于和
谐的状态有关。而感伤的诗则由于侧重于对主观观念的表现，想
象力被理性观念所左右，情感在爱与憎、喜与怒之间摇摆，因而产
生的效果是包含着严肃和紧张的多种复杂感情的混合。这当然
也是由诗人与自然（现实）处于矛盾对立的关系所造成的。席勒
指出："任何人只要注意到素朴的诗在他身上产生的印象，并且能
够把内容所引起的兴趣分开，他就会发现这种印象是愉快的、纯
洁的和平静的，即使作品的题材是极其悲惨的。在感伤的诗中，
印象总多少是严肃的和紧张的。这是因为在素朴形式的诗中，不

_____

① ［德］席勒：《论素朴的诗与感伤的诗》，曹葆华译，见《古典文艺理论译丛》
　　第 2 册，人民文学出版社 1961 年版，第 2 页注①。
② ［德］席勒：《论素朴的诗与感伤的诗》，曹葆华译，见《古典文艺理论译丛》
　　第 2 册，人民文学出版社 1961 年版，第 30 页。

论它的题材如何,我们总是从真实中,从对象活生生地存在于我们的想象中获得快乐的,并且除了真实以外我们是不寻求别的东西的;至于在感伤的诗中,我们必须把想象力的表象和理性的概念结合在一起,并且在两种全然不同的心境中摇摆不定。"①第三,代表性的艺术种类不同。由于素朴的诗侧重于客观的摹写,因而造型艺术在素朴的诗中具有代表性。而由于感伤的诗侧重于表现主观观念,所以诗歌在感伤的诗中具有代表性。席勒指出:"在造形艺术中,近代艺术家的观念上的优越对于他没有多大帮助;他在这里不得不以精确测定的空间来限制他的想象力所产生的形象,并且在古代艺术家占有确实优势的领域中同他们比较力量。在诗的作品中情形就不同了。如果古代诗人以素朴的形式,以从感觉上描绘的具体的对象占有上风,那末近代诗人则以丰富的内容,以超出造形艺术和感性表现的界限的对象,总之,以称为艺术作品的精神的东西胜过了古代诗人。"②这里涉及我们通常所说的再现艺术和表现艺术的区别。第四,对现实的态度不同。素朴的诗人由于以占有感性现实见长,因而总是带着愉快的态度对待现实,而感伤的诗人则由于失去并远离了现实,所以总是对现实生活感到厌恶。由此形成了素朴的诗人总是充满欢快的情绪来描写感性现实,而感伤的诗人则设法使心灵超过自然,沉溺在自身的精神生活之中。席勒认为:"感伤的诗是隐遁和静寂的产物,它又招引我们求取隐遁和静寂;素朴的诗是生活的儿

---

① [德]席勒:《论素朴的诗与感伤的诗》,曹葆华译,见《古典文艺理论译丛》第2册,人民文学出版社1961年版,第5页注①。

② [德]席勒:《论素朴的诗与感伤的诗》,曹葆华译,见《古典文艺理论译丛》第2册,人民文学出版社1961年版,第4页。

子,它引导我们回到生活中去。"①席勒对于感伤诗的这样一种看
法,应该说并不太完全符合浪漫主义文艺的特点。因为,在浪漫
主义文艺中,只有消极浪漫主义才对现实取厌恶态度,并引导人
们走隐遁的道路,积极浪漫主义则仍是以乐观进取的态度来对待
现实人生的。

(三)素朴的诗与感伤的诗的优劣

关于素朴的诗与感伤的诗的优劣,歌德曾有一段明确的评
述。他说:"我想到一个新的说法,用来表明这二者的关系还不算
不恰当。我把'古典的'叫做'健康的',把'浪漫的'叫做'病态
的'。"②这就反映了歌德试图以现实主义反对消极浪漫主义的努
力。在这一点上,席勒与歌德是站在同一立场之上的。自从 1794
年同歌德结交以来,席勒深受歌德影响,逐步摆脱了康德哲学的
影响,走上了现实主义的道路。他在 1797 年 6 月 18 日给歌德的
信中写道:"您越来越使我""抛弃那个在任何实践的,特别是在诗
的活动中不可容忍的志愿——从一般的事物走向单个的事物,与
此相反,您给我指出了从个别情况达到一般法则的道路"③。席
勒在《论素朴的诗与感伤的诗》一文中也从总的方面观点鲜明地
肯定素朴的诗而贬抑感伤的诗。他不仅像歌德一样将素朴的诗
说成是"健康的"、将感伤的诗说成是"病态的",而且突出地肯定

---

① [德]席勒:《论素朴的诗与感伤的诗》,曹葆华译,见《古典文艺理论译丛》
　　第 2 册,人民文学出版社 1961 年版,第 34 页。
② 《歌德谈话录》,朱光潜译,人民文学出版社 1982 年版,第 188 页。
③ 转引自[苏]阿斯穆斯:《席勒的美学观点》,曹葆华译,见《现代文艺理论译
　　丛》第 6 辑,人民文学出版社 1964 年版,第 184 页。

自然(现实)在艺术创作中的巨大作用。他说,"甚至现在,自然还是燃点和温暖诗的精神的唯一的火焰。诗的精神只是从自然才获得它的全部力量;在追求光明的人身上,它也只是对自然说话","在人类文明当前的情况下,能够强烈地激起诗的精神的仍然是自然"。① 因此,崇尚自然的现实主义精神是贯穿《论素朴的诗与感伤的诗》全文的主旨。但席勒作为一个有远见的思想家,又决不是一个复古主义者。他尽管认为,从总体上来看,古典的素朴诗优于近代的感伤诗;前者标志着人性的和谐完善,后者标志着人性的分裂破坏。但从历史的发展来看,他又认为近代的感伤诗对于古代的素朴诗来说是一个历史的进步。他把素朴诗作为古代"自然人"的作品,而将感伤诗作为近代"文化人"的作品。他说:"自然人是从绝对达到有限而获得他的价值,文化人是从不断接近无限的伟大而获得他的价值。由于只是后者才有等级,并且才有进步,所以遵循文化道路的人的相对价值是决不能确实地加以决定的;虽然从事于文化的人,如果单独来看,比起自然在其身上发生完美作用的那类人来,一定居于不利的地位。但是,人类的最终目标只有依靠进步才能够达到,而自然人除了走上文化的道路,是不能够取得进步的,所以只要考虑到最终目标,哪一方面占着优势,就十分明显了。"②这又一次证明,席勒的文艺观中包含着历史意识,说明他已认识到,任何文艺现象(包括一定的创作方法)都是历史的产物。因此,尽管都不可

---

① [德]席勒:《论素朴的诗与感伤的诗》,曹葆华译,见《古典文艺理论译丛》第2册,人民文学出版社1961年版,第1页。
② [德]席勒:《论素朴的诗与感伤的诗》,曹葆华译,见《古典文艺理论译丛》第2册,人民文学出版社1961年版,第3页。

避免地受其时代的局限，但又同时具有历史发展的必然性，不能轻率、抽象而孤立地加以否定。正是根据这样的理由，席勒尽管自觉地站在现实主义立场对浪漫主义有所贬抑，但他还是从历史发展的角度肯定了浪漫主义创作方法的历史地位。这是难能可贵的。

　　席勒还围绕着艺术与现实的关系更具体地阐述了素朴的诗和感伤的诗的优劣。关于素朴的诗，他认为："素朴诗人在感性的现实方面总是比感伤诗人占有优势，因为他是把感伤诗人仅仅力求达到的东西作为实在的事实来处理的。"[1]但素朴的诗也存在着不足之处。首先是素朴的诗所塑造的形象存在着局限性。因为素朴的诗本身就是感性现实，而一切感性现实都是有限的。感性现实的这种有限性就使形象的内涵在时间和空间上都受到了极大的限制。[2]　其次是素朴的诗人对现实有着某种依赖性。因为素朴的诗人着力于对现实的模仿，所以现实是什么样就决定了作品是什么样，这就使其创作活动在很大程度上受制于现实。如果他所看到的是丰富多彩的自然、诗的世界和天性纯洁的人类，那么创作就会取得成功；如果看到四周都是毫无生气的物质，就会导致创作的失败。由此，席勒断言："素朴诗人需要的是外面的帮助。"[3]正因为素朴的诗人依赖于外在的感性现实，所以题材对素朴的诗起着极为重要的作用。席勒在这里提出，应该划清"实

[1]［德］席勒：《论素朴的诗与感伤的诗》，曹葆华译，见《古典文艺理论译丛》第2册，人民文学出版社1961年版，第33页。
[2]［德］席勒：《论素朴的诗与感伤的诗》，曹葆华译，见《古典文艺理论译丛》第2册，人民文学出版社1961年版，第34页。
[3]［德］席勒：《论素朴的诗与感伤的诗》，曹葆华译，见《古典文艺理论译丛》第2册，人民文学出版社1961年版，第35页。

际的自然"与"真正的自然"的界限,素朴的诗必须以"真正的自然"为题材。他说:"但是必须以极大的细心把实际的自然与真正的自然区别开来,真正的自然是素朴诗的题材。实际的自然到处都有,而真正的自然是非常罕见的,因为它需要有存在的内在必然性。"①这就阐明了艺术的真实与生活的真实的界限,说明并非一切实际存在的生活现实都可成为文艺的题材,而只有符合"内在必然性"的现实,即所谓"真正的自然"才可成为文艺的题材。很明显,以"实际的自然"为题材的文艺就是自然主义的文艺,而只有以"真正的自然"为题材的文艺才是现实主义的。席勒所说的"素朴的诗"是以"真正的自然"为题材的现实主义的诗。但是,他还是不断地提醒素朴的诗人警惕堕入自然主义的泥坑,使自己的作品流于"乏味的庸俗"。他认为,由于素朴的诗人的天性是感受性超过主动性,在对自然的加工提高上较为逊色,不免屈从外界的印象,因而一旦面对实际自然,就常常流于"乏味的庸俗"。他说:"没有一个素朴的天才,从荷马起到波特马止,曾经完全避开了这个暗礁。"②他认为,这种自然主义的倾向是素朴诗的极大危险,因为许多人对素朴的诗有一种误解,以为单是纯自然的感情和对实际自然的摹拟就构成诗人的天性,而其结果必然导致接近卑俗的现实。甚至,在悲剧艺术中也会形成对贫乏可怜的感情的表述,"因为这些感情表述并不是真正的自然的模仿,而仅仅是现实生活的枯燥和鄙陋的复写。因此,在这样一场眼泪的筵席之

①[德]席勒:《论素朴的诗与感伤的诗》,曹葆华译,见《古典文艺理论译丛》第2册,人民文学出版社1961年版,第36页。
②[德]席勒:《论素朴的诗与感伤的诗》,曹葆华译,见《古典文艺理论译丛》第2册,人民文学出版社1961年版,第37页。

后,我们所有的感受几乎就象访问了一所医院或读了沙尔茨曼的
《人类苦难》以后一样"。① 在这里,他把自然主义的悲剧艺术对
悲剧固有的崇高性的抛弃喻为"眼泪的筵席",真是十分形象而又
深刻。对于感伤的诗,席勒也不是一味地贬抑,而是认为仍有其
优点,最重要的就是在理性的崇高性上优于素朴的诗。他说:"另
一方面,感伤诗人比素朴诗人占有这个巨大的优势:他能够比素
朴诗人提供给这种冲动以更崇高的形象。"②原因就是,感伤的诗
人以理想为自己的题材,而理想同现实相比是无限的、不受任何
束缚的、包含着理性精神的。因此,他所提供的形象就必然地具
有一种无限的理性的崇高性。席勒还具体地描述了感伤的诗人
将现实"理想化"、使其具有崇高美的过程。他说,感伤诗人"通过
主观从内部把外表粗糙的材料加以灵性化,通过沉思来提供外在
感受所不能达到的诗的价值,通过观念来完成自然,一句话,通过
感伤的手段使有限的对象变成无限的对象"。③ 在这里,席勒已
经涉及了浪漫主义的主观性的特点。他把这种主观性叫做"灵性
化",就是一种理性的加工、改造,乃至变形处理的过程。其结果,
是使粗糙的材料经过了理性的改造,并将直接的感受加以提高,
使之具有诗的价值,最终是使有限的自然变成了无限的精神。这
就是"感伤的手段",即浪漫主义的创作过程。这个创作过程的特
点是使文艺摆脱了客观现实的有限性的束缚,并完全借助于诗人

---

① [德]席勒:《论素朴的诗与感伤的诗》,曹葆华译,见《古典文艺理论译丛》
　　第 2 册,人民文学出版社 1961 年版,第 39 页。
② [德]席勒:《论素朴的诗与感伤的诗》,曹葆华译,见《古典文艺理论译丛》
　　第 2 册,人民文学出版社 1961 年版,第 33—34 页。
③ [德]席勒:《论素朴的诗与感伤的诗》,曹葆华译,见《古典文艺理论译丛》
　　第 2 册,人民文学出版社 1961 年版,第 37 页注①。

内在的理性力量来使带有缺陷的现实完善起来,同时也使自己的灵魂得到滋养和净化。这种超脱客观与主观自然束缚的特点正是感伤的诗优于素朴的诗之处。诚如席勒所说:"感伤天才开始自己活动的地方,正是素朴天才结束自己活动的处所。"①素朴诗人的活动局限于现实,而感伤诗人的活动却超出现实伸展到理性精神领域。席勒的话正是这一文艺创作实际情形的哲学概括。

由于席勒是在德国古典美学的氛围中成长,因而他的文艺思想中处处渗透着辩证的精神。他一方面看到了感伤的诗超脱现实,有其优越性的一面,另一方面又看到了这容易导致感受和表现上的夸张的危险。他说:"夸张这个缺点是基于感伤天才的方法的特殊性,正如弛缓这个缺点是基于素朴天才的特殊方法一样。"②原因是,在感伤诗人身上,主动性超过感受性,但任何诗的创作都必须要求主动性与感受性之间的某种协调,两者之间要有相应的比例,一旦突破这种比例,破坏这种协调,就会导致夸张。夸张的根本特点是脱离了感性现实,而成为一种缺乏现实根据的"空虚"。但是,席勒并不是反对一切夸张。他认为:"夸张这个字眼只能适用于这样的东西,它不是违反逻辑的真实,而是违反感觉的真实,但又要求有感觉的真实。"③这就是说,他认为,夸张首先不能违反逻辑的真实,也即是不能违反理性所固有的逻辑性,否则就会陷入自相矛盾而成为"荒谬"。其次,夸张尽管从总的方

①[德]席勒:《论素朴的诗与感伤的诗》,曹葆华译,见《古典文艺理论译丛》第2册,人民文学出版社1961年版,第35页。
②[德]席勒:《论素朴的诗与感伤的诗》,曹葆华译,见《古典文艺理论译丛》第2册,人民文学出版社1961年版,第40页。
③[德]席勒:《论素朴的诗与感伤的诗》,曹葆华译,见《古典文艺理论译丛》第2册,人民文学出版社1961年版,第41页。

面超越了感性现实，但却不能完全超越感性现实。因为，任何文艺创作都不能脱离作为感性能力的想象力，诗的创作一旦脱离了想象力就会变成一种非艺术的"夸大"。所以，感伤诗人的夸张只能把对象包括在想象力的范围之内。例如，希腊神话，尽管宙斯和众神都具有超凡的神奇力量，但无非都是现实的人的力量的扩大，仍是在想象力的范围之内。这是对浪漫主义文艺所特有的"夸张"手法的深刻阐述，指出了"夸张"的特点和界限。

在综合地论述了素朴的诗与感伤的诗的优劣之后，席勒说道："素朴诗的杰作后面一般紧跟着许多平庸无聊的东西，感伤诗的杰作后面紧跟着一些空想的作品。"[1]这是对现实主义与浪漫主义创作方法的深刻理解，说明任何真理只要多迈出一步都会变成谬误，现实主义有可能成为自然主义，而浪漫主义则有可能成为空想主义。文艺发展的历史充分地证明了席勒上述论断的正确性。

（四）素朴的诗与感伤的诗的结合

如前所说，席勒的理论探讨是旨在寻找一种理想的艺术用作审美教育的手段，以便解决现实社会中人性分裂的重大课题。他写作《论素朴的诗与感伤的诗》一文，目的就在于探寻这种理想艺术的创作道路。探寻的结果是，理想的艺术应是素朴的诗与感伤的诗的结合，亦即现实主义与浪漫主义的结合。他在论述了素朴的诗与感伤的诗的特点之后，认为这两者的结合更符合人道的概念。他说："但是还有一种更高的概念可以统摄这两种方式。如

---

[1]［德］席勒：《论素朴的诗与感伤的诗》，曹葆华译，见《古典文艺理论译丛》第 2 册，人民文学出版社 1961 年版，第 43 页。

果说这个更高的概念与人道观念叠合为一,那是不足为奇的。"①
他表示对于这个道理要写专文论述,却并未能实现自己的诺言。
但我们通过上面的简短论述亦可看到,他所认为的"这个更高的
概念"就是"统摄这两种方式"的新的创作道路。他还认为,尽管
理想的素朴诗与感伤诗相结合的作品并未出现,但在优秀作家的
作品中已经见出两者结合的端倪。例如,歌德的《少年维特之烦
恼》就是这样的作品,而且比较其他的作品常常更能使人感动。
他说:"不仅在同一个诗人身上,而且也在同一部作品中,也往往
发现这两类的诗结合在一起,例如,在《少年维特之烦恼》中就是
这样;正是这种性质的作品才常常使人最受感动。"②

那么,为什么素朴的诗和感伤的诗这两种根本对立的创作方
法必须结合起来呢? 席勒认为,这首先是历史发展的必然要求。
席勒是具有较强历史意识的思想家,相信社会的进步、人类的发
展。他虽然肯定素朴的诗,相对地贬抑感伤的诗,但还是认为感
伤诗毕竟是社会进步的结果。他还从社会进步的角度看到了素
朴诗与感伤诗的必然结合。他说:"自然使人成为整体,艺术则把
人分而为二;理想又使人恢复到整体。"③也就是说,在他看来,人
类的童年阶段,社会和谐统一,人性和谐统一,文艺也是素朴的和
谐统一的;而到了有文化的近代社会,则将人性一分为二,文艺也
由此形成反映人性分裂的感伤的诗;只有到了理想的时代,在现

---

① 转引自朱光潜:《西方美学史》下卷,人民文学出版社 1963 年版,第 463—
　464 页。
② [德]席勒:《论素朴的诗与感伤的诗》,曹葆华译,见《古典文艺理论译丛》
　第 2 册,人民文学出版社 1961 年版,第 2 页注①。
③ [德]席勒:《论素朴的诗与感伤的诗》,曹葆华译,见《古典文艺理论译丛》
　第 2 册,人民文学出版社 1961 年版,第 3 页。

实社会中人性恢复到统一,文艺也必将在素朴诗与感伤诗的基础上形成二者结合的更高级的创作方法。他认为,这既是人类必走的道路,同时也是"近代诗人所走的道路"。虽然由于德国资产阶级固有的软弱性,使席勒对于理想艺术的实现抱有悲观主义的怀疑态度,认为"理想是人决不会达到的无限的东西"①,但社会和文艺发展的这一趋势,他还是看到了,并且是指明了的。更重要的,席勒认为,素朴诗与感伤诗的结合也是人性发展的必然要求。他认为,素朴诗与感伤诗既是两种不同的艺术种类,而对于诗人来说又是两种不同的性格。这两种不同的性格决定了文艺的两种根本对立的倾向。素朴的性格偏重于物质的感性方面,因而把诗作为休息和娱乐的工具,提出了著名的"休息说";而感伤的性格则偏重于理性的精神方面,因而把诗作为提高人的道德的工具,提出了著名的"高尚化说"。席勒认为,这两种性格以及由此产生的两种诗都是违背人性要求的、片面的,应该克服其片面性,将两者结合起来,这样才能使人性得到解放。他说:"诗人的任务是使人性从一切偶然的障碍中解放出来,而不是否认人性的观念本身或超过人性的必要界限。"②这里,"否认人性的观念本身"即指素朴的性格及其所提出的"休息说",而"超过人性的必要界限"即指感伤的性格及其所提出的"高尚化说"。席勒认为,这两种倾向都是对人性的障碍,必须加以克服,使之统一,才能使人性获得解放。他将素朴诗与感伤诗的结合寄托于一个新的阶级的产生。

①［德］席勒:《论素朴的诗与感伤的诗》,曹葆华译,见《古典文艺理论译丛》
　　第2册,人民文学出版社1961年版,第3页。
②［德］席勒:《论素朴的诗与感伤的诗》,曹葆华译,见《古典文艺理论译丛》
　　第2册,人民文学出版社1961年版,第46页。

他认为,人类当中的劳动阶级由于偏重于物质,因而对文艺更多的是感性休息方面的要求,而人类当中"沉思的一部分"(即知识阶级)则对文艺更多的是道德高尚化方面的要求,只有一个新的阶级,他们既不劳动但却积极地面对现实,虽不空想但却能理想化。总之,他们保持了"人性的美的统一"。只有这样一个阶级,才能集素朴性格与感伤性格于一身,并最后实现这两种创作方法的结合。他说:"在这一阶级(我在这里仅仅把它作为一种观念提出来,而决不是指的一个实际存在的东西)中间,素朴的性格同感伤的性格可以这样地结合起来,以致双方都相互提防走向极端,前者提防心灵走到夸张的地步,后者提防心灵走到松弛的地步。因为我们终于不能不承认,不论素朴的性格或感伤的性格,如果单独来看,都不能完全包括美的人性这个观念,这个观念只有在两者的密切结合中才能产生出来。"①当然,席勒在这里对于他所期望的新的阶级的出现仍然是迷惘的,但在实际上,他是希望他所代表的德国资产阶级能够摆脱资本主义社会的弊病而承担起这一历史的重任。但现实生活中的资产阶级却是污浊、软弱的德国庸人,因此他感到某种失望和悲怆。但他对这个新的阶级的期望却表现了某种历史的预见性。因为,无产阶级及其所领导的社会主义革命,必将并已经创造一个崭新的社会,为现实主义与浪漫主义的逐步结合提供了深厚的现实土壤。

(五)感伤诗的种类

感伤诗是席勒所在时代占主导地位的文学流派。席勒写作

---

① [德]席勒:《论素朴的诗与感伤的诗》,曹葆华译,见《古典文艺理论译丛》第2册,人民文学出版社1961年版,第47—48页。

《论素朴的诗与感伤的诗》的目的也是为了摆脱感伤诗的束缚。因此,对感伤诗的论述,特别是对感伤诗的各种类型的论述成为这篇文章的重要部分,占据的篇幅最大。席勒在这里所讲感伤诗的种类不是通常意义上的艺术种类,而是着重从体现创作方法的角度来划分艺术种类,目的也不是为了谈艺术的分类,而是为了进一步阐述自己关于创作方法的观点。也就是说,他还是从处理艺术与现实关系时所遵循的根本原则,亦即从对现实的"感受状态"的角度来划分感伤诗的种类,说明其典型形态与非典型形态,并进而评判其优劣。他说:"我应当再说一遍,我所举出来作为唯一可能的三种感伤诗的讽刺诗、哀歌和牧歌,是和以这三个名字著称的三种形式的诗作毫无共同之处,除了它们大家都特有的感受形式之外。从感伤诗的概念本身很容易推论出:在素朴诗的界限之外只有三类感受和创造的形式,它们把感伤诗的整个领域完全包括了。"①席勒对感伤诗的论述同莱辛对诗画文体的论述有些类似。莱辛在《拉奥孔》中表面是论述诗画的界限,而实质却是阐述两种不同的美学理想。席勒在这里,表面是论述感伤诗的三种类型,而实质是为了进一步论述感伤诗,即浪漫主义艺术的特征。只有从这样的角度,才能正确地理解席勒论述感伤诗种类的深义。他认为,感伤的诗人既然是以对现实的主观的沉思为其特点的,那么,感伤诗人所碰到的就是两个互相冲突的因素:具有有限性的现实和具有无限性的观念。

　　尽管从总的方面看,感伤诗以主观的观念性为其特点,但具体到艺术作品中,现实和观念之间的关系就十分复杂,对于两者

①［德］席勒:《论素朴的诗与感伤的诗》,曹葆华译,见《古典文艺理论译丛》
　　第2册,人民文学出版社1961年版,第26页注②。

关系的处理亦有差别,从而产生了不同的艺术种类。席勒说:"于是发生这个问题:诗人着重的是现实还是理想? 他是把前者当作厌恶的对象来处理,还是把后者当作喜爱的对象来处理? 因此,他的描述不是讽刺的,便是哀歌的(就这个用语的广义而言,往后将加以说明);每个感伤的诗人都将依属于这两种感受中的一种。"①在这里,他把感伤诗分成讽刺诗与哀歌诗两种形态。所谓讽刺诗是把现实当作厌恶的对象来处理,而所谓哀歌诗则是把理想当作喜爱的对象来处理。讽刺诗虽然借助于理想来批判现实,但侧重的还是现实,仍同素朴诗较为接近,所以不能称作是典型的感伤诗,只是素朴诗到感伤诗,即现实主义到浪漫主义之间的一种过渡的中间类型。而只有哀歌诗,是以对理想的追求作为特征,完全摆脱了现实,从而成为典型的感伤诗的形态。席勒对感伤诗的分析并没有停止于此,而是进一步又将哀歌诗更细致地分成了哀歌与牧歌两种。他说:"感伤的诗之区别于素朴的诗,是在于把构成素朴的诗的题材的现实加以理想化,把理想应用到现实上面。因此,如前面说过的,感伤的诗是处理两个相互冲突的对象——理想与现实或经验;在这两者之间可能存在着下面三种关系。主要占据着心灵的不是现实同理想的对抗,就是现实同理想的一致,否则就是心灵被现实和理想所分占。在第一种情况下,心灵是被内在斗争的力量或精力的充沛活动所占据;在第二种情况下,心灵完全被内在生活的谐和或精神充沛的休息所占据;在第三种情况下,斗争与谐和交替,休息与活动交替。这三类感受状态产生了三类诗,如果我们仅仅注意到这三类诗在我们心灵中所引起的情

———————

① [德]席勒:《论素朴的诗与感伤的诗》,曹葆华译,见《古典文艺理论译丛》第 2 册,人民文学出版社 1961 年版,第 5—6 页。

绪,如果我们使自己的思想离开那些用以引起这些情绪的手段,那末讽刺诗、哀歌和牧歌这三个通用的名称是同这三类诗相符合的。"①很明显,席勒在这里从理想与现实之间的不同关系的角度将感伤诗更具体地分成了三类。第一类,即讽刺诗,是理想同现实的对抗,理想仍未能摆脱现实的束缚,内心处于斗争的状态,是由素朴诗到感伤诗的过渡或中间类型。第二类,即哀歌,理想已摆脱了现实,但仍未实现,因而内在心灵处于既向往理想又留恋现实的特殊状态,是感伤诗的典型形态。第三类,即牧歌,此时理想已完全压倒了污浊的现实,它在遥远的过去或渺茫的未来成为"现实"。在这类诗中,现实与理想之间表现为一种虚假的一致,内心也呈现出虚假的平静。这是感伤诗的超越类型,严格地讲也是一种畸形。这样,席勒就以现实与理想之间的关系为基准,为我们描画了一条由素朴诗发展到感伤诗的历史轨迹。其中,有过渡形态的讽刺诗、典型形态的哀伤诗和超越形态的牧歌诗。这种对创作方法的研究就不是孤立的、静止的、形而上学的,而是根据文艺特有的内在的感性与理性、现实与理想的矛盾将创作方法的形成看作一个互相联系与不断发展的历史过程。这是一种辩证的研究方法的萌芽,在文艺理论史上具有巨大的理论价值。

席勒还具体地阐述了讽刺诗、哀歌和牧歌三种艺术类型的特点。关于讽刺诗,他认为,总的特点是把现实当作厌恶的对象来处理。但在讽刺诗中,又有两种处理方式。一种是凄厉的处理方式,我们称之为凄厉的讽刺诗;另一种是戏谑的处理方式,我们称之为戏谑的讽刺诗。这两者之间有较大的区别。从题材来说,凄

---

① [德]席勒:《论素朴的诗与感伤的诗》,曹葆华译,见《古典文艺理论译丛》第2册,人民文学出版社1961年版,第26页注②。

厉的讽刺诗的题材是"现实与理想的矛盾",即是违背理想的现实,道德上的邪恶;而戏谑的讽刺诗的题材则是"同自然的隔离",即是违背自然规律的现实,是在道德上无关重要的题材。从灵感来源说,凄厉的讽刺诗的灵感来自意志的领域,即理想的道德的领域;而戏谑的讽刺诗的灵感则来自理解力的领域,即认识的智力的领域。从描写方式来说,凄厉的讽刺诗以严肃和热情的方式描写,对现实表现出一种愤怒的态度;而戏谑的讽刺诗则以戏谑的愉快的方式描写,对现实表现出一种嘲弄的态度。从美学范畴来说,凄厉的讽刺诗具有崇高的性质,属于悲剧的范畴;而戏谑的讽刺诗则具有优美的性质,属于喜剧的范畴。正是从具体分析凄厉诗与戏谑诗的不同特点的角度,席勒将悲剧与喜剧作了比较。他认为,从题材方面看,悲剧的题材较为严肃,而喜剧的题材则可以说是无关紧要的,因而悲剧在这一方面占有优势。但从诗人个人的作用来看,悲剧诗人更多地依靠题材,而喜剧诗人则更多地依靠个人的力量。由此,他得出结论说:"所以这两种艺术作品的审美价值就和它们的题材的重要性成反比例了。"①席勒之所以在这里将喜剧看的比悲剧更高,是与其对素朴诗所持的总的褒扬的态度分不开的。因为,在他看来,具有喜剧性质的戏谑诗更接近于以现实为主的素朴诗,而具有悲剧性质的凄厉诗则更接近于理想。这也进一步证明,他所肯定的素朴诗不是17世纪法国新古典主义艺术,因为新古典主义是力主悲剧高于喜剧的。席勒认为,所谓哀歌是理想被表现为不可企及,因而产生一种悲哀。但这种悲哀只应产生于追求理想所引起的热情,而不能产生于感官

①[德]席勒:《论素朴的诗与感伤的诗》,曹葆华译,见《古典文艺理论译丛》第2册,人民文学出版社1961年版,第8页。

需要的满足。这样,哀歌才具有诗的价值。至于牧歌,则是理想已成为现实,变成了欢乐的对象。席勒认为:"感伤牧歌是最高类型的诗。"①这就是说,在感伤诗的发展中,牧歌已发展到了最后的阶段,理想与现实已实现了统一。但席勒并没有对牧歌持肯定的态度。原因是:第一,牧歌不是引导人们前进,而是引导人们后退。这是因为牧歌的环境是虚构的,所以只能"产生在文化开始以前的时代,牧歌不仅排除了文化的弊害,而且同时也排除了它的优越性;所以牧歌根本是同文化对立的。因此,从理论上说,牧歌使我们后退,但是从实际上说,牧歌又引导我们前进,使我们高尚起来。可惜牧歌把它应该引导我们去争取的那个目标放在我们后边,因而只能引起我们一种对于损失的悲伤感情,而不能引起一种对于希望的欢乐感情"。② 第二,牧歌只能给病态的心灵以治疗,而不能给予健康的心灵以食物。它不能使人生气蓬勃,而只能使人性情柔和。第三,牧歌的性质是现实与理想之间的一切矛盾完全被克服,各种感情的冲突也完全停止。因而,牧歌具有一种特有的宁静的气氛,这种宁静尽管也具有某种充实的内容,但终究是意味着运动的停止,而这是同艺术的本质背道而驰的。席勒认为:"正因为一切抵抗停止了,所以在牧歌里就比在讽刺诗和哀歌里更难于引起运动,然而没有运动在任何地方都不可能产生诗的效果。"③席勒的这一看法,表现了他

---

① [德]席勒:《论素朴的诗与感伤的诗》,曹葆华译,见《古典文艺理论译丛》第 2 册,人民文学出版社 1961 年版,第 31 页。

② [德]席勒:《论素朴的诗与感伤的诗》,曹葆华译,见《古典文艺理论译丛》第 2 册,人民文学出版社 1961 年版,第 29 页。

③ [德]席勒:《论素朴的诗与感伤的诗》,曹葆华译,见《古典文艺理论译丛》第 2 册,人民文学出版社 1961 年版,第 32 页。

对消极浪漫主义的深刻认识,并渗透着运动、发展的文艺美学与思想。他对牧歌的这一具体评价被后来的黑格尔所继承和发展。

三、《论美》和《美育书简》

（一）艺术美问题

席勒在《论美》（又名《给克尔纳的信》）中,着重探讨了美的本质问题,而在第七封信,即 1793 年 2 月 28 日的信中集中地论述了艺术美的问题。首先是探讨了艺术美的特性。什么是艺术美呢?席勒回答道:"当艺术作品自由地表现自然产品时,艺术作品就是美的。"①很显然,席勒在这里袭用了德国古典美学通用的"美在自由"的命题,并将其用于艺术美之上,从而将艺术美归结为对自然的"自由地表现"。所谓"自由地表现",第一个含义就是把对象的特征"提供给直接的直观",即使对象的特征与直观、内容与形象处于直接的统一之中。这种直接的统一是两者的融为一体,而决不经过理智的概念。席勒认为,艺术的表现一旦经过概念就是一种对自然的"描述",而不是"表现",是对"自由"的破坏,从而背离艺术美时基本特性,成为理智的认识。"自由地表现"的第二个含义是从审美主体来说的,在艺术活动中必须凭借直观的想象能力而不是理性的概括能力。想象力是艺术活动的基本心理功能,因为只有在形象的想象中,主体才是自由的,不

①［德］席勒:《论美》,张玉能译,见刘纲纪、吴樾编:《美学述林》第 1 辑,武汉　大学出版社 1983 年版,第 309 页。

受束缚的。

　　其次是论述了艺术形象与物质媒介及艺术家之间的关系。席勒深刻地研究了艺术活动的本质特征。他认为，艺术活动面临着三种不同的自然物之间的斗争，即所表现的对象（形象）、物质媒介及艺术家个人的自然特性之间的斗争。他的基本要求是三者之间的斗争结果应是艺术形象的感性特征完全地克服了物质媒介和艺术家个人的感性特征。他说："那么，在艺术作品中质料（再现者的自然本性）应该溶化在（被再现者的）形式中，物体应该溶化在外观中，现实应该溶化在形象的显现之中。"①这里，所谓"质料应该溶化在形式中"，是从总的方面论述艺术形象应克服物质媒介和艺术家自然本性的质料。"物体应该溶化在外观中"是指艺术美的观念性的特点，说明通过艺术创造将媒介与艺术家的物质性消溶在精神性的形象之中。"现实应该溶化在形象的显现之中"则指媒介与艺术家的偶然性的感性特征消溶在必然的美的艺术形象之中的艺术典型化的特点。这里所说的"消溶"，实际上就是指物质媒介、艺术家的自然本性与艺术形象直接统一、融为一体。也就是艺术的自由地表现。席勒认为，只有做到了这一点，才是真正的艺术美，而做不到这一点就是一种丑。他举例说："如果在（铜板画中）肌肉的灵活性由于金属的硬度或艺术家的手不够灵活而受到损害，那么表现是丑的。"②

① ［德］席勒：《论美》，张玉能译，见刘纲纪、吴樾编：《美学述林》第 1 辑，武汉大学出版社 1983 年版，第 311 页。
② ［德］席勒：《论美》，张玉能译，见刘纲纪、吴樾编：《美学述林》第 1 辑，武汉大学出版社 1983 年版，第 312 页。

　　再次,席勒还探讨了艺术创作中主客体之间的关系,反对由于过分表现主体形成的一种"特别作风",而主张主体溶化于客体之中的"纯粹的客观性",并将这种"纯粹的客观性"称作"风格"。他说:"特别作风的对立面是风格,风格不是别的,而是表现的最高独立性,这种表现应脱离一切主观的和一切客观的偶然性的规定。表现的纯粹客观性是好的风格的本质,是艺术的最高原则。"①他以当时的演员对《哈姆雷特》一剧的表演为例,说明艺术家在处理主客体关系时的三种情况。一种是扮演哈姆雷特的演员,作为一个大艺术家只"给我们表现对象",而将自己的个性完全消融到哈姆雷特的个性之中。一种是扮演奥菲莉雅的演员,作为一个平庸的艺术家,完全按照自己的主观的原则演出,从而仅仅体现了"特别作风"。再一种是扮演国王的演员,完全是低劣的艺术家,在演出中老是令人嫌厌地表现自己身体的自然本性。②

　　不仅如此,席勒还在《论美》中探讨了诗歌艺术(即语言艺术)在艺术表现上的特殊性问题。他认为,诗歌艺术在运用克服物质媒介自然本性的规律方面是十分困难的,原因在于诗歌所运用的物质媒介是词语。词语不是一种感性的自然形态,而是一种"类或种""无限多个体的符号",实际上即是反映事物的抽象性和概括性的概念符号。他说:"诗歌力图达到直接的直观,语言却仅仅提供概念。"③

---

①[德]席勒:《论美》,张玉能译,见刘纲纪、吴樾编:《美学述林》第1辑,武汉
　　大学出版社1983年版,第284、292页。
②[德]席勒:《论美》,张玉能译,见刘纲纪、吴樾编:《美学述林》第1辑,武汉
　　大学出版社1983年版,第313—314页。
③[德]席勒:《论美》,张玉能译,见刘纲纪、吴樾编:《美学述林》第1辑,武汉
　　大学出版社1983年版,第315页。

显然,作为概念符号的语言是同艺术的具体性、个别性相对立的、异己的。因此,诗歌艺术的任务就是运用自己的艺术力量克服语言通向一般的倾向,以达到艺术美的高度。他说:"诗的表现的美是'自然(本性)处在语言枷锁中自由的自动'。"①这就是说,诗歌艺术的美也在于"自由地表现",即是克服语言特有的通向一般的倾向而形成的"纯粹的客观性"。其具体途径就是运用语言来进行具体、形象的表现,以便唤起人们的想象。他说:"诗人为了表现个别事物到处只有一个办法——就是精致地结合一般。"②所谓"精致地结合一般",就是"借助于结合仅仅概括的符号来表现的那种情况"③。也就是借助于语言这一"概括的符号"来进行艺术的"表现"。为此,他举了一个例子:"站在我面前的烛台倒下。"这里借助的是语言,但却运用了形象表现的手法。具体为拟人化的比喻手法,将烛台比喻成站着的人。再就是描绘的手法,具体、感性地描绘了烛台像人一般地倒下。其结果是唤起人们的想象,似乎是如闻其声,如睹其貌。当然,还有许多借助于语言进行形象表现的具体手法,正是凭借这些手法,诗歌艺术才得以"穿过概念抽象领域的漫长环形道路",到达"自由地表现"的美的目标。④

①［德］席勒:《论美》,张玉能译,见刘纲纪、吴樾编:《美学述林》第 1 辑,武汉大学出版社 1983 年版,第 315 页。
②［德］席勒:《论美》,张玉能译,见刘纲纪、吴樾编:《美学述林》第 1 辑,武汉大学出版社 1983 年版,第 315 页。
③［德］席勒:《论美》,张玉能译,见刘纲纪、吴樾编:《美学述林》第 1 辑,武汉大学出版社 1983 年版,第 315 页。
④［德］席勒:《论美》,张玉能译,见刘纲纪、吴樾编:《美学述林》第 1 辑,武汉大学出版社 1983 年版,第 315 页。

(二)游戏说

"游戏说"是席勒关于艺术起源与本质的理论,是对康德有关理论的继承和发展。席勒将人类的艺术活动说成是一种特殊的以"审美的外观"为对象的游戏冲动。他说:"当那以外观为快乐的游戏冲动一出现的时候,立刻就产生模仿的创造的冲动,这种冲动认为外观是某种独立自主的东西。"①"游戏冲动"是席勒借助于康德的主观先验的方法对人性进行抽象分析的结果。他认为,在人身上存在着两个对立的因素,一个是持久不变的"人身",即主体、理性和形式;另一个是经常改变的"情境",即对象、"世界"、感性、材料或内容。这两个因素在"绝对存在"的理想的完整的人格中是统一的,而在"有限存在"的经验世界中则是分裂的。因此,人就有两种先天的要求或冲动,一种是"感性冲动",另一种是"形式冲动"或"理性冲动"。所谓"感性冲动"就是要把人的内在的理性变成感性现实的一种要求,而所谓"理性冲动"即使感性的内容获得理性的形式,从而达到和谐。这两个概念后来被马克思用社会实践的观点加以改造,发展成为"人的本质的对象化"和"对象的人化"的著名命题。但在席勒的先验的抽象理论中,"感性冲动"和"理性冲动"作为人的两种对立的天性的要求,还是没有统一的,而只有"游戏冲动"才能使这两种"冲动"统一,并进而使人性达到统一。所谓"游戏冲动"就是以美为对象的艺术创造冲动。他说:"美是这两种冲动的共同对象,也就是游戏冲动的对象。"②这里

---

① [德]席勒:《美育书简》,曹葆华译,《古典文艺理论译丛》第 5 册,人民文学出版社 1963 年版,第 87 页。

② 《西方美学家论美和美感》,商务印书馆 1980 年版,第 176 页。

所说的"美",就是指"活的形象""审美的外观"。它们正是"游戏冲动"的对象或产物。席勒认为:"用一个普通的概念来说,感性冲动的对象就是最广义的生命,这个概念指全部物质存在以及凡是直接呈现于感官的东西,也用一个普通的概念来说,形式冲动就是同时用本义与引申义的形象,这个概念包括事物的一切形式方面的性质以及它们对人类各种理智功能的关系。还是作为一个普通的概念来看,游戏冲动的对象可以叫做活的形象,这个概念指现象的一切审美的品质,总之,指最广义的美。"①这就是说,感性冲动的对象是感性现实,理性冲动的对象是理性的形式,而只有"游戏冲动"的对象才是具有感性与理性直接统一特点的"活的形象"。这"活的形象"泛指一切美的现象,但主要指艺术。因此,席勒又将它称作"审美的艺术冲动"。他说:"审美的艺术冲动发展得或早或晚,这只决定于他借以能够集中注意在单纯外观上面的那种热爱的程度。"②席勒同康德一样,将"游戏"的含义归结为摆脱了一切强制的"自由"。他说:"我们说一个人游戏,是说他审美地观照自然,并创作了艺术,把自然对象都看成是生气灌注的。在这里面,单纯的自然的必然性,让位给了各种能力的自由的活动;精神自发地与自然相和谐,形式与物质相和谐。"③又说:"游戏这个名词通常是用来指凡是在主观和客观方面都不是临时偶然的事,而同时又不是受外在和内在强迫的事。"④

---

① 《西方美学家论美和美感》,商务印书馆1980年版,第175—176页。

② [德]席勒:《美育书简》,曹葆华译,见《古典文艺理论译丛》第5册,人民文学出版社1963年版,第87页。

③ [德]席勒:《美育书简》,转引自蒋孔阳:《德国古典美学》,商务印书馆1980年版,第185页。

④ 《西方美学家论美和美感》,商务印书馆1980年版,第176页。

席勒在《美育书简》第十四封信中曾借用一个生动的例子来解释"游戏说"中"自由"的含义。他说，当我们怀着情欲去拥抱一个理应鄙视的人时，我们就痛苦地感到自然的压力；而当我们仇视一个值得尊敬的人时，我们也痛苦地感到理性的压力；但如果一个人既能吸引我们的欲念，又能博得我们的尊敬，情感的压力和理性的压力就同时消失了，我们就开始爱他，这就是同时让欲念和尊敬在一起游戏。这里所谓的"游戏"，即指在摆脱感性与理性压力的前提下欲念与尊敬两种心情的自由活动。

　　但席勒在对"游戏说"的"自由"的理解中，较之康德，增加了新的"过剩"的含义。他认为，精力过剩是"游戏"的动力，甚至连动物也只有在物质过剩，需求得到满足时，才能游戏。他说："当狮子不受饥饿折磨，也没有别的猛兽向它挑战的时候，它的没有使用过的力量就为它自身造成对象；狮子的吼叫响彻了充满回声的沙漠，它的旺盛的力量以漫无目的的使用为快乐。昆虫享受生活的乐趣，在太阳光下飞来飞去；当然，在鸟儿的悦耳的鸣啭中我们是听不到欲望的呼声的。毫无疑问，在这些运动中是自由的，但这不是摆脱一般需求的自由，而只是摆脱一定的外部的需求的自由。当缺乏是动物的活动的原动力的时候，它是在工作；当力量过剩是这种原动力的时候，当生命力过剩刺激它活动的时候，它是在游戏。"[①]这种"精力过剩"所引起的"游戏"，对于人来说是有着不同层次的含义的。首先是一种物质的过剩，由此引起身体器官的"游戏"，这是一种未摆脱动物性的生理的快感。其次是一种超出物质需求的精神方面的过剩，由此引起的是想象力的"游

----

① ［德］席勒：《美育书简》，曹葆华译，见《古典文艺理论译丛》第 5 册，人民文学出版社 1963 年版，第 91 页。

戏"。但当理性没有参与想象力的游戏之前,这种游戏虽然摆脱
了物质的束缚,属于观念的自由的活动,但只是一种对现实世界
的再现,缺乏"创造"的因素,因而仍未完全摆脱动物性。只有在
理性参与之后,想象力的游戏才成为审美的游戏。它是一种创造
性的活动,因此不仅在范围和程度上扩大化了,而且在性质上也
有了跃进,使之高尚化。席勒指出:"等到想象力试图创造自由形
式的时候,它就最后地从这种物质的游戏跃进到审美的游戏了。
这是必须叫做跃进的,因为在这里出现了一种完全新的力量,因
为在这里立法的精神第一次干涉盲目本能的活动,使想象力的任
意活动服从于它的不变的和永恒的统一,并且把自己的独立性硬
加在易变的事物身上,把自己的无限性硬加在感性的事物身
上。"①这种想象力在理性力参与下的自由的游戏,集中地表现为
一种精神性的"创造活动"。这种"创造活动"完全同实用目的和
直接的功利割断了关系,使具体的感性对象表现出人的锐敏的智
力、灵巧的双手和自由的精神,从而成为一种挣脱现实需要枷锁
的对美的追求。他说:"但是,他不久就不满足于事物使他喜欢;
他自己想给自己快乐,最初只是通过属于他的事物,后来就通过
他本人。他所拥有的事物、他所创造的事物,不能再只具有服务
的痕迹、他的目的的懦怯的形式了;除了它所作的服务以外,它同
时必须反映那思考它的锐敏的智力,那执行它的可爱的手,那选
择和提出它的明朗和自由的精神。现在,古德意志人为自己寻找
更光泽的兽皮、更堂皇的鹿角、更雅致的饮酒器,而古苏格兰人为
自己的祝宴寻找最美丽的贝壳。甚至武器在今天也不仅可以是

----

① [德]席勒:《美育书简》,曹葆华译,见《古典文艺理论译丛》第 5 册,人民文
　学出版社 1963 年版,第 92 页。

恐怖的对象,而且可以是享受的对象;精工细造的剑带也像杀人的剑刃一样力求引起人们的注目。不满足于把审美的过剩现象归入必要事物之内,自由的游戏冲动最后完全和需要的枷锁割断关系,于是美本身就成为人的追求的对象。人装饰自己。自由享受列入了他的需求,过剩的东西不久就成为他的快乐的更好部分。"①

　　席勒还探讨了审美游戏与人的关系。他的结论是:"只有当人充分是人的时候,他才游戏;只有当人游戏的时候,他才完全是人。"②这就是说,艺术的审美的游戏是人的特有的能力,是人之所以为人的证明。因为,这种艺术的审美的游戏必须建立在听觉和视觉特别发展的基础之上。他说:"自然本身赋予人以两种感官之后,就把他从实在提高到外观,这两种感官只是通过外观才使他认识实在。在眼睛和耳朵里,恣意专横的材料从感觉中排除出去,我们用动物的感觉直接接触对象就离开了我们。"③原因之一是视听感觉使对象同主体之间保持一段距离,而触觉却以直接的感觉为限。原因之二是视听感觉对于对象经过了主体的某种主动的加工、创造,而触觉对于对象只是被动的接受。同时,也正是艺术的审美游戏才使人真正摆脱了动物状态。他说:"野蛮人以什么现象来宣布他达到人性呢?不论我们深入多么远,这种现象在摆脱了动物状态的奴役作用的一切民族中间总是一样的:对

---

①[德]席勒:《美育书简》,曹葆华译,见《古典文艺理论译丛》第 5 册,人民文学出版社 1963 年版,第 93 页。

②转引自朱光潜:《西方美学史》下卷,人民文学出版社 1963 年版,第 450 页。

③[德]席勒:《美育书简》,曹葆华译,见《古典文艺理论译丛》第 5 册,人民文学出版社 1963 年版,第 86—87 页。

外观的喜悦,对装饰和游戏的爱好。"①主要是当人还处于动物状态时,他自己只能被动地接受自然,所以,同自然一体;只有当人处于艺术的审美游戏状态时,才真正地将自己同自然分开,而对自然取观照的态度。

(三)审美教育

审美教育问题是席勒美学和文艺思想中的重要部分。他的著名的《美育书简》就是为论述审美教育而写的。

首先,他认为审美教育所凭借的手段是"活的形象"或"审美的外观",主要指艺术。他说:"轻视外观,就是轻视一切艺术,因为外观是艺术的本质。"②所以,审美教育主要指艺术教育。那么,为什么"活的形象""审美的外观"是审美教育的手段呢?这是因为,"活的形象"与"审美的外观"是一种不受任何束缚的自由的形式。席勒面对着资本主义的现实世界,认为找不到任何理想的教育手段。如果以强力作为教育手段,那只会束缚和压抑人的感性力量;而如果以法则为教育手段,则又会压抑和束缚人的理性的意志;只有以"活的形象""审美的外观"为教育手段才能摆脱感性和理性的束缚。他说:"如果在权利的动力的国家中,人作为某种力量跟人对抗,并且限制他的活动;如果在义务的伦理的国家中,他以法则的尊严跟人对立,并且束缚人的意志,那么在美的交往范围内,在审美的国家中,人只能作为形式出现,只能作为自由

---

① [德]席勒:《美育书简》,曹葆华译,见《古典文艺理论译丛》第 5 册,人民文学出版社 1963 年版,第 85 页。

② [德]席勒:《美育书简》,曹葆华译,见《古典文艺理论译丛》第 5 册,人民文学出版社 1963 年版,第 86 页。

游戏的对象跟人对抗。"①这里所说的"形式"就是指感性与理性统一的"活的形象""审美的外观",是审美教育的必要手段。

其次,席勒认为,审美教育有着不同于感性与理性的独立的情感的领域。用他的话来说,就是要在力量的王国和法则的王国之外创建一个新的以情感愉悦为特点的审美的王国。他说:"在力量的可怕王国中以及在法则的神圣王国中,审美的创造冲动不知不觉地创建第三个王国——游戏和外观的愉快的王国,在这里,它卸下了人身上一切关系的枷锁,并且使他摆脱一切可以叫做强制的东西,不论是身体的强制或者道德的强制。"②这就说明,审美王国的领域既不同于力量王国的感性领域,又不同于法则王国的理性领域,而是一种独立的介于感性与理性之间的情感领域。这是由美育的手段——"活的形象""审美的外观"的特点决定的。因为,"活的形象""审美的外观"作为认识对象具有理性的形式的特点,而作为主体的创造物在其中又凝聚着生命和情感。他说:"美的确对于我们是一种对象,因为反省是我们借以感觉到美的条件,但是美同时又是我们的主观的状态,因为感情是我们借以得到美的概念的条件。美是形式,因为我们可以静观它;但是它同时是生命,因为我们可以感觉它。总之,美同时是我们的状态,又是我们的行为。"③诚如他自己所概括的,"活的形象""审美的外观"的特点是"反省和感情这样完全交织

---

① [德]席勒:《美育书简》,曹葆华译,见《古典文艺理论译丛》第5册,人民文学出版社1963年版,第94—95页。

② [德]席勒:《美育书简》,曹葆华译,见《古典文艺理论译丛》第5册,人民文学出版社1963年版,第94页。

③ [德]席勒:《美育书简》,曹葆华译,见《古典文艺理论译丛》第5册,人民文学出版社1963年版,第84页。

在一起"①。这就是说,"活的形象"和"审美的外观"所引起的感情是一种包含着反省的理性内容的高尚的感情。

席勒为了进一步阐述审美教育独特的情感领域,特别在第二十五封信中将审美教育与科学活动(认识真理)加以区别。他认为,审美教育与科学活动有两大重要区别。一是科学活动必须抛弃一切感性的材料进行纯粹的抽象,而审美活动则始终不抛弃感性的材料,因为审美的表象与感觉的表象是无法区分的。二是科学活动是排除了任何主观色彩的纯粹客观规律的探索,而审美活动却具有强烈的主观色彩。在论述审美教育的情感领域时,席勒还细致地将审美情感同其他性质的情感加以区别,认为审美情感是不同于"感性的快乐"与"理性的快乐"的"美的快乐"。他认为,"感性的快乐"只有作为个性才能享受,因而不具普遍性;"理性的快乐"只有作为种族才能对其享受,但由于每个人都具有个体的痕迹,因而这种快乐也是不具普遍性的;而只有"美的快乐"才既是个别的,又是普遍的,所以是一种高尚的情感的快乐。

席勒在《美育书简》中用了较长的篇幅来论述审美教育的作用问题。他的最基本的观点就是认为,美是实现自由的必由之途。歌德曾说:"贯穿席勒全部作品的是自由这个理想。"②我们也可以说,"让美走在自由之前"这一思想是贯穿整个《美育书简》的主题。这是席勒在《美育书简》的第二封信中提出的。在这封

①[德]席勒:《美育书简》,曹葆华译,见《古典文艺理论译丛》第5册,人民文学出版社1963年版,第83页。
②[德]爱克曼辑录:《歌德谈话录》,朱光潜译,人民文学出版社1982年版,第108页。

信中,他说道:"正当时代情况迫切地要求哲学探讨精神用于探讨如何建立一种真正的政治自由(这在一切艺术作品中是最完善的一种艺术作品)时,我们却替审美世界去找一部法典,这是否至少是不合时宜呢?"接着,他提出"让美走在自由之前"的命题,并说:"这个题目不仅关系到这个时代的审美趣味,而且也关系到这个时代的实际需要;人们为了在经验界解决那政治问题,就必须假道于美学问题,正是因此通过美,人们才可以直到自由。"①由此可见,席勒是将审美教育当作解决现实社会问题、实现政治自由的理想的途径。他认为,审美是人摆脱动物性、同现实世界发生的"第一个自由的关系",是人对现实"感觉方式"的彻底革命,人性的真正开始;只有在这时,人类才走上了一条无限漫长的文明之路。这是一条争取社会政治自由的道路。席勒认为,在这条道路上必须由对人性的改造开始,使人摆脱感性现实的束缚,由感性的人变成理性的人,但首先须使其成为审美的人。他说:"想使感性的人成为理性的人,除了首先使他成为审美的人以外,再没有其它的途径。"②这就是说,在席勒看来,审美教育在人性的发展过程中具有由感性过渡到理性、使两者达到平衡的中介和桥梁作用。他说:"一切其他形式的表象都使人分裂,因为它们完全是以人的存在的感性部分或精神部分为基础的;只有美的表象才使人成为整体,因为它要求他的两种天性跟它一致。"③这种感性与

---

① 转引自朱光潜:《西方美学史》下卷,人民文学出版社 1963 年版,第 443、444 页。

② [德]席勒:《美育书简》,曹葆华译,见《古典文艺理论译丛》第 5 册,人民文学出版社 1963 年版,第 73 页。

③ [德]席勒:《美育书简》,曹葆华译,见《古典文艺理论译丛》第 5 册,人民文学出版社 1963 年版,第 95 页。

理性统一为整体的人就是"美的灵魂和人性"①,而只有在这种
"美的灵魂和人性"出现之后,才能建立起理想的自由社会。因
为,席勒认为,人是社会的基础,人性发展的和谐必将导致社会的
和谐。他说:"只有趣味才能给社会带来和谐,因为它在个人心中
建立起和谐。"②就像先验而抽象地将人性分成感性与理性两个方
面一样,席勒也先验而抽象地将社会分成感性力量的国家和理性法
则的国家两种。同样,就像将审美的人作为由感性的人到理性的人
的中介一样,他也将审美的国家作为由感性力量的国家到理性法则
的国家的中介。他说:"只要趣味支配着和美的王国扩大着,任何优
先权、任何独占权都是不可容忍的。这种王国向上一直伸展到这样
的界限:理性以绝对的必然性统治着,一切物质都消失不见。它向
下一直伸展到这样的界限:自然冲动以盲目的力量支配着,形式还
没有产生。"③这就生动地说明了,审美的王国向上伸展到理性统治
的王国,而向下则联系到感性力量的王国,成为两者之间的"桥梁"。
可见,在席勒看来,这个"审美的王国"是克服了感性力量王国和理
性法则王国的弊病的无限美好的自由平等的社会。但这样的理想
的社会到底在哪里呢? 席勒自己也感到十分渺茫。他认为,在实际
上,"它也许只可以在少数优秀人物的圈子里找得到"。④

---

①[德]席勒:《美育书简》,曹葆华译,见《古典文艺理论译丛》第 5 册,人民文
　学出版社 1963 年版,第 85 页。
②[德]席勒:《美育书简》,曹葆华译,见《古典文艺理论译丛》第 5 册,人民文
　学出版社 1963 年版,第 95 页。
③[德]席勒:《美育书简》,曹葆华译,见《古典文艺理论译丛》第 5 册,人民文
　学出版社 1963 年版,第 95—96 页。
④[德]席勒:《美育书简》,曹葆华译,见《古典文艺理论译丛》第 5 册,人民文
　学出版社 1963 年版,第 96 页。

四、席勒美学的地位、贡献与局限

(一)席勒美学思想的历史地位和主要贡献

第一,席勒在西方美学与文艺理论史上具有独特的地位,他的美学与文艺思想成为由康德的主观唯心主义美学观过渡到黑格尔的客观唯心主义美学观的中介。席勒是在康德哲学和美学思想的影响下从事美学研究的,他的美学观无疑受到了康德主观唯心主义的影响。但他又不满于康德的主观唯心主义,感到康德并没有真正地将感性派与理性派的对立统一起来,从而试图从客观的意义上将两者统一。由此,他提出了"活的形象""审美的外观"的概念,打破了康德将美的形象的根源归结为主观先验原理的臆断,承认了"形象"本身的客观性质。这就将感性与理性的对立在艺术与审美中客观地统一了起来。正是从这个意义上说,席勒的美学思想来源于康德,但却超越了康德,从而为黑格尔的客观唯心主义美学观奠定了理论的基础。而且,也正由于席勒强调感性与理性在客观意义上的对立统一,并将这一思想贯穿于对创作方法、艺术本质和审美教育的论述中,还初步涉及人的本质对象化的问题。这就说明,席勒的美学思想比康德具有更多的唯物主义的因素。

第二,席勒在西方美学与文艺理论史上的杰出贡献在于对素朴诗与感伤诗的论述,从而首次从理论的意义上阐明了现实主义与浪漫主义创作方法的基本特点。具有现实主义与浪漫主义特征的文学现象尽管自古就有,但从理论的意义上对它们进行研究却是近代的事情,而席勒就是全面地从理论上进行这一研究的第一人。他在著名的《论素朴的诗与感伤的诗》一文中，从诗人处理艺术与现实关系所遵循的不同原则的角度将文学分成了"素朴的诗"和"感伤的诗"两类。前者是现实主义创作方法，后者为浪漫主义创作方法。更为可贵的是，席勒认为，理想的诗应是素朴诗与感伤诗的结合。这些论述是从理论的高度对当时欧洲文学的深刻总结，开了创作方法研究的先河，并推动了现实主义与浪漫主义两种文学潮流的自觉形成和不断发展。

第三，从研究方法来说，席勒不是孤立地研究文艺，而是将文艺放在社会和人的发展中进行研究。首先，他是为着改造现实社会来研究文艺的，将文艺看作改造现实社会唯一重要的手段，而文艺对于人性的完善也起着协调的中介作用。在创作方法问题上，他将一定的创作方法的产生同一定的时代社会紧密相连，认为"素朴的诗"产生于和谐统一的古代，"感伤的诗"产生于动荡分裂的近代，而两者结合的"理想的诗"则只能期待于未来的自由时代。在这个问题上，他初步地运用了历史与逻辑相统一的方法，既将一定创作方法的产生置于一定的历史背景之上，又较科学地总结了现实主义与浪漫主义的创作原则。而从基本的方面来说，他所作的历史的研究还是服务于逻辑的研究。所谓"素朴的诗"与"感伤的诗"并不主要作为历史形态的文学流派出现，而主要是作为现实主义与浪漫主义两种根本不同的创作方法。

第四，在康德论述艺术美的基础上，进一步阐发了"游戏说"，揭示了艺术所固有的"心理自由"的内在规律。席勒继承并发展了康德关于艺术本质的"游戏说"，并以"过剩"的新的含义给予补充。他在康德论述的基础上，正确地阐明了艺术的创作和欣赏在本质上是一种内在的心理自由，即想象力在自由地驰骋中对美的自由的形式的创造,而且带有一种发自内心的审美愉悦。这种内在的心理自由完全是由文艺家和欣赏者在艺术活动中处于自由的境地而形成的,这种自由的境地即是一种不受任何束缚的"过剩"的状态,既不受感性束缚,处于物质的过剩;又不受理性束缚,处于精神的过剩。这样,在艺术活动中主体才能摆脱同对象的利害关系而处于内在心理自由的状态,并创造出自由的美的艺术品。不仅如此,席勒还进一步将"自由"的概念运用到艺术与时代的关系之上。他谴责了近代资本主义社会的社会分裂导致人性分裂,并进而引起艺术的内在和谐的破坏,并由此认为自由的艺术应产生于自由的时代,从而期望一个新的自由的理想时代的到来。这正是席勒作为资产阶级思想家进步性的表现,并且的确在一定程度上揭示了艺术发展的客观规律。

第五,在西方美学史和文艺理论史上首次提出了"美育"的概念,并进行了较系统的阐述。艺术教育尽管自古就有,但"美育"这个概念却是席勒首次提出来的。他的著名的《美育书简》既是第一部资产阶级在"美育"方面的理论论著,也是人类文化史上第一部明确、系统地论述美育的论著。席勒在这部著作中阐述了美育的任务、性质和作用,特别是着重论述了美育的情感教育的独特领域及由此形成的在人的心理上从感性过渡到理性的中介作用。这些理论观点对于我们形成社会主义的"美育"(或"艺术教育")理论具有历史的借鉴作用。

(二)席勒美学思想的局限性

第一,席勒的美学思想从政治上看具有明显的资产阶级改良主义色彩,而且会产生引导人们逃避现实的消极作用。他虽不满于当时的资本主义社会,并企图加以改造、疗救,但为社会所开的

却是一剂改良主义的药方。席勒主张放弃政治革命的途径而假
道于审美的文艺的途径，并希图借此建立一个理想的审美的王
国。这纯粹是一条逃避现实的改良主义道路，而所谓"审美的王
国"也不过是一种乌托邦式的社会理想。正如恩格斯所说，席勒
"逃向康德的理想来摆脱鄙俗气"，"归根到底不过是以夸张的庸
俗气来代替平凡的鄙俗气"。① 这就集中地反映了德国资产阶级
在政治上的妥协性。

　　第二，席勒的美学思想在理论上仍未能真正地摆脱康德主观
先验主义的束缚。他从对人性的先验而抽象的分析入手，认为人
性的分裂形成了相互对立的感性冲动与理性冲动，而要将两者统
一必须借助于艺术的游戏冲动，以此形成完美的人性。这是一种
较典型的抽象人性论观点，同马克思主义的历史唯物主义是根本
对立的。

　　第三，席勒的"游戏说"虽在一定程度上揭示了艺术的内在自
由的本质，但却从总的方面脱离了社会实践，并片面地将艺术归
结为一种主观的心理活动。这就使对艺术起源和本质的理解有
着重大的理论缺陷。在他的"游戏说"的基础上，经英国哲学家斯
宾塞进一步发挥而形成的"席勒—斯宾塞说"，以及朗格和谷鲁斯
的审美幻象说和内摹仿说，更着重地把艺术活动同人的本能相联
系，包含着某种本能发泄的含义。这就堕入了"生物社会学"的泥
坑，在一定程度上歪曲了艺术的本质。

　　第四，席勒的美学与文艺思想缺乏理论本身所应有的科学性
和内在的逻辑性。具体表现为在论述素朴诗与感伤诗时尚未能

————————

①杨柄编：《马克思恩格斯论文艺和美学》，文化艺术出版社 1982 年版，第
　235 页。

在严格的科学意义上将创作方法和艺术发展的历史形态加以区别,以致造成后人理解上的歧义;在对美育的本质和"游戏说"的特征的论述中,也有语焉不详的弊病,甚至在许多概念的表述上也都不够严密清晰。

第十一章　黑格尔的美学思想

黑格尔，人类历史上最伟大的理论家之一，德国古典美学的集大成者。他的美学思想是马克思主义之前美学研究的最高成就。其最重要的特点是把辩证法全面地运用于美学研究之中，使康德美学中没有真正得到统一的感性与理性两个方面，通过广泛的联系和深刻的矛盾冲突得到了唯心主义的统一。这就为揭示美与艺术的本质跨出了关键的一步。而且，由于黑格尔的美学思想处处闪耀着辩证法的光辉，具有巨大的逻辑力量，因而在逻辑性、系统性和科学性上也超过了以往任何美学家。正因为如此，马克思主义美学与黑格尔美学在许多方面都有着更直接的渊源关系。可以说，马克思主义美学在一定程度上就是对黑格尔美学进行唯物主义根本改造的成果。因此，要研究马克思主义美学首先必须研究黑格尔美学，舍此别无他途。

一、生平与哲学思想

（一）生平

黑格尔（1770—1831），生于德国南部乌腾堡省斯图加特城的一个官僚家庭。父亲是当时乌腾堡公国财政部门的高级官员。

从 1788 年到 1793 年,黑格尔在图宾根神学院学神学。这时正值法国资产阶级革命高涨的年代,他对法国革命有着较大的热情,曾同谢林、荷尔德林等人一道到郊外种了一棵自由树,在他和谢林组织的政治学会中,他也是最爱谈论资产阶级的自由和博爱的一个成员。1793 年,他毕业于图宾根神学院,在贵族与资产阶级家庭中当了 6 年家庭教师。从这时开始,他就逐渐对法国革命中无产阶级和劳动群众的革命行动感到畏惧与憎恨。1800 年冬,由于谢林的帮助,黑格尔到耶拿大学当讲师,和谢林共事,颇受谢林影响。同时,黑格尔也同歌德交往,歌德的思想也对黑格尔有影响。1805 年,黑格尔升任副教授。1806 年,完成了他的第一部名著《精神现象学》。此书建立了黑格尔哲学的基本轮廓和基本概念。1807 年,黑格尔移居班堡,做了一年报纸编辑工作。1808 年到 1816 年,黑格尔在纽伦堡担任中学校长。1812 年至 1816 年,写了《逻辑学》(俗称"大逻辑")。1816 年到 1817 年,黑格尔到海德堡大学当教授。这时,他明确地主张世袭的君主制。1817 年,出版了《哲学全书》,分为逻辑学(俗称"小逻辑")、自然哲学和精神哲学三部分,全面而系统地表述了黑格尔的哲学体系。1818 年,黑格尔被普鲁士政府聘为柏林大学哲学教授。当时,反动势力在欧洲嚣张一时,知识分子和青年学生思想动荡。普鲁士政府聘请黑格尔到柏林大学任教,就是想利用黑格尔的哲学思想阻挡知识分子和青年学生中的激进倾向。在这里,黑格尔得到普鲁士政府的许多优待,形成了自己的学派。1821 年,黑格尔出版了《法哲学原理》。这是他晚年在柏林任教 13 年期间正式出版的唯一的一部较大的著作。此书表明,他的政治观点在这个时期已经发展到了他一生中最保守的地步。这部书的出版标志着黑格尔已经成了普鲁士王国政府的官方哲学家。1830 年,黑格尔担任柏林大学校长。1831 年,黑格尔因霍乱病逝世。

黑格尔死后,由他的门徒整理出版的著作有:《哲学史讲演录》《历史哲学》《美学讲演录》。1817 年和 1819 年,黑格尔曾两次在海德堡大学讲过美学。1820 年到 1829 年,他又在柏林大学四次讲过美学。《美学讲演录》就是根据这几次的听课笔记和一部分讲稿,在他死后由其门徒整理出版的。当然,他的美学观点并不局限于《美学讲演录》一书,在《精神现象学》和《哲学全书》中也都涉及美学问题。

黑格尔同康德一样,都是 18 世纪末到 19 世纪初德国资产阶级的理论代表。但康德的思想体系形成于法国革命之前,而黑格尔的思想体系则形成于法国资产阶级革命之后。因此,同康德相比,黑格尔思想中的革命性就更少一些,而保守性更多一些。因为,黑格尔的思想反映了德国资产阶级在看到法国革命中无产阶级和劳动群众发动之后对劳动人民和仇恨和向反动的普鲁士政府的屈膝献媚。正如恩格斯所说,虽然在他的著作中相当频繁地爆发出革命的怒火,但是总的说来似乎更倾向于保守的方面。黑格尔为普鲁士国家和贵族统治阶级辩护。他认为,普鲁士国家是历史发展的"顶峰",是"地上的神物",应该永世长存。他说,贵族是社会的第一等级,在管理国家方面起主要作用。他诬蔑人民群众,"只是一群无定型的东西","他的行动完全是自发的、无理性的、野蛮的、恐怖的"。总之,在政治观点上,黑格尔是保守的,甚至是反动的。黑格尔的名言:"凡是合理的都是现实的,凡是现实的都是合理的",就较为明确地反映了他的这种趋向于保守的政治观点。诚然,这句话中包含着必然性终将成为现实性的辩证思想,但黑格尔提出这一原理的意图却旨在为腐朽的德国现实作辩护,借此把德国的现实说成是合理的,人们对这种现实只可改良不可革命。

(二)哲学思想

黑格尔在他的《美学》第一卷中,开宗明义地将他的美学叫做"艺术哲学",并宣称美学是哲学的一个部门。这就说明,黑格尔是从哲学的角度来研究美学的。他研究美学的一个重要目的就是为了完成自己的哲学体系。因此,要掌握黑格尔的美学思想首先要掌握他的美学思想的哲学根据。当然,黑格尔美学研究中的哲学思想是极其丰富的,并贯穿于整个的理论体系。这里,我们只能介绍他的美学研究中几个最基本的哲学根据。

黑格尔是一个客观唯心主义的理念论者。他认为,世界上一切的物质现象、精神现象都是绝对理念发展的不同阶段,美就是其中的一个阶段。他认为,绝对理念是世界的本原,是一种外在于人的主观理念的客观的理念。整个世界都是绝对理念自我发展、自我认识的结果。任何事物或现象都是绝对理念在其一定发展阶段的表现,美就是绝对理念在艺术阶段的表现。

在黑格尔看来,绝对理念的自发展经历了逻辑、自然、精神三大阶段。在逻辑阶段,绝对理念处于纯概念的发展。到自然阶段,绝对理念就异化为外在的自然物,诸如,无机物、有机物、植物、动物等等。到精神阶段,绝对理念重又回到精神、意识、思维的状态。在这个阶段,绝对理念又经历了主观精神(个人意识)、客观精神(社会意识)和绝对精神三个阶段。而在绝对精神阶段又分艺术、宗教、哲学三个具体阶段。

由上述可知,黑格尔美学思想的出发点不是客观的物质现象与美学现象,而是绝对理念。他的美学研究的主要目的也是为了完成其哲学体系。美在黑格尔包罗万象的哲学体系中只是其无数阶段的一个阶段,无数链条的一个链条。从其哲学体系看,美只是其绝对精神阶段的一个环节，属于精神、意识的范围，因而只有艺术才是美的，自然界根本不可能有美。

上面，我们简述了黑格尔美学研究的哲学前提，说明了他的美学研究的客观唯心主义的哲学基础，以及美学在其整个哲学体系中的地位。但这只是黑格尔美学研究的主要哲学根据之一，还有另外一方面的哲学根据。那就是前已谈到的，他的美学思想的根本特点是把辩证法全面地运用于美学研究。这是黑格尔美学思想最重要的特色，也是其最主要的成就。为了便于领会黑格尔的构造庞大而严密的美学体系，我们首先必须掌握黑格尔把美看作辩证发展的过程的思想。

首先，他认为，艺术美的发展动力不在外部，而在其自身感性与理性的对立统一。黑格尔认为，任何事物都不是静止的，而是发展的；事物发展的动力不在外部，而在事物自身内部的矛盾性，即"自身分裂""对立面的统一"。正是通过这样的内部的矛盾性，才使事物运动、发展和转化。同样，他认为，艺术美也不是静止的而是发展的，其动力即在于内部感性与理性的矛盾。因而，艺术美的发展过程，即是不断地克服感性与理性的矛盾，使其得到统一的过程。这是黑格尔美学思想的出发点，也是其美学思想的精髓。由这种对立统一的矛盾观出发，就使其美学思想同形而上学的静止论和孤立论划清了界限。这就使其美学思想中的感性不仅是感性，可以同时是理性；形象不仅是形象，可以同时是思维；有限不仅是有限，可以同时是无限。

其次，艺术美发展的途径是正、反、合的辩证的三段式。黑格尔认为，任何事物辩证发展的途径都是由自身肯定的正，到对立面矛盾斗争的反，再到对立面统一的合，这样的正、反、合辩证发展的三段式。这也就是肯定、否定、否定之否定的三段式。黑格尔的美学体系就是按照这样的三段式构造而成。作为美，则是经历了概念、自然美、艺术美的三段式。艺术美则经历了艺术美的概念、艺术形象、艺术家的三段式。艺术形象又经历了一般世界情况、动作、性格的三段式。以上，也就是黑格尔论美的纲要。

最后，艺术美的发展过程在内容上是由抽象到具体的逐步深化。黑格尔这里所说的具体与抽象的概念不是通常意义上的物质与意识，而是指属于意识范畴的概念的规定性不断深化的过程。黑格尔认为，任何概念的发展都经历了由简单到复杂、抽象到具体的过程。因为，任何概念都包含着肯定、否定两个方面，否定克服肯定，进入否定阶段，否定阶段则是对原有概念的既克服又保留。只有通过否定，旧的概念才能转化为新的概念。在这新的概念中则包含了前一概念的合理内涵。这样，通过否定阶段，概念才能不断地由浅入深，由抽象到具体地发展。由此说明，概念发展的由抽象到具体的关键在于否定阶段。黑格尔认为，艺术美的发展也是这样的经由否定而达到从抽象到具体的过程。其中，关键的环节就是动作（冲突），只有通过动作，性格的内涵才能丰富，才有立体感、层次感，才能成为真正理想（美）的性格。因此，黑格尔的美学思想是十分重视动作的，认为动作就是艺术美发展的否定阶段，是感性与理性统一的关键性环节。我们学习黑格尔的美学思想，要首先抓住他的矛盾冲突说，这样才算抓住了他的美学思想的核心内容，才能理解其美学思想的真谛。

二、美学研究方法

作为一个空前的大理论家，黑格尔是十分重视研究的方法的。他的成功的奥秘也就在于，他掌握并运用了辩证发展的方法。在美学的研究中,他也是十分重视方法的。他的《美学》的《序论》,主要讲的就是方法问题。他在总结前人研究方法的基础上,明确地提出了"经验观点和理念观点的统一"的辩证的方法。

美学(Aerthetica),这个名称尽管直到 1750 年才由德国美学家鲍姆嘉通首次提出并运用,但对美学的研究却古已有之。从古以来,在美学的研究上,黑格尔认为,无非有三种方法,他均给予了认真而深刻的总结。

第一种是所谓从经验出发的方法。这种方法主张从感性的经验开始,以此为出发点来进行美学的研究。这种方法最早的代表人物是古希腊的亚里士多德,他提出了著名的"摹仿说",在美学史上影响很大。但黑格尔却对其进行了否定,他认为,"摹仿说"有以下四点弊病:第一,这是一种多余的费力。因为,摹仿要求艺术同现实生活一样,但每个人都亲眼目睹过现实生活,所以摹仿就成为不必要。而且,生活是无比丰富多样的,艺术永远不能同生活相比,同生活竞争。如果要同现实生活竞争,就犹如一只小虫爬着去追大象。第二,从摹仿所产生的乐趣来看,因为摹仿是纯然对现实的仿制,所以乐趣有限。只有经过自己创造的事物,才会让人有更大的乐趣。第三,从摹仿所造成的结果看,必然导致否定对象的美。因为它重在摹仿得是否正确,而不重视对象的美。第四,"摹仿说"不是对于每种艺术类型都适用,因而具有极大的片面性。因为,图画和雕刻着重于再现,可以说是对现实的摹仿,但建筑和诗却重在感情的表现,就不能完全说是摹仿。总之,黑格尔认为,"摹仿说"只注重客观感性因素而不注意主观理性因素,因而是不全面的。他认为,尽管自然现实的外在形态是艺术的一个基本因素,但决不能忽视主观理性的因素,不能把"逼肖自然"作为艺术的标准,也不能把对于外在现象的单纯摹仿作为艺术创作的目的。

黑格尔认为，这种主张从经验出发进行美学研究的人，在创作上必然主张艺术是天才与灵感的产物，将艺术创作归结到非自觉性，而完全否定艺术创作的自觉性。这种看法是片面的。因为艺术创作和艺术才能中尽管包含有自然的因素，但还同时包含着理性的因素，需要思考、创作的技巧和探索内心世界所必需的学习。

第二种是从理念出发的方法。这就是从逻辑或概念的分析出发，着重于理性、普遍性的方面，忽视个别、感性的因素。第一个系统地持有这种看法的就是古希腊的柏拉图。他主张从美的理念及美本身出发来进行研究。黑格尔认为，这种方法太抽象空洞，一方面不能具体地解决美究竟是什么的基本理论问题，同时也不能适应资本主义时代的人们对美的丰富的哲学要求。

第三种是德国古典美学的方法。黑格尔认为，以康德为开端的德国古典美学打破了美学史上或从经验出发、或从理念出发的老传统，而开创了经验与理念统一的崭新的辩证的研究方法。康德提出了"无目的的合目的性"的命题，首次将感性与理性在美学研究中统一了起来。黑格尔认为，这已经很接近辩证的方法，但康德的问题在于只看到这种统一存在于主观世界之中，而否定其客观性，这是不全面的。席勒的大功劳就在于克服了感性与理性统一的主观性与抽象性，敢于设法超越这些界限，把统一与和解作为真实来了解，并且在艺术上实现这种统一与和解。黑格尔表示，他要在上述理论的基础上，去探求"对必然与自由、特殊与普遍、感性与理性等对立面的真正统一，得到更高的了解"①。

---

① [德]黑格尔：《美学》第 1 卷，朱光潜译，商务印书馆 1981 年版，第 76 页。

　　黑格尔探求的结果,就是认为应当继承和发展这一"经验观点与理念观点的统一"的方法。他认为,这是一种辩证的科学的方法,是对艺术创作活动中感性与理性直接统一的特点的深刻概括。

　　首先,从人类通过"实践"自我认识的本性来看,艺术创作是感性与理性的直接统一。黑格尔作为资产阶级的人文主义者,认为既然艺术创作和艺术描写的中心都是人,那么艺术创作中感性与理性统一就完全由人的本性决定。他认为,人既同动物一样是自在的,又不同于动物是自为的。所谓"自为",就是指自觉性,人能够意识到自己的愿望、意志。这种自我认识的方式有两种。一种是通过认识活动,再一种就是通过实践活动达到对自己的认识。他说:"有生命的个体一方面固然离开身外实在界而独立,另一方面却把外在世界变成为他自己而存在的:它达到这个目的,一部分是通过认识,即通过视觉等等,一部分是通过实践,使外在事物服从自己,利用它们,吸收它们来营养自己,因此经常地在它的另一体里再现自己。"①这就是说,人通过实践在外在事物上面刻下自己的烙印,消除同外在事物的隔阂,"人把他的环境人化了"②,这样,就可以在外在事物之上来欣赏自己。为此,他举了著名的小孩投石河中自我欣赏圆圈的例子。这就说明,人在实践中一方面把外在世界化成自己的思想,另一方面又把自己的思想实现于外在世界,于是为自己,也为旁人造成了观照和认识的对象,并借以满足心灵自由认识的需要。因此,艺术品作为创作实践的产物就不仅是自然的、感性的、现象的,而且也是人化的、理

①[德]黑格尔:《美学》第 1 卷,朱光潜译,商务印书馆 1981 年版,第 159 页。
②[德]黑格尔:《美学》第 1 卷,朱光潜译,商务印书馆 1981 年版,第 326 页。

性的。总之,是感性与理性的统一。

其次,从艺术创作中人与对象的关系来看,也要求感性与理性的统一。在艺术创作中,人与对象不是纯粹感性的欲望的关系。因为,在这种感性的欲望关系中,人以感性的个别事物的身份,对待也是感性的个别事物的外在对象,利用它们、吃掉它们、牺牲它们来满足自己。这时,欲望所需要的不仅是对象的外形,而且还有具体存在。因此,欲望的冲动就是要消灭外在事物的自由,而主体由于被欲望束缚,所以也不自由。而在创作中,人同对象的关系不是这种欲望的关系,人让对象在艺术作品中自由地存在,它尽管是感性的,但只有感性的形式,但没有感性的具体实在,是没有自然生命的。同时,人在创作中对于对象也只是静观,是没有感性的欲望冲动的,因此也是自由的。同时,在艺术创作中,人与对象也不是科学的理智的关系。因为,在艺术活动中,人对对象的个体性感兴趣,不像科学活动那样将个别转化为普遍的思想和概念。总之,在艺术创作中,人与对象的关系既不是感性的欲望关系,又不是科学的理智关系,而是感性与理性的统一。

最后,从艺术家的创作活动来看,也是感性与理性的统一。黑格尔认为,艺术创作活动必须包含心灵的因素,但同时又具有感性和直接性。由于包含心灵的理性的因素,因此不是无意识的机械工作。也由于具有感性和直接性,因此不是抽象的思想。总之,"在艺术创造里,心灵的方面和感性的方面必须统一起来"。[①]他认为,决不能把这种统一拆散为两种分立的活动。为此,他举例说,在诗的创作中,人们可把所要表现的材料先按散文的方式想好,然后在这上面附加上一些意象和韵脚,结果这些意象就像

---

① [德]黑格尔:《美学》第1卷,朱光潜译,商务印书馆1981年版,第49页。

是挂在抽象思想上的一些装饰品。

以上是从总的方面谈了艺术家创作的理性与感性统一的特点。具体地说,艺术创作活动就是艺术想象活动。但艺术的想象不是一般的想象,一般的想象只是对个别事物的追忆,而不能把事物的普遍性显示出来。艺术想象是创造的想象,"它用图画般的明确的感性表象去了解和创造观念和形象,显示出人类的最深刻最普遍的旨趣"。① 因此,艺术的想象也是感性与理性的统一。

三、美　论

（一）关于美的定义

黑格尔认为:"美因此可以下这样的定义:美就是理念的感性显现。"②这一关于"美就是理念的感性显现"的定义就是黑格尔的辩证的美学观的出发点。这个定义看似简单,其实含有丰富的哲学内容。

首先,这里所说的理念不同于历史上柏拉图的空洞抽象的理念。柏拉图尽管也主张"美即理念",但他的理念是超验的、静止的,在九天之上的神的境界放着光芒。黑格尔的美的理念也不同于当时《意大利研究》一书的作者吕莫尔所说的"抽象的无个性的理想"。黑格尔的美的理念是具体的、发展的。所谓具体,就是说在他的理论中,理念既作为世界的本原,又渗透于具体事物之中,

①［德］黑格尔:《美学》第 1 卷,朱光潜译,商务印书馆 1981 年版,第 50—51 页。
②［德］黑格尔:《美学》第 1 卷,朱光潜译,商务印书馆 1981 年版,第 142 页。

并在不同的事物中有不同的内涵。因为,黑格尔认为,理念就是
"概念与实在的统一",而不同的事物中则有不同的统一。所谓发
展,即指他的理念处于由抽象到具体的自发展、自认识之中,因而
有不同的阶段。美的理念即属于艺术阶段的理念。他说,因为
"艺术美既不是逻辑的理念,即自发展为思维的单纯因素的那种
绝对观念,也不是自然的理念,而是属于心灵领域的",同宗教、哲
学属于同一领域的不同阶段①。这时的理念既符合理念的本质,
又表现为具体形象,黑格尔把它叫做"理想"(Ideal)。这里所谓
"理想",类似于典型,但比典型的含义更宽泛,包括了整个的艺术
美。由此可知,黑格尔的"美即理念"是具体地指感性显现阶段的
理念。

　　所谓"显现",从字面上讲同"存在"是对立的,带有"现外形"
的意思,是指美的事物只取其外在形象不取其实际存在。例如,
图画中的马,只是马的外形,而不是真正能骑的马。我们再进一
步看其内在的含义。所谓"理念的感性显现"就是理念与感性的
直接统一、互相渗透、融为整体。他说:"艺术的内容就是理念,
艺术的形式就是诉诸感官的形象。艺术要把这两方面调和成为
一种自由的统一的整体。"②在这里,黑格尔明确地提出了艺术
的"整体说"。这是辩证的艺术思想的集中表现,贯穿于整个美
学体系,具有重要的理论价值。理念与感性直接统一为整体的
具体含义,即是感性的理性化与理性的感性化的统一。所谓理
性的感性化,就是理性完全通过感性的形式表现,而不通过概念

————————

① [德]黑格尔:《美学》第 1 卷,朱光潜译,商务印书馆 1981 年版,第 120—
121 页。

② [德]黑格尔:《美学》第 1 卷,朱光潜译,商务印书馆 1981 年版,第 87 页。

的形式。这就将艺术与哲学划清了界限。所谓感性的理性化，则是指感性只作为理念的外形，成为观念性的因素，而完全丢掉其实际存在，并进而丢掉一切外在于理性的感性因素，使感性形象的每一部分都成为理念的显现。为此，他借用俗话所说的"眼睛是灵魂的窗户"，认为"艺术也可以说是要把每一个形象的看得见的外表上的每一点都化成眼睛或灵魂的住所，使它把心灵显现出来"。① 他又借用希腊神话中天后指使百眼的阿古斯监视变成白牛的伊娥的传说，要求"艺术把它的每一个形象都化成千眼的阿古斯，通过这千眼，内在的灵魂和心灵性在形象的每一点上都可以看得出"②。这就将艺术同自然划清了界限。

　　黑格尔提出的"美是理念的感性显现"的定义，具有极大的意义，它深刻地揭示了美与艺术的本质。黑格尔曾说过这样一段著名的话："当真在它的这种外在存在中是直接呈现于意识，而且它的概念是直接和它的外在现象处于统一体时，理念就不仅是真的，而且是美的了。"③这里所谓"真"是指真理，即理念，包括哲学、道德等。黑格尔认为，当理念与外在感性形式"直接"处于统一体时，理念就表现为美。因此，理念与感性的"直接统一"就是美的根本特征，是其区别于哲学和道德之处。这就告诉我们，美或艺术与哲学的内容都是理念，但哲学的形式是思想、概念本身，而美或艺术的形式则是感性的形象。黑格尔认为，这种理念与感性的直接统一就是美或艺术的本质。他说："正是概念在它的客

①［德］黑格尔：《美学》第1卷，朱光潜译，商务印书馆1981年版，第198页。
②［德］黑格尔：《美学》第1卷，朱光潜译，商务印书馆1981年版，第198页。
③［德］黑格尔：《美学》第1卷，朱光潜译，商务印书馆1981年版，第142页。

观存在里与它本身的这种协调一致才形成美的本质。"①

　　同时,这一定义也揭示了美与艺术所具有的无限自由的根本特征。正因为美是理念与感性的直接统一,所以美就有了无限的自由性的特点,这也就是他所说的"理想性"的含义。黑格尔说:"美本身却是无限的、自由的。"②这里所说的"无限",是相对于"有限"而言的,即指在量上艺术美不受外在个别事物的限定和束缚,在有限的形式中包含着无限的内容。个别不仅是个别,而同时又是一般;一不仅是一,而同时是十、百、千、万。而所谓"自由",是相对于"必然"而言的,即指在质上艺术美的自由的理性精神不受外在自然的必然性束缚。在艺术美中,看似感性的自然,而实为人的理性精神。黑格尔认为,理念本身就是无限的自由的,美之所以也有这种无限自由性,原因有二:一是美的感性形式不脱离理念,同理念融为一体,因而能在有限的感性形式中显现出理念的无限性;二是在理念与感性的统一中,理念是主要的、起决定作用的。因此,在美之中,理念不受感性形式的束缚,表现出自己是充分自由的,像在家里一样。这种"无限的自由"的观点是一种辩证的美学思想,是同形而上学的美学思想水火不容的。因为,在形而上学的理论看来,有限只能是有限而不能同时是无限,而无限也只能是无限而不能同时是有限。黑格尔认为,这种形而上学观点有两种:一种是所谓"有限理解力"的观点,即有限感性的感性派观点。它只承认感性客体的自由,而将主体的自由完全建筑在这种客体的自由之上。但实际上,感性客体的具体存在是个别的、有限的、不自由的。这样,主体也不可能自由。这是一种

----

①[德]黑格尔:《美学》第1卷,朱光潜译,商务印书馆1981年版,第143页。
②[德]黑格尔:《美学》第1卷,朱光潜译,商务印书馆1981年版,第143页。

只强调感性、个别而忽视深刻的思想与理性的自然主义倾向。另一种是"有限意志"的观点，即有限理性的理性派的观点。它只承认主体的自由，而将客体的自由建筑在主体的自由之上。但主体的自由受到客体的抗拒，因而也是不自由的。这是一种只强调理性而忽视形象的说教式的倾向。黑格尔认为，美的领域应该带有解放的性质，将主体与对象都从有限与必然的束缚中解放出来，达到无限自由的理想的境界。他认为，这种无限自由性本是理念的最高定性，是人类精神生活所追求的最高目标。在哲学上，是一种对真理的领悟。在艺术上，则是最高的美学理想，表现为情感上的"享受神福"，是一种高尚的精神愉悦。要实现这种无限自由性，在艺术上，与在哲学上是不同的。哲学借助于精神概念，不受形式的阻碍，但艺术却要借助于不自由的感性的形式。这就要克服内在的理性自由与外在的感性必然之间的矛盾，只有以内在的自由克服了外在的不自由，才能实现艺术的自由。这是艺术美的创造中所面临的主要课题。

既然美的本质是理性与感性的直接统一，那么怎样才能做到这一点呢？黑格尔认为，首先应该将人的生命作为艺术美的表现内容。他感到，既然艺术美要求理性或灵魂显现于感性形式的每一点上，那就不是一切事物都能做到这一点的。在无机的矿物、有机的植物以及动物之中，理性或灵魂都被物质束缚，因而是有限的。只有受到生气灌注的人的生命才是自为的、自由的，因而才充分地显现了理性。人应成为艺术表现的唯一内容和真正中心。再就是，艺术创作中应该对一切不符合理念的感性现象进行"清洗"。因为艺术美是一种感性形式的理性化，是显现为整体的，那就要求对感性形式中被偶然性与外在性玷污的方面进行"清洗"。所谓"清洗"，就是将上述偶然性与外在性的因素"一齐

抛开"。这种"清洗"又叫"艺术的谄媚",好像画家对被画者的"谄
媚"。具体要求就是,在艺术创作中抛开与理念无关的外在细节,
特别是自然方面的,如外形、面貌、斑点等方面的细节,同时将足
以见出理念的真正的特征表现出来。由此可见,黑格尔这里所说
的"清洗"或"艺术的谄媚"就是艺术的提炼和典型化的过程。在
艺术创作中所要遵循的另一个原则就是应停留在理性与感性"中
途一个点上"①。这"一个点"是纯然外在的因素与纯然内在的因
素的互相调和、理性与感性的直接统一。这一观点是非常重要
的,再次从创作的角度深刻地揭示了艺术创作活动不同于认识活
动的特性。尽管它们都是要克服理性与感性的矛盾,但认识却旨
在消灭感性的形式,而成为抽象的概念;艺术创作却仍然保留着
感性的形式,是停留在感性与理性的"中途一个点上"。黑格尔所
说的这"一个点",作为感性与理性的"中介",具有极其丰富的哲
学含义。这个"点"是感性到理性、真到善、自然到自由的"过渡",
同时也就是理想的艺术美。它一身二任、亦此亦彼,既具有理性
的特征,又具有感性的特征。它作为理性与感性高度统一的"交
叉点",既以个别的感性形式出现,又是完全排除了偶然性、充分
地显现了理性的个别,亦即所谓"理想"。诚如黑格尔所说:"理想
就是从一大堆个别偶然的东西之中所拣回来的现实。"②这个作
为艺术理想的感性与理性中途的"一个点",就是艺术创作所努力
追求的目标。黑格尔作为一个辩证法大师,是十分重视文艺家的
主观能动作用的。因此,他把艺术理想归结为文艺家的创造性的
活动。他说:"艺术家必须是创造者,他必须在他的想象里把感受

①[德]黑格尔:《美学》第1卷,朱光潜译,商务印书馆1981年版,第201页。
②[德]黑格尔:《美学》第1卷,朱光潜译,商务印书馆1981年版,第201页。

他的那种意蕴,对适当形式的知识,以及他的深刻的感觉和基本的情感都熔于一炉,从这里塑造他所要塑造的形象。"①在他看来,文艺的创造性活动是凭借艺术想象这一文艺家所特有的创造能力,而达到的目标就是使艺术形象具有一种"最高度的生气"。这种"最高度的生气"就是理性与感性直接统一而形成的无限自由性。它可使形象的每一个部分都显现出理性的力量,从而具有极大的艺术感染力量,"特别使人振奋"。反之,仅具形式美而缺乏生气的面孔却只能是枯燥无味、没有表现力的。由此可知,黑格尔所说的"最高度的生气",同康德论述审美意象时所谈到的"精神""灵魂"的含义是一样的。黑格尔认为,在创作中能够达到这种"最高度的生气",就是"伟大艺术家的标志"②。他特举伦勃朗等人的荷兰风俗画为例,说明文艺家通过自己的创造性活动所达到的这种"最高度的生气"。他说,伦勃朗等人的风俗画取材平凡,无非是以小酒馆、结婚跳舞场面和宴饮等普通生活为描写对象,但却充分表现了"民族进取心"和"凭仗自己的活动而获得一切的快慰和傲慢"③。因而,这些画都表现了一种特有的感人力量。这就说明,在理性与感性的统一中,黑格尔是特别重视理性的。这尽管表现了他的唯心主义哲学立场,但却也表现了资产阶级启蒙运动以理性衡量一切的进步倾向。在黑格尔看来,无论何种平凡的题材,只要被理性的光辉照亮,都能成为理想的美,从而具有"最高度的生气"。

---

① [德]黑格尔:《美学》第1卷,朱光潜译,商务印书馆1981年版,第222页。
② [德]黑格尔:《美学》第1卷,朱光潜译,商务印书馆1981年版,第221页。
③ [德]黑格尔:《美学》第1卷,朱光潜译,商务印书馆1981年版,第217页。

(二)关于自然美

按照黑格尔的上述定义,所谓"美"就是指艺术美。因此,从理论上来说,他是把自然美完全排斥在美的领域之外的。但在实际论述时,他又并未完全否定自然美,甚至在《美学》第一卷中以整个第二章的篇幅来阐述自己关于自然美的观点。

那么,到底什么是自然美呢?黑格尔关于美,已经提出了"美是理念的感性显现"的定义,而关于自然美,他则提出:"我们只有在自然形象的符合概念的客观性相之中见出受到生气灌注的互相依存的关系时,才可以见出自然的美。"[1]很明显,在黑格尔看来,美是理念的感性显现,理念取心灵的形式,而自然美中的理念则是表现于"客观性相",是自然的形式。理念在"客观性相"之中的具体表现则是"见出受到生气灌注的互相依存的关系"。这里所谓"生气"是指体现理念的"生命",而"互相依存的关系"是指理念对各个部分的制约、统帅而形成的互相依存一致的"统一性"。按照这一自然美的定义,他认为,在自然的机械性阶段没有生命,因而无所谓美。而在物理性阶段,由于统一性很弱,因而也谈不上美。只在到了有机性阶段,理念才通过实在而较明显地表现出统一性,因而多少地表现出美。他认为,在动物有机体阶段,才更多地表现出统一性,成为"自然美的顶峰"。[2]

黑格尔认为,自然美是不完满的美,根本的缺陷在于理念被物质的材料束缚。其表现之一,就是理念的内在性,亦即不是每

---

[1] [德]黑格尔:《美学》第 1 卷,朱光潜译,商务印书馆 1981 年版,第 168 页。

[2] [德]黑格尔:《美学》第 1 卷,朱光潜译,商务印书馆 1981 年版,第 170—171 页。

一部分都表现出理念。如动物的羽毛、鳞甲、针刺，人的皮肤皱纹、裂纹、汗毛、毫毛等，都不能表现出理念。再就是，理念被物质束缚表现为个别自然事物对外界环境的依赖性。这就是说，自然物能不能表现出生命力而具有美，往往由外在的环境决定。例如，动物的美就由寒冷、干燥、营养决定，而人的美则受到疾病、穷困、法律影响。物质束缚理念的另一个表现，是个别自然事物本身也有局限性，主要是受到种族、遗传、家庭、职业的影响，常常使面貌、外形的统一性受到歪曲和变态。

既然在自然物中理念为物质束缚，因此本身对美的体现不充分，那么人们为什么还会认为自然物美呢？黑格尔认为，自然物是为审美意识而美，也就是为人而美。他说："有生命的自然事物之所以美，既不是为它本身，也不是由它本身要显现美而创造出来的。自然美只是为其它对象而美，这就是说，为我们，为审美的意识而美。"①这已经涉及"移情"作用的问题了，朱光潜先生认为，黑格尔对此并不重视，没有在这上面再做文章。② 这种说法并不太符合实际。事实上，黑格尔以相当的篇幅论述了这一问题。其原因，我们认为是由于黑格尔无法处理他的理论体系与现实存的矛盾。因为，从黑格尔的体系看，美是理念的感性显现，因而自然领域中不可能有美，但事实上自然领域中却存在美。黑格尔尽管用"不完满的美"给予解释，但仍未解决这种体系与现实的矛盾。于是，他就提出了"移情"的看法给予解释。黑格尔将此称作对概念的"朦胧预感"③。所谓"朦胧预感"，即不是具体的概

---

① [德]黑格尔：《美学》第1卷，朱光潜译，商务印书馆1981年版，第160页。
② 朱光潜：《西方美学史》下卷，人民文学出版社1963年版，第490页。
③ [德]黑格尔：《美学》第1卷，朱光潜译，商务印书馆1981年版，第167页。

念,而是一种不确定的抽象的领悟,抽象地领悟到人的某种观念和情感。黑格尔分三类情形论述了这种"朦胧预感"的现象。

第一类是根据人的生活观点和习惯来判定一个动物的美与丑。例如,活动和敏捷是人们关于生命的一种观点,而懒散则相反。由此,我们对两栖动物、鳄鱼、癞蛤蟆、许多昆虫都不起美感。再如,从习惯上看,过渡种和混种使人惊奇但不美,像鸭嘴兽是鸟与四足兽的混合就是这种情形。

第二类是自然对象的形式美引起人的某种愉快。黑格尔认为,还有一些无生命的自然景物,如山峰的轮廓、蜿蜒的河流、树木、草棚、民房、城市、宫殿、道路、船只、天和海、谷和壑等等,"在这种万象纷呈之中却现出一种愉快的动人和外在的和谐,引人入胜"。① 这就是说,这些自然景物本身是无生命的,但却具有一种整齐、平衡、和谐的形式美,因而使人愉快,引人入胜。黑格尔在第二章自然美中用专门的篇幅探讨了形式美问题。但对形式的整齐、平衡、和谐为什么会引起美,却没有进一步论述。从黑格尔关于"朦胧预感"的理论来看,是否可以这样理解:那就是形式美是事物的一种外在统一,观念才是内在的统一。从无生命的外在统一可使人朦胧地预感到一种内在的统一,从而使人感到愉快、动人。

第三类是自然物对心情的契合。黑格尔认为,某些自然物由于唤醒、感发了人类的某种心情而包含着一种特有的美的意蕴。这种美的意蕴不在自然物本身,而在于它同人类心情的"契合"。这种"契合"就是所谓"移情"。例如,寂静的月夜常常唤起人们乡思的情怀,但月夜本身无乡思之情而是由人的乡思之情的外射

①〔德〕黑格尔:《美学》第1卷,朱光潜译,商务印书馆1981年版,第170页。

因此,李白的《静夜思》"床前明月光,疑是地上霜。举头望明月,低头思故乡",牵动了万千游子之心,被千古传诵。暗夜中的惊雷闪电能唤起人们勇敢搏击恶势力的斗争精神,也在于人的斗争精神的外射。郭沫若同志《屈原》一剧中的《雷电颂》不仅在黑暗如磐的四十年代的重庆给无数爱国志士以鼓舞,就是今天也仍然给人以战胜困难的勇气。至于某些动物,也都因其契合了人的某种感情,由人的勇敢、敏捷、和蔼的感情的外射,而具有某种特殊的美,如虎、猫等。

总之,黑格尔关于自然美的理论在当时是具有进步意义的。因为,黑格尔正处于一个浪漫主义的时代,浪漫主义的特征之一就是崇拜自然,当时落后的消极浪漫主义对自然的崇拜甚至有泛神主义的神秘色彩。黑格尔是反对浪漫主义的,他的美学思想的基本精神是人本主义。他正是从对人及人的精神力量的推崇出发才反对消极浪漫主义绝对化地对自然的推崇,从而相应地轻视了自然美。从理论上来说,黑格尔关于自然美的理论也带有集大成的性质。因为,在美学史上,自然美与艺术美的关系,历来是一个核心问题,也是长期斗争的焦点之一。一部分倾向于唯物主义的美学家持"摹仿说",认为自然美高于艺术美,如亚里士多德、狄德罗等。但有的美学家却认为艺术美高于自然美,美只是主观意识的产物。如康德在《判断力批判》中就根本排斥了客观的自然美的存在。总之,他们都把客观的自然与主观的意识割裂了开来,因而都不免堕入绝对化的歧途。只有黑格尔才第一次将它们统一了起来,提出了自然美是理念在自然的客观性相中的表现的命题,这就为自然美问题的正确解决奠定了基础。当然,黑格尔这个命题本身所归结的自然美的本质还是在于理念。而且,从其体系出发,他最后还是否定了自然美。但他为了解释自然领域中的美学现象,又提出了"朦胧预感"的理论。这个"朦胧预感"的理论,作为审美的确有许多独到的见解,但将对自然的审美代替自然现象本身所具有的客观的美,又暴露出他的唯心主义实质。

(三)艺术美的创造

黑格尔美学思想的主要部分是关于体现艺术美的艺术形象的创造问题。对于艺术形象,他叫做"有定性的现实存在"。一切的现实存在都是有限的,因而是非理想的,但艺术美的根本特征则是无限自由的理想性,因此,艺术形象的创造所要解决的中心问题就是怎样从有限的非理想性达到无限的理想性,从而创造出理想的美和理想的性格。这就是通过艺术创造克服感性与理性的矛盾,达到两者的直接统一、高度融合,从而做到在感性的形式中直接、充分地表现人的理性力量。这一切需要经过由一般世界情况,到动作,再到性格的正、反、合的过程。

第一,一般世界情况。

什么是一般世界情况呢? 按照黑格尔的观点,所谓"一般世界情况",即指特定时代借以体现绝对精神的物质生活情况和文化生活情况的总和,是艺术形象形成的一般背景和各个方面统一的依据。在"一般世界情况"之中,绝对理念还处于混沌的状态,但对艺术形象的创造却是提供了根本的时代前提。黑格尔在此主要论述了艺术与时代的关系问题,回答了什么是理想艺术的理想时代。他首先提出对一般世界情况的总的要求,是应成为有利于塑造独立自主的理想性格的背景。所谓独立自主的理想性格即是具有无限自由性的性格,也是理性力量通过感性形式得到充分显现、直接统一的英雄性格。由此,无限自由的艺术需要无限自由的时代土壤,英雄的性格产生于英雄的时代。黑格尔认为,真正的"英雄时代"只在古代,具体指希腊神话与史诗所反映的时代,即是原始社会后期、奴隶社会前期,大约在公元前 12 世纪至前 8 世纪。他认为,这是理想性格的理想背景。原因是此时法律尚未制定,因而就没有法律约束个人自由,每个人都凭借自己的意志行事,理性与个性都不受任何阻碍,得以直接地统一。黑格尔举出埃斯库罗斯的悲剧《俄瑞斯忒斯的归来》为例说明这一点。剧中描写俄瑞斯忒斯潜回故国替父王阿伽门农复仇,一举杀死谋害亲夫的母后及其奸夫。这一切行为因是发生在"英雄时代",所以,完全不受法律约束,主人公凭自己理解的道德原则行事。这样,其个别的感性行为本身就能直接地体现其理性意志。另外,由于当时社会分工不发达,劳动同个人的需要完全一致,劳动中充满了创造的欢乐,充分地表现了人的意志、理性、智慧和英勇。黑格尔说:"例如阿伽门农的王杖就是他的祖先亲手雕成的传家宝;俄底修斯亲自造成他结婚用的大床;阿喀琉斯的著名的武器虽不是他自己的作品,但也还是经过许多错综复杂的活动,因为那是火神赫斐斯托斯受特提斯的委托造成的。总之,到处都可见出新发明所产生的最初欢乐,占领事物的新鲜感觉和欣赏事物的胜利感觉,一切都是家常的,在一切上面都可以看出他的筋力,他的双手的灵巧,他的心灵的智慧或是英勇的结果。只有这样,满足人生需要的种种手段才不降为仅是一种外在的事物;我们还看到它们的活的创造过程以及人摆在它们上面的活的价值意识。"①正因为这样,黑格尔得出结论说:"从此可以看出,理想的艺术表现为什么在神话时代,一般地说,在较早的过去时代,才找

①[德]黑格尔:《美学》第 1 卷,朱光潜译,商务印书馆 1981 年版,第 332 页。

到它的最好的现实土壤。"①黑格尔的这一结论应该说是有道理的。因为,文艺史证明,理想艺术的产生决定于现实生活中人的本质的实现程度。在他所说的"英雄时代",在人的本质的实现方面至少有这样三大优势:第一,物质生产有所发展,已经逐步摆脱人类早期茹毛饮血的原始状态,并开始使用金属工具,产品有了富余,不致终日为衣食防御奔忙。这就促进了人的自我认识的发展。第二,当时仍实行原始的民主制。这就使人的本质的实现较少遇到障碍。第三,当时尚处原始的集体生产状态,奴隶主剥削的生产关系未占统治地位,因而劳动尚未"异化",这就使劳动本身仍保持着创造性,人们能够在劳动中使自己的本质力量对象化。凡此种种,都使古希腊时期成为人类早期文明的摇篮。马克思据此发展成文艺与社会的发展不平衡的理论。他指出,"关于艺术,大家知道,它的一定的繁盛时期决不是同社会的一般发展成比例的,因而也决不是同仿佛是社会组织的骨骼的物质基础的一般发展成比例的","我们先拿希腊艺术同现代的关系作例子,然后再说莎士比亚同现代的关系。大家知道,希腊神话不只是希腊艺术的武库,而且是它的土壤。成为希腊人的幻想的基础、从而成为希腊(神话)的基础的那种对自然的观点和对社会关系的观点,能够同自动纺机、铁道、机车和电报并存吗? 在罗伯茨公司面前,武尔坎又在哪里? 在避雷针面前,丘必特又在哪里? 在动产信用公司面前,海尔梅斯又在哪里?"②

　　与"英雄时代"相比较,黑格尔认为,资本主义时代是一种不利于艺术发展的"散文气味"的世界情况。所谓"散文气味"的世

①[德]黑格尔:《美学》第1卷,朱光潜译,商务印书馆1981年版,第242页。
②《马克思恩格斯选集》第2卷,人民出版社1972年版,第112—113页。

界情况,即是缺乏艺术性的、不利于艺术形象创造的、导致理性与感性分裂的时代背景。其原因是,在这样的时代,普遍性、理性首先表现为法律,个人必须服从法律,个人的自由是有限的、受到法律束缚的。因此,普遍性、理性就不能直接同感性统一。再就是由于分工精细,每个人只能完成一件事情的某一个方面,这就形成了人们相互之间的依存性,使个人的作用受到局限。因而,人的意志、力量就不能充分地通过感性的行为表现出来。另外,黑格尔认为,在这样的时代,劳动失去了它的创造性和乐趣,变成束缚人的异化的劳动。也就是变成了同人敌对的异己力量。黑格尔全面而深刻地论述了"异化"劳动的内涵,他说:"在这种情况之下,需要与工作以及兴趣与满足之间的宽广的关系已完全发展了,每个人都失去了他的独立自足性而对其他人物发生无数的依存关系。他自己所需要的东西或完全不是他自己工作的产品,或只有极小一部分是他自己工作的产品;还不仅此,他的每种活动并不是活的,不是各人有各人的方式,而是日渐采取按照一般常规的机械方式。在这种工业文化里,人与人互相利用,互相排挤,这就一方面产生最酷毒状态的贫穷,一方面就产生一批富人,不受穷困的威胁,无须为自己的需要而工作,可以致力于比较高级的旨趣。"[1]这就从劳动与需要的关系、劳动中人与人的关系、劳动方式及劳动所产生的结果四个方面深刻地揭示了"异化"劳动的本质。正是根据上述理由,黑格尔断言:"我们现时代的一般情况是不利于艺术的。"[2]由此,我们可以看到,实际上,黑格尔认为,资本主义时代是人的本质的全面"异化"。在他看来,资本主

————————————

[1] [德]黑格尔:《美学》第1卷,朱光潜译,商务印书馆1981年版,第331页。
[2] [德]黑格尔:《美学》第1卷,朱光潜译,商务印书馆1981年版,第14页。

义时代里,人的本质不仅"异化"为强制性的劳动,而且异化为束缚人的本质的法律与社会分工。这是对资本主义社会少有的深刻揭露。当然,他在另一方面又将德国的资产阶级国家机器吹捧为历史的"顶峰"、地上的"神物"。而且,不加分析地反对社会分工和劳动机械化,看不到它们具有进步的一面,也是片面的。但黑格尔对资本主义揭露的深刻性却是毋庸讳言的。而且,他不仅深刻地揭露了资本主义社会残害人的本性的本质,还深刻地揭露了它阻碍文艺发展的本质。因为,在他看来,现实生活中人的本质的异化必然导致艺术表现中人的本质的异化。在此基础上,马克思提出了"资本主义生产就同某些精神生产部门如艺术和诗歌相敌对就是如此"[①]的观点。

总之,黑格尔在此深刻地提出和论述了艺术的繁荣与时代的关系的问题,这是一个有着重要理论价值的问题,是黑格尔在其唯心主义的体系之中对艺术发展规律的可贵猜测。黑格尔还进一步阐明了无限独立自由的新兴资产阶级的美学理想,要求自由的艺术建基于自由的时代。这在当时有进步意义,对我们今天也有启发作用。此外,黑格尔还论述了人物性格与社会背景的关系,肯定对后世典型环境与典型性格的理论有重要影响。他的异化劳动的理论也为马克思所继承、发展。

第二,情境与情致。

理念在一般世界情况之中尽管是和谐、静穆的,但也是混沌的。因此,理念要在艺术的创造中得到发展,要同感性达到直接的统一,就不能停止在一般世界情况的和谐静穆状态,而必须打

---

① 杨柄编:《马克思恩格斯论文艺和美学》,文化艺术出版社 1982 年版,第512 页。

破它、破坏它,走向分裂和矛盾。黑格尔指出:"但是内在的心灵性的东西也只有作为积极的运动和发展才能存在,而发展却离不开片面性和分裂对立。"①他认为,这种艺术创作中理念的分裂和对立就是作为矛盾冲突的动作或情节,这是艺术创作的否定阶段,是理性与感性直接统一的关键的一环。

黑格尔认为,艺术形象的动作或情节不是偶然的,而是有其外因和内因的。其外因就是所谓"情境"。他说:"情境就是更特殊的前提,使本来在普遍世界情况中还未发展的东西得到真正的自我外现和表现。"②这就是说,所谓"情境",是艺术形象的更具体的前提,也就是环境。它是一般世界情况中绝对理念的外现,是使人物成为有具体规定性的艺术形象的重要一环。黑格尔认为,情境有三类:一是"无情境",即是"无定性"的情境,有抽象的外形,但无动作。在这种"无情境"中,绝对理念具体化了,但处于"自禁闭状态",是完全静止的,同外界无关的,直接表现出一种静穆的独立自主性、泰然自若的和谐状态。黑格尔认为,古代庙宇的严肃、肃穆的风格、古代埃及希腊雕刻中无表情的简单人物、基督教造型艺术中的圣母等都属于"无情境"。再一种是所谓"处于平板状态"的情境。在这种情境中,有外在定性(动作),但无冲突,因而,理念不能得到质的纵深发展,而只能得到平面的量的扩大。这就表现不出严肃性、重要性和深刻的意义。黑格尔认为,古希腊早期雕塑中神的坐、站、静观、出浴等简单动作就是属于这种"处于平板状态"的情境。最后是"冲突"。所谓"冲突",就是绝对理念分裂为本质上的差异面,表现为具有外在规定性的形象之

①[德]黑格尔:《美学》第1卷,朱光潜译,商务印书馆1981年版,第227页。
②[德]黑格尔:《美学》第1卷,朱光潜译,商务印书馆1981年版,第254页。

间的矛盾。它在形象的形成中是人物动作的外因和开端。例如,《哈姆雷特》一剧的冲突就是围绕着复仇所展开的哈姆雷特与克劳迪斯之间的矛盾斗争。黑格尔认为,冲突是一种对和谐的破坏和否定,但只有通过这种破坏和否定,"情境才开始见出严肃性和重要性"①,绝对理念才有深化的可能性,才为最后达到更深刻的和谐的美创造了最基本的条件。因此,冲突是理想的情境。

以上所说的"情境",是动作或情节的外因,而其内因则是"情致"。所谓"情致",就是植根于绝对理念的人物内在的动机、思想和情感。例如,前已说到的埃斯库罗斯的悲剧《俄瑞斯忒斯的归来》中俄瑞斯忒斯的为父复仇的内在感情就是属于"情致"的范畴。黑格尔认为,"情致"不仅是人物动作的内因,而且是扣动人们心弦、引起强烈共鸣的艺术效果的重要来源,对于自然环境等外在的因素也具有统帅的作用。关于"情致"的表现,黑格尔认为,应做到内在的情感与外在形象的高度统一,使内在的情感隐藏于外在的形象之中,做到"含锋不露"。他举出歌德和席勒加以比较。他说:"在这方面歌德和席勒两人现出鲜明的对照。在情致方面歌德比不上席勒,他的表现方式比席勒的表现方式比较含锋不露;特别是在抒情诗里歌德是很含蓄的,他的一些短歌,像歌本来应该那样,只让人约略窥见他所想说的,而不加以反复阐明。席勒却不然,他喜欢尽量流露他的情致,用明晰活泼的词句把它揭示出来。"他又借德国作家克劳丢斯对莎士比亚和伏尔泰的评论,形象地指出:"艺术所表现的正是说的和显得像的,而不是在自然现实中确实是的。如果莎士比亚真哭,而伏尔泰却显得像

---

① [德]黑格尔:《美学》第1卷,朱光潜译,商务印书馆1981年版,第261页。

哭,莎士比亚就会是一个比较差的诗人了。"①当然,克劳丢斯对莎士比亚的评价并不公允,黑格尔也是不同意的。他只是借用了克劳丢斯在情致表现方面的观点。也就是说,黑格尔在情致的表现上主张寓思想于形象。所谓"含锋不露",即指将内在的思想情感隐藏于形象之中。而"显得像的",也是指用形象来显现思想情感,"确实是的"倒是借助于语言直接说出某种思想情感。这一切都同黑格尔所一贯主张的理性与感性直接统一的整体说相一致的。由此,我们可以看到,马克思和恩格斯主张"莎士比亚化"和反对"席勒式"的许多观点同黑格尔的上述观点有着渊源的关系。

　　在情境(外因)和情致(内因)的基础上就形成了动作(或情节),是包括动作、反动作和矛盾的解决的一种本身完整的运动。它是由形象之间的冲突而表现出来的精神对立。因其是一种矛盾的否定的环节,这个否定的环节是性格形成的关键阶段。黑格尔认为,人物性格"借一个情境和动作显现出来,在这个情境和动作的演变中,他就揭露出他究竟是什么样的人,而在这以前,人们只是根据他的名字和外表去认识他"②。他还认为,矛盾冲突是动作的核心,矛盾愈尖锐,性格就愈鲜明突出。他说:"环境的互相冲突愈众多、愈艰巨,矛盾的破坏力愈大而心灵仍然坚持自己的性格,也就愈显出主体性格的深厚和坚强。"③同时,也只有在冲突中,通过这种对和谐的破坏,才能最后达到真正的和谐,即理性与感性的直接统一。他认为,索福克勒斯的悲剧《安蒂贡涅》就

────────

①[德]黑格尔:《美学》第1卷,朱光潜译,商务印书馆1981年版,第299—300页。

②[德]黑格尔:《美学》第1卷,朱光潜译,商务印书馆1981年版,第277页。

③[德]黑格尔:《美学》第1卷,朱光潜译,商务印书馆1981年版,第228页。

是这种通过尖锐的冲突而达到和谐美的典范作品。因此,他把这部作品誉为"最优秀最圆满的艺术作品"①,并将其主人公安蒂贡涅称为"最壮丽的形象"。这就说明,在所有的冲突中,黑格尔是最赞赏悲剧冲突的。他在分析动作与反动作的根源时,认为应是两种同样合理的,但却各具片面性的伦理力量。这就一反当时社会上流行的善恶冲突的"恶的悲剧"的理论。他认为,这种以恶作为动作根源的悲剧会破坏艺术本身应有的"和谐"。他甚至不得不因此而对自己十分喜爱的莎士比亚的某些作品,如《李尔王》等颇有微言。那么,既然动作的双方都是"善",又怎样会引起冲突呢?黑格尔认为,其原因在于它们各有片面性。例如,《安蒂贡涅》一剧中安蒂贡涅和国王克瑞翁双方就是如此。安蒂贡涅的两位哥哥因争王位而发生争斗,两人同时战死,其中的波吕涅刻斯因勾结外敌进攻祖国,被国王克瑞翁下令不准任何人收葬。但在古希腊,人死收葬是一种公认的基于天意的伦理道德,安蒂贡涅出于兄妹之情冒死收葬。这样,爱国之情与兄妹之情、国法与家法,都各有其合理性,但又各有其片面性,因而不可避免地发生了冲突。正因为双方都是片面的,因而在实现自己的伦理力量时必然要侵害对方也具有合理性的权利,毁灭另一种伦理力量,所以,从"伦理的意义"来看,双方又都是有罪的。这样,他们各自的不幸都由本身的因素造成,因此受到惩罚就是必然的,是咎由自取。在《安蒂贡涅》一剧的结尾,安蒂贡涅因违犯国法而自尽,克瑞翁则因失去未婚的儿媳而子死妻亡,各自都受到了惩罚。

---

① [德]黑格尔:《美学》第 3 卷下册,朱光潜译,商务印书馆 1981 年版,第313 页。

关于动作的"解决",黑格尔认为,是一种永恒正义胜利的"和解"。这就是说,矛盾的双方通过斗争,克服各自的片面性、不义性,最后达到"永恒正义"的胜利,矛盾得到解决,重新进入理念的和谐统一状态。这种"和解",在内容上是高于矛盾双方的"永恒正义"的胜利。例如,在《安蒂贡涅》一剧的最后,既非家法的胜利,也非国法的胜利,而是克服了它们的片面性的、高于其上的"永恒正义"的胜利。在艺术效果上,不是给人以悲伤、痛苦,而是一种打动高尚心灵的"惊羡"。黑格尔认为,应该划清悲剧与悲惨事件的界限。所谓悲惨事件,只是一种外在的偶然的事件,一般只能引起人们的难过、同情。悲剧事件包含着理性、必然性,所以在效果上就是一种打动高尚心灵的"惊羡"。这是一种由震惊到平静、由悲痛到欣慰、由伤感到振奋的灵魂净化、精神升华的过程。例如,对《安蒂贡涅》一剧中主人公的壮烈的死,我们并不单纯地感到悲伤,而同时产生对这位殉道者的崇敬,感到她虽死犹生,并因而受到教育。动作的"和解"表现在形式上,就是由理性与感性的对立而达到两者的高度的和谐、直接的统一。在《安蒂贡涅》一剧中,我们可以看到,主人公的性格随着矛盾冲突一起朝前发展,冲突的深化亦是性格的深化。最后,冲突"和解"了,性格也最后完成。

黑格尔在关于动作或情节的论述中,辩证法表现得特别充分。他的动作是艺术创作的关键环节、冲突是理想的"情境""情致"应做到含锋不露等观点,都深刻地体现了辩证法的精神。

第三,性格。

在黑格尔的艺术创造的辩证法中,动作是否定阶段,是反,而性格就是肯定阶段,是正,是理念的最后归宿。所谓"性格",就是

"神们变成了人的情致,而在具体的活动状态中的情致就是人物性格"①。这里所说的"神们",即指绝对理念,就是说,绝对理念具体化为人物内在思想感情的情致,而情致在具体的活动状态中作为动作的内因,同作为外因的情境结合引起动作,性格就在动作中展开。这就是我们通常所说的情节是性格的历史。例如,《哈姆雷特》一剧中,主人公哈姆雷特的性格就不是孤立的、静止的、抽象的,而是同复仇的情节紧密相连,并正是在为报父仇而同克劳迪斯的矛盾斗争中逐步深入地展示了自己的性格。性格在艺术创作中具有极重要的地位,它是"理想艺术表现的真正中心"②。也就是说,从艺术形象本身来说,一般世界情况、情境、情致都不是独立的因素,只不过是形象整体的一部分,最后都统一到性格之上,为性格的展开服务。从艺术创作的主要任务来说,目的就是使绝对理念经由从抽象到具体的过程,克服感性与理性的矛盾,创造出具有具体定性的性格。

　性格的基本特征是有生命的整体,也就是理性与感性、共性与个性直接统一、互相渗透为充满生气的有生命的整体。黑格尔认为,在生命整体的基本特征的前提下,性格的具体特征有三:第一,丰富性。就是指性格具有活生生的人的特点,其内在的思想情感不是一个方面,而是多方面的、丰富的。欧洲中世纪以来直到古典主义时期,流行一种"类型说",常常将一种抽象的品质进行人格化的图解,甚至分别化为一个个抽象的骑士,如圣洁骑士、节制骑士、正义骑士等。黑格尔不同意这种"类型化"的方法,将其称为"寓言式的抽象品"而加以斥责。他说:"每一个人都是一

---

①[德]黑格尔:《美学》第1卷,朱光潜译,商务印书馆1981年版,第300页。
②[德]黑格尔:《美学》第1卷,朱光潜译,商务印书馆1981年版,第300页。

个整体,本身就是一个世界,每个人都是一个完满的有生气的人,而不是某种孤立的性格特征的寓言式的抽象品。"①他对于《荷马史诗》中丰富的性格描写倍加赞赏。例如,他认为,希腊大将阿喀琉斯就是这样一种性格丰富的形象。阿喀琉斯具有年轻人的勇敢和力量,热爱自己的母亲,同时也挚爱自己的情人,并满怀着高尚的友谊。黑格尔认为:"这是一个人!高贵的人格的多面性在这个人身上显出了它的全部丰富性。"②第二,明确性。就是在性格的丰富性之中有一个情致作为其主要方面,从而使性格具有确定性。原因是,性格作为一个整体,要求有区别于其他性格的特征,而要做到这一点就要有一个方面作为性格的主导的、统治的方面。这样,又是丰富性,又是明确性,就应做到两者的统一。黑格尔认为,对于这种统一,也应从性格是真有生命的这个根本特点来看,而不能作抽象、孤立、形而上学的理解。例如,对阿喀琉斯这个形象就应如此。一方面,他在战场上十分凶残,杀死特洛亚大将赫克托之后拖其尸绕城三圈。但另一方面,当赫克托之父来到他的营帐时,他的心肠又软了下来,亲切地接待了老人,并让他领回赫克托之尸安葬,充分表现了一种人道的精神。对于上述情形,如果从抽象的形而上学的观点看,凶残与人道是不能统一的。但从辩证的生命的观点来看,两者是可以统一的。因为,人是有生命的、有意识的,他既能承担矛盾,又能忍受矛盾,这里不是一就是一、二就是二,而是有一个"幅度"。例如,阿喀琉斯,作为英雄,他的性格中占统治地位的是其柔软仁慈的理性力量。他在战场上的凶残,是出于为友复仇,而和蔼地接待赫克托之父则

①[德]黑格尔:《美学》第1卷,朱光潜译,商务印书馆1981年版,第303页。
②[德]黑格尔:《美学》第1卷,朱光潜译,商务印书馆1981年版,第303页。

是理性力量的胜利。这种看似矛盾的两极就这样统一于一个有
生命的英雄的身上。这就是所谓的寓一致于不一致。黑格尔在
这里讲了一段极富启发的话:"从此可知,知解力爱用抽象的方式
单把性格的某一方面挑出来,把它标志成为整个人的唯一准绳。
凡是跟这种片面的统治的特征相冲突的,凭知解力来看,就是始
终不一致的。但是就性格本身是整体因而是具有生气的这个道
理来看,这种始终不一致正是始终一致的、正确的。因为人的特
点就在于他不仅担负多方面的矛盾,而且还忍受多方面的矛盾,
在这种矛盾里仍然保持自己的本色,忠实于自己。"①第三,坚定
性。就是要有一个明确的情致贯穿到底,不要动摇。黑格尔认
为,这也是由性格的整体性的根本特征决定的。因为,作为性格
整体来说,必须有一个主要的思想情感贯穿到底,才能始终把不
同的方面统一起来,否则就是一盘散沙,毫无生气。为此,他要求
一个性格中不能有两个根本对立的矛盾方面。他对高乃依的悲
剧《熙德》中主人公罗德利克身上荣誉与爱情的尖锐矛盾就极不
满意,认为违背了性格坚定性的原则。另外,他还反对感伤主义
的性格的软弱性。为此,他不赞赏歌德的名著《少年维特之烦
恼》,认为主人公是一种病态的性格。黑格尔认为,在人物性格的
坚定性方面,莎士比亚倒是一个范例。他的"特点正在于他把人
物性格描绘得果断而坚强,纵然写的是些坏人物,他们单在形式
方面也是伟大而坚定的。哈姆雷特固然没有决断,但是他所犹疑
的不是应该做什么,而是应该怎样去做。"②

----

①[德]黑格尔:《美学》第1卷,朱光潜译,商务印书馆1981年版,第306页。
②[德]黑格尔:《美学》第1卷,朱光潜译,商务印书馆1981年版,第310—
　　311页。

　　黑格尔在关于性格特征论述中,提出了性格是理性与感性直接统一的整体、性格在情节中展开、性格是多样化的统一,以及这种统一是寓不一致于一致等重要的美学思想。这些思想都是其辩证的艺术观的体现,具有重要的理论价值与启示作用。尤其是与现实主义的典型理论具有更直接的渊源关系。马克思主义经典作家关于"莎士比亚化"和典型应"是一个'这个'"的论述就受到上述思想的极大启发。有的同志认为,恩格斯在《致敏·考茨基》的信中所说的"每个人都是典型,但同时又是一定的单个人,正如老黑格尔所说的,是一个'这个'"[1],其中的"这个"的含义就是黑格尔《美学》中论述阿喀琉斯性格丰富性时所说的"这是一个人"。但有的同志不同意,认为"这个"根源于《精神现象学》。我认为不能简单地理解,因为《精神现象学》中的"这个"和《美学》中的"这是一个人"的哲学根源是一致的,因此,恩格斯所说的"这个"的含义应包括上述两者。

(四)艺术家

　　黑格尔认为,在探讨了艺术美的概念及其表现形式之后,作为一种主体的创造活动,还应从主观方面对艺术家的活动进行探讨。在对艺术家的活动的探讨中,中心的问题是艺术家凭借什么能力以及怎样克服理性与感性、主观与客观的矛盾而使两者达到统一。

　　黑格尔首先论述了主体所独具的艺术创造能力,即想象、天才、才能与灵感等等。所谓"想象",黑格尔认为是艺术家最杰出

---

[1] 杨柄编:《马克思恩格斯论文艺和美学》,文化艺术出版社 1982 年版,第796页。

的本领,主体的一种创造性的活动,是一种先天禀赋的能力,所运用的材料是现实世界丰富多彩的图形,主体所使用的是听觉、视觉等感觉器官。他说:"在艺术里不像在哲学里,创造的材料不是思想而是现实的外在形象。"①正因为想象所运用的材料是现实世界丰富多彩的图形,所以想象的基础是现实的生活而不是抽象的理想。黑格尔说,想象"所依靠的是生活的富裕,而不是抽象的普泛观念的富裕",并要求艺术家"必须置身于这种材料里,跟它建立亲切的关系;他应该看得多、听得多,而且记得多"②。这就说明,尽管从总的理论体系来说,黑格尔是客观唯心主义理论家,但在接触到具体的艺术创作问题时,他却不免在思想中闪出唯物主义的火花。这正是黑格尔的可贵之处。

　　他还进一步论述了想象的过程中感性与理性的关系这一艺术创作的核心问题。他认为,想象的根本特点是"理性内容和现实形象互相渗透融会"③。为此,他特别强调艺术想象凭借着具体的、个别的形象"去认识"的特点,而反对将其同哲学的思考混同。他说:"想象的任务只在于把上述内在的理性化为具体的形象和个别现实事物去认识,而不是把它放在普泛命题和观念的形式去认识。"又说:"哲学对于艺术家是不必要的,如果艺术家按照哲学方式去思考,就知识的形式来说,他就是干预到一种正与艺术相对立的事情。"④这就较明确地论证了艺术想象是借助于形

---

①[德]黑格尔:《美学》第1卷,朱光潜译,商务印书馆1981年版,第357—358页。

②[德]黑格尔:《美学》第1卷,朱光潜译,商务印书馆1981年版,第357、358页。

③[德]黑格尔:《美学》第1卷,朱光潜译,商务印书馆1981年版,第359页。

④[德]黑格尔:《美学》第1卷,朱光潜译,商务印书馆1981年版,第359、358—359页。

象来思维,而不同于哲学借助于概念来思维。在艺术想象中所凭借的形象,并不单纯是现实生活中的形象,而既是形象又是思维。这是辩证法在艺术构思中的运用,又是同有限知解力的形而上学根本对立的。因为,在形而上学看来,形象只能是形象,而不可能同时又是思维;但在辩证的观点看来,就是完全可能的、合情合理的。黑格尔的这些论述,已接近于我们现在所说的形象思维的含义。但他决不排斥理性因素在想象中的作用,而是强调想象中必须依靠理性的思维能力来驾驭所要表现的内容。他明确指出,没有深思熟虑就不能揭示对象本质的真实的东西,而"轻浮的想象绝不能产生有价值的作品"①。那么,怎样才能在想象中将理性与感性统一起来呢?黑格尔提出:"只有情感才能使这种图形与内在自我处于主体的统一。"②这里所谓的"情感"就是主体通过对对象的玩味、深刻地被其感动。黑格尔认为,只有被对象感动了,才能把对它的理性认识外射(或外化)为图形(形象)。在这里,黑格尔提出了情感是艺术想象中联结理性与感性的中介的观点,这是十分深刻的。

关于天才与才能,黑格尔认为同想象活动是一致的,是在艺术的想象活动中所表现出来的能力。但"才能"只是将理念转化为形象的"特殊的本领",即艺术技巧,诸如演奏、歌唱、绘画的技巧等。而"天才"却是一种创造性的活动,它能使艺术创造"达到本身的完备"③,即使理性与感性达到完满的直接的统一。在天才与才能形成的问题上,黑格尔一方面承认天才与才能"需要一

①[德]黑格尔:《美学》第1卷,朱光潜译,商务印书馆1981年版,第358页。
②[德]黑格尔:《美学》第1卷,朱光潜译,商务印书馆1981年版,第359页。
③[德]黑格尔:《美学》第1卷,朱光潜译,商务印书馆1981年版,第360页。

种特殊的资质",但也强调后天的学习,认为艺术表现"这种天生本领当然还要经过充分的练习,才能达到高度的熟练"①。

对于"灵感",许多美学家都感到神秘莫测,但黑格尔却提出了自己独到的见解。他说,灵感就是"完全沉浸在主题里,不到把它表现为完满的艺术形象时绝不肯罢休的那种情况"②。这样,在黑格尔看来,灵感就是一种在艺术想象中所表现的强烈的创作欲望和高度集中的精神状态。关于灵感的起源,既不是什么"感官刺激",也不是什么"创作愿望",而是形成于理性内容感性化的过程中,亦即是主题提炼的过程中。这样,在"灵感"的问题上,黑格尔倒是多少排除了神秘的迷雾,接近于揭示其本质。

但是,上述想象、天才、灵感等都只是主体性的能力,它们还须有客观的依据,否则就会成为理性派的脱离客观的主观随意性。当然,黑格尔也反对感性派的纯粹外在的客观性。这种所谓"客观性",完全脱离主体,只强调形式的逼真,而成为琐屑的客观细节的堆砌。黑格尔认为,应该做到主体性与客观性的高度统一。这种统一的结果就是物我一致的独创性。他说:"独创性是和真正的客观性统一的,它把艺术表现里的主体和对象两方面融合在一起,使得这两方面不再互相外在和对立。"③这就是通过创造性的艺术劳动使主体和对象两方面融合,达到物我一致,物中有我,我中有物。关于这个问题,我们可举一个例子加以说明。宋代诗人秦观的《初见嵩山》:"年来鞍马困尘埃,赖有青山豁我

①[德]黑格尔:《美学》第1卷,朱光潜译,商务印书馆1981年版,第361、363页。
②[德]黑格尔:《美学》第1卷,朱光潜译,商务印书馆1981年版,第365页。
③[德]黑格尔:《美学》第1卷,朱光潜译,商务印书馆1981年版,第373页。

怀。日暮北风吹雨去,数峰清瘦出云来。"这日暮北风中出云的清瘦的数峰,既是自然景物,又是怀才不遇、数遭贬斥、穷愁潦倒的作者,物我统一,融为一体。这就是独创性的表现。黑格尔的"独创性"的含义,接近我们现在所说的创作中充分表规了作者个性的"风格"。而他所说的"风格",却只是某种艺术形式特有的规律。黑格尔进一步指出,独创性的根本要求是整一性。他说,艺术创作"要表现出真正的独创性,它就得显现为整一的心灵所创造的整一的亲切的作品"①。这就要求作品内在的内容和外在的形式均要做到和谐统一。当然,最重要的还是要求首先做到内在的统一,因为外在的统一根源于内在的统一。这样的作品才是真正的理性与感性、主观与客观的直接统一,才能达到理想的艺术美的高度。这种内在的整一性的动力,在于艺术家在创作中抓住艺术形象自身内在的矛盾性,通过矛盾冲突的充分展开而使艺术形象达到和谐统一的境界。这就是整一性的内在必然性。他说:"如果作品中情景和动作的推动力不是由自身生发的,而只是从外面拼凑的,它们的协调一致就没有内在的必然性,它们就显得是偶然的,由一种第三因素,即外在于它们的主体性,把它们联系在一起。"②这种"由自身生发的"内在必然性是感性与理性由矛盾对立而达到统一,也即是艺术美创造的客观规律。这就告诉我们,艺术的整一性是艺术家的艺术想象等主体性能力得到符合艺术规律的充分发挥的必然结果,而违反艺术规律就不能达到整一性。他认为,歌德的《葛兹·封·伯利兴根》尽

① [德]黑格尔:《美学》第1卷,朱光潜译,商务印书馆1981年版,第375—376页。
② [德]黑格尔:《美学》第1卷,朱光潜译,商务印书馆1981年版,第376页。

管是一部优秀作品，但其中的许多情节就是违背艺术规律的由外面机械地凑合在一起的，因而是缺乏整一性的。例如，该剧所写修道士马丁·路德对世俗生活的羡慕，就是缺乏内在根据的败笔。黑格尔的这段论述说明，他始终将矛盾冲突作为艺术美的关键环节，要求艺术创造中抓住这一环节，使作品达到独创性的高度。

　　综上所述，黑格尔深刻地论述了艺术家创作活动中的一系列根本问题。他揭示了艺术想象所运用的手段是外在形象，主张艺术想象从生活出发，要求艺术家置身于生活之中，并强调了理性在艺术想象中的驾驭作用。这就涉及了艺术思维的根本特征问题，划清了艺术与哲学的界限，并同时打破了消极浪漫主义与神秘主义的反动文艺思想；在天才问题上，他以承认先天资禀赋为前提，同时也注意到了后天的训练。这同康德仅仅承认先天的自然禀赋相比，是一个明显的进步；关于灵感的来源，他将其归于理性内容感性化的过程，既不在单纯的主体，也不在单纯的客体。这对进一步排除灵感问题上的神秘主义迷雾，揭示其本质具有重要的价值；他还将艺术创作的根本特征归于"独创性"。所谓"独创性"，在他看来就是感性与理性、内容与形式及整个形象总体的高度整一性。这是其无限自由的美学理想的体现，涉及了艺术创作和评论的总要求、总标准的根本问题。当然，黑格尔在艺术家的创作的问题上仍不可能真正摆脱其客观唯心主义的束缚。例如，他过分地强调了想象、天才和灵感中的先天因素，将其作为主要成分；在艺术创作真实性的问题上，不恰当地突出了主体性的作用，而相对地忽略了外在的客观存在；在艺术创作中感性与理性的关系上，将理性抬到决定一切的位置，而仅仅将感性作为理性外射的工具。

四、艺术类型说

（一）艺术类型说的理论根据

黑格尔在《美学》第二卷中提出并集中论述了艺术类型说。该卷的副题是——"理想发展为各种特殊类型的艺术美"。可见，他说的艺术类型，就是美的理想发展的由低到高的不同阶段，具体分为原始的象征型的美、古代的古典型的美、近代的浪漫型的美。这种不同的艺术类型又是不同的"美的世界观"，所以，他说，各种艺术类型的特殊内容"是由艺术精神本身发展出来的对神和人的各种美的世界观，这种世界观自成一种内部经过分别开来的体系"①。

黑格尔提出艺术类型说的理论根据，有以下三点：

第一，"美是理念的感性显现"的总定义决定了对于理想的美即理想（Ideal）的实现必须有一个发展的（显现的）过程。在黑格尔的艺术辩证法看来，美不是静止的、永恒的，而是发展的、变化的，在思维中是如此，在历史上也是如此。从历史上来看，美的发展过程就形成了不同的艺术类型，即所谓象征型、古典型与浪漫型的由低到高的不同阶段。他认为："这三种类型对于理想，即真正的美的概念，始而追求，继而到达，终于超越。"②

第二，黑格尔认为，美的理念的上述历史形态发展的动力不在外部而在内部，即自身的自分化和自发展。他说："所以艺术表

①［德］黑格尔：《美学》第1卷，朱光潜译，商务印书馆1981年版，第3页。
②［德］黑格尔：《美学》第1卷，朱光潜译，商务印书馆1981年版，第103页。

现的普遍性并不是由外因决定,而是由它本身按照它的概念来决定的,因此正是这个概念才自发展或自分化为一个整体中的各种特殊的艺术表现方式。"①就是说美的理念自分化为理性与感性的不同方面,并由其内在的矛盾而促使其发展,形成了不同的艺术类型。

第三,黑格尔认为,美的理念的上述发展其本质是精神对于物质的战胜。艺术愈向前发展,物质的因素逐渐下降,精神的因素逐渐上升。象征型艺术是物质趋向于精神,古典型艺术是物质与精神的平衡吻合,浪漫型艺术是精神超过物质。正是这样,他进一步指出,上述各艺术类型"之所以产生,是由于把理念作为艺术内容来掌握的方式不同,因而理念所借以显现的形象也就有分别。因此,艺术类型不过是内容和形象之间的各种不同的关系,这些关系其实就是从理念本身生发出来的,所以对艺术类型的区分提供了真正的基础"。②

对于这样一个划分不同艺术类型的原则,具体可作以下两个方面的理解:

首先,黑格尔的三种艺术类型反映了理念与形象互相融为一体的不同程度。他说:"象征型艺术在摸索内在意义与外在形象的完满的统一,古典型艺术在把具有实体内容的个性表现为感性观照的对象之中,找到了这种统一,而浪漫型艺术在突出精神性之中又越出了这种统一。"③

其次,决定不同艺术类型特点的不是形式而是内容,即理念

①[德]黑格尔:《美学》第2卷,朱光潜译,商务印书馆1981年版,第3页。
②[德]黑格尔:《美学》第1卷,朱光潜译,商务印书馆1981年版,第95页。
③[德]黑格尔:《美学》第2卷,朱光潜译,商务印书馆1981年版,第6页。

本身。他一贯主张内容决定形式,有什么样的理念内容就有什么样的理念与形式的结合方式。他说:"关于艺术理想在它的发展过程中所产生的特殊类型的研究到这里可告结束了。我比较详尽地讨论了这些类型,目的在于说明这些类型所用的内容,这种内容本身产生了和它相应的表现形式。因为在艺术里像在一切人类工作里一样,起决定作用的总是内容意义。"①绝对理念本身就是发展的,在不同的时代有不同的含义,所以,他认为,艺术的发展包括两方面内容。一是作为艺术内容的绝对理念的演进。这是一种先后相承的各个历史阶段的确定的世界观,主要是"对于自然、人和神的确定的但是无所不包的意识"②。二是作为艺术形式的直接感性存在的演进。这两个演进之间是互相适应的,艺术形式的演进与内容的演进相适应。内容的决定作用还表现在,美的理念在其发展过程中经历了由单薄到清晰、丰富的过程,艺术也相应地表现出象征、古典与浪漫的不同类型。

(二)象征型艺术

黑格尔将艺术的历史发展划分为象征型、古典型与浪漫型的不同阶段。其中,象征型属于原始的艺术美,古典型属于古代的艺术美,浪漫型属于近代的艺术美。他在具体阐述时将重点放在对古典型与浪漫型进行比较,目的在探讨古今不同的历史条件下艺术美的形态及其特点。他以自己特有的逻辑顺序描绘了一幅艺术美发展的历史画卷。

---

①[德]黑格尔:《美学》第2卷,朱光潜译,商务印书馆1981年版,第385页。
②[德]黑格尔:《美学》第1卷,朱光潜译,商务印书馆1981年版,第90—91页。

在这幅画卷中,首先呈现在我们面前的是东方象征型的艺术。它是借助外在自然界的形象对理念的一种模糊而抽象的象征,给人以朦胧之感。因为,此时人类还处于原始的蒙昧阶段,缺乏自觉的意识,理念本身就是朦胧抽象、未受定性的。如印度婆罗门教当中的"梵",就是一种没有任何定性的浑然太一,本身显不出任何具体形象。正是由于理念本身的这种朦胧抽象的性质,使其不能由自身产生出适合的艺术表现形式,而要在自身之外的自然界寻找表现形式。印度的婆罗门教就用牛、猴之类动物作为"梵"的表现形式。有的民族则借用未经加工的非常粗糙的木、石来表现神(理念)。它们也对自然现象进行某种加工,但多是歪曲和夸张,突出其庞大而无规则的特性。所以,他说,象征型艺术"把自然形状和实在现象夸张成为不确定不匀称的东西,在它们里面昏头转向,发酵沸腾,勉强它们,歪曲它们,把它们割裂成为不自然的形状,企图用形象的散漫、庞大和堂皇富丽来把现象提高到理念的地位"①。

可见,原始的象征型艺术都以其物质形式的巨大而著称。如古代埃及人已初步具备灵魂不朽的观念,但却找不到灵魂独立存在的形式,因此就建造一些巨大的结晶体,以其作为国王或神牛、神猫、神鸾之类神物的坟墓的外围,象征某种内在的不朽灵魂。象征型艺术感性形象与理性观念之间是一种间接暗示的关系,"象征一般是直接呈现于感性观照的一种现成的外在事物,对这种外在事物并不直接就它本身来看,而是就它所暗示的一种较广泛较普遍的意义来看"②。它主要表现为形象成为"要表达的那

①[德]黑格尔:《美学》第1卷,朱光潜译,商务印书馆1981年版,第96页。
②[德]黑格尔:《美学》第2卷,朱光潜译,商务印书馆1981年版,第10页。

种思想内容的符号"①。它不像语言那样是形象与理念意义任意结合的符号,而是两者之间有着某种联系与相同之处。如,用狮子象征刚强、狐狸象征狡猾、圆形象征永恒、三角形象征神的三身一体等。但符号与观念意义之间又不完全相同,因象征的形象本身具有多义性,同一内容可用多种形象象征,而同一形象又可象征多种内容。所以,他说:"象征在本质上是双关的或模棱两可的。"②

其次,在象征型艺术中,感性形象与观念意义又表现为一种矛盾斗争的状态,它们形成了不同的阶段。这种不同阶段,黑格尔认为:"并不是不同种类,而只是这同一矛盾的不同阶段和不同方式。"③正是这种内在的不协调性,使象征艺术中观念对客观事物的关系"成为一种消极的关系"④。这就是说,形象对理念的不适应、不协调促使理念离开形象,将自己提升到高出于形象之上,从而使象征艺术在美学特征上形成一种崇高的风格。"理念越出有限事物的形象,就形成崇高的一般性格。"⑤这就是原始民族中用离奇而体积庞大的东西来象征本民族某些抽象的理想所产生的印象是巨量物质压倒心灵而理性又超越物质的原因所在。黑格尔在这里吸收了康德的有关理论,并以客观唯心主义加以改造。他认为,象征型艺术的历史地位,不过是人类初期的低级艺术,实际上是一种史前艺术或真正艺术的准备阶段,它"主要起源于东方"⑥。这

————————

① [德]黑格尔:《美学》第2卷,朱光潜译,商务印书馆1981年版,第11页。
② [德]黑格尔:《美学》第2卷,朱光潜译,商务印书馆1981年版,第12页。
③ [德]黑格尔:《美学》第2卷,朱光潜译,商务印书馆1981年版,第16页。
④ [德]黑格尔:《美学》第2卷,朱光潜译,商务印书馆1981年版,第9页。
⑤ [德]黑格尔:《美学》第1卷,朱光潜译,商务印书馆1981年版,第96页。
⑥ [德]黑格尔:《美学》第2卷,朱光潜译,商务印书馆1981年版,第9页。

种说法当然不符合艺术史的事实,也是其错误的"欧洲中心主义"观点的露骨表现。他还指出,建筑是象征型艺术的代表性种类,因为建筑所使用的材料是没有精神性的外在自然,从而形成精神的纯然外在的反映。

总之,在黑格尔看来,象征型艺术反映了人类审美意识的萌芽、早期人类对美的探求。具体表现为理念对感性表现形式的挣扎和追求。故作为美的体现物,早期艺术较少有人类创造的痕迹,呈现出巨大、粗糙的原始状态,给人以朦胧、模糊、神秘乃至崇敬的崇高之感。

(三)古典型艺术与浪漫型艺术的比较

黑格尔把人类艺术发展划分为象征型艺术、古典型艺术和近代浪漫型艺术三个阶段,其中也包括他所反感的消极浪漫主义艺术与自然主义艺术。

我们先来看黑格尔对于古典型艺术的研究。他认为,古希腊罗马时期的古典艺术是理想艺术的典范,因为它们克服了象征型艺术的形象的不完善性及其与意义的抽象联系"这双重的缺陷",而"把理念自由地妥当地体现于在本质上就特别适合这理念的形象,因此理念就可以和形象形成自由而完满的协调"①。"只有古典型艺术才初次提供出完美理想的艺术创造与观照,才使这完美理想成为实现了的事实。"②他进一步申述其原因道:"古典型艺术中的内容的特征在于它本身就是具体的理念,唯其如此,也就是具体的心灵性的东西;因为只有心灵性的东西才是

---

① [德]黑格尔:《美学》第 1 卷,朱光潜译,商务印书馆 1981 年版,第 97 页。
② [德]黑格尔:《美学》第 1 卷,朱光潜译,商务印书馆 1981 年版,第 97 页。

真正内在的。"①人类经过原始的氏族生活之后,开始形成了雏形的国家,在古希腊即是"城邦"。因而,在思想观念上,也由朦胧的初始的不稳定的人类意识而初步形成了较为稳定具体的伦理道德观念。它们表现为古希腊复杂的神话系统中的众神,从而也成为古代文艺的内容。古典型的美就筑基于这样的伦理道德观念内容之上。一定的内容要求一定的形式。"所以要符合这样的内容,我们就必须在自然中去寻找本身就已符合自在自为心灵的那些事物",这种事物就是"人的形象"②。在黑格尔看来,只有在人的形象里,作为具体理念的人类的伦理观念才能得到圆满的显现。因此,古希腊艺术集中地体现了人体的美。不论是爱神、艺术之神还是智慧女神都具体化为栩栩如生的维纳斯、阿波罗和雅典娜等美的人体造型,并从中流露出爱情、艺术与智慧等人类伦理观念。黑格尔认为,古典型艺术是"内容和完全适合内容的形式达到独立完整的统一,因而形成一种自由的整体"③。这种自由的整体表现为"精神意义与自然形象互相渗透"④。这就是古典型艺术特有的"精神个性的原则"。所谓"精神个性的原则"即是"把自由的精神性作为具体的个性来掌握,而且直接从肉体现象中来认识这种个性"⑤。

　　古典型艺术的上述特性与原则形成了一种特殊的"古典美"。所以,他又说:"我们把古典型艺术及其完善和象征型与浪漫型艺

①[德]黑格尔:《美学》第1卷,朱光潜译,商务印书馆1981年版,第97页。
②[德]黑格尔:《美学》第1卷,朱光潜译,商务印书馆1981年版,第97、
　98页。
③[德]黑格尔:《美学》第2卷,朱光潜译,商务印书馆1981年版,第157页。
④[德]黑格尔:《美学》第2卷,朱光潜译,商务印书馆1981年版,第162页。
⑤[德]黑格尔:《美学》第2卷,朱光潜译,商务印书馆1981年版,第167页。

术都明确地区分开来,后两种艺术类型的美无论在内容上还是在形式上都是完全另样的。"①因为其性质不同于象征型艺术局限于通过自然象征抽象的客观的理念的美,而是经过了艺术创造成为具体理念的美,所以,还需借助外在的人体形象来显现出内在的精神,"把精神的个性纳入它的自然的客观存在中,只用外在现象的因素来阐明内在的东西"②。古典美由于其理性观念与感性形象处于直接统一、互相渗透的状态,因而以和谐为其基本特点。或者说:"这些因素直接融合成美的那种和谐却是古典型艺术的精髓。"③所以,古典美总是一种静态的雕塑型的美,离开了矛盾冲突的"沉思的,巍然不可变动"的美④。它体现的美学理想也是一种特有的静穆和悦、镇静自持、雍容肃穆。"真正的古典理想具有无限的安稳和宁静,十全的福慧气象和不受阻挠的自由。"⑤黑格尔极其推崇古典的美学理想,认为这是"艺术达到完美的顶峰","是理想的符合本质的表现,是美的国度达到金瓯无缺的情况。没有什么比它更美,现在没有,将来也不会有"⑥。

　　古典型艺术尽管是理想的艺术、最高的美,但却存在着不能完全摆脱感性自然束缚而上升到绝对精神的缺陷,因而它注定要瓦解而被浪漫型的艺术代替。这里的浪漫型艺术,指的是从中世纪基督教文艺直至19世纪初期的现实主义与浪漫主义及自然主

---

①[德]黑格尔:《美学》第2卷,朱光潜译,商务印书馆1981年版,第174页。
②[德]黑格尔:《美学》第2卷,朱光潜译,商务印书馆1981年版,第227页。
③[德]黑格尔:《美学》第2卷,朱光潜译,商务印书馆1981年版,第175页。
④[德]黑格尔:《美学》第2卷,朱光潜译,商务印书馆1981年版,第231页。
⑤[德]黑格尔:《美学》第2卷,朱光潜译,商务印书馆1981年版,第227页。
⑥[德]黑格尔:《美学》第2卷,朱光潜译,商务印书馆1981年版,第273、
　　274页。

义等各种文艺流派的总和，也就是资本主义时代的文艺，可统称作近代文艺。黑格尔认为，这种近代文艺有着与古典艺术迥然不同的面貌。首先，它在思想内容方面已不是模式化的古代人类的伦理道德观念，而是资本主义时代人们的丰富复杂的内心生活，"浪漫型艺术的真正内容是绝对的内心生活"①。这样的内容已经超出了古典型艺术运用感性的肉体形象的表现方式的范围，因而必然要择取精神的表现方式。他指出，浪漫型艺术的与内容相应的形式"是精神的主体性，亦即主体对自己的独立自由的认识"②。所谓"精神的主体性"，即是特殊的"内在形象"。他说："浪漫型的美不再涉及对客观形象的理想化，而只涉及灵魂本身的内在形象，它是一种亲切情感的美，它只按照一种内容在主体内心里形成和发展的样子，无须过问精神所渗透的外在方面。"③"内在形象"就是指植根于灵魂的、有着浓烈个人情感的个性。这种个性不同于古典型艺术中的性格。古典型艺术中的性格是借以体现各种伦理观念的类型，而近代浪漫型艺术中的个性却是从人的本性与主观情欲出发，各各相异的。黑格尔认为，莎士比亚剧作中的人物就是这样的个性，它们"所涉及的不是宗教虔诚，不是出于人在宗教上自己与自己和解一致的行动，不是单纯的道德问题。相反地，我们所看到的是些完全依靠自己的独立的个别人物，他们所追求的特殊目的是只有他们才有的，是完全由他们的个性决定的，他们带着始终不渝的热情去实现这些目的，丝毫不假思索和考虑普遍原则，只求达到自己的满足。特别像《麦克伯》

①［德］黑格尔：《美学》第2卷，朱光潜译，商务印书馆1981年版，第276页。
②［德］黑格尔：《美学》第2卷，朱光潜译，商务印书馆1981年版，第276页。
③［德］黑格尔：《美学》第2卷，朱光潜译，商务印书馆1981年版，第280页。

《奥赛罗》《理查三世》之类悲剧，每部中都有一个这样的人物性格，他周围的人物都没有他那样突出和强有力"。①

正因如此，黑格尔认为，在浪漫型艺术中"外在的现象已不再能表达内心生活，如果要它来表达，它所接受的任务也只能是显示出外在的东西不能令人满意，还是要回到内心世界，回到心灵和情感，这才是本质性的因素。因此，浪漫型艺术对外在的东西是听其放任自流的，听任一切材料乃至花木和日常家具都按照自然界的偶然的样子原封不动地出现在艺术作品里"。② 这样，在浪漫型艺术里就导致了主体与客体、感性与理性的分裂，分裂成主体方面和外在现象方面两个相互对立的整体。前者即为内在形象，后者即为外在形象。而其特点是内在理性观念的丰富溢出了外在形象，所以完全不同于内在理性观念的贫乏找不到合适的外在感性形象的象征型艺术。当然，浪漫型艺术也必须具有自己的"和解"，因为"没有和解"，始终处于分裂状态，就不会达到美的境界。但这种"和解"，既不同于象征型艺术凭借"暗示"的感性与理性的勉强协调，也不像古典型艺术以感性与理性直接统一方式的"和解"。它是精神与精神的和解，即主观情欲同个性的和解，是主观情欲通过个性的生动表现。所以，它是一种特殊形态的美，它在性质上是一种内在的精神性的美。因为，在浪漫型艺术中，主体的作用大大加强，成为其他因素的主宰，对一切的客观对象都进行艺术的加工处理，使其打上鲜明的主观印记。所以，黑格尔说，浪漫型艺术的"主体性凭它的情感和见识，凭它的巧智的

① ［德］黑格尔：《美学》第 2 卷，朱光潜译，商务印书馆 1981 年版，第 344 页。
② ［德］黑格尔：《美学》第 2 卷，朱光潜译，商务印书馆 1981 年版，第 286—287 页。

权利和威力,把自己提高到全体现实界的主宰的地位,不让任何事物保持一般常识都认为它应有的习惯的联系和固定的价值;只有等到纳入艺术领域的一切,通过艺术家凭主体的见解、脾气和才智所赋予它的形状和安排,都成为本身可以分解的,而对于观照和情感来说,则显得确已分解掉了,这时主体性才感到满足"。① 正是这样,浪漫型艺术可将各种反面的丑恶的事物作为艺术题材,还使其具有犹如音乐一般的浓烈的抒情的基调。"因为浪漫型艺术的原则在于不断扩大的普遍性和经常活动在心灵深处的东西,它的基调是音乐的,而结合到一定的观念内容时,则是抒情的。抒情仿佛是浪漫型艺术的基本特征,它的这种调质也影响到史诗和戏剧,甚至像一阵由心灵吹来的气息,也围绕造形艺术作品(雕塑)荡漾着,因为在造形艺术作品里,精神和心灵要通过其中每一形象向精神和心灵说话。"②"精神如果要获得完整与自由,就须使自己分裂开来,使自己作为自然和精神本身的有限的一面和原来本身无限的一面对立起来。另一方面,与这种分裂联系在一起的还有一种必然:通过精神本身的分裂,有限的,自然的,直接的存在,自然的心,就被确定为反面的,罪孽的,丑恶的一面,因此,只有通过对这种反面东西的克服,精神才能摆脱本身的分裂而转入真实与安乐的领域。"③

　　这种内在的冲突、精神的分裂使浪漫型艺术的美成为一种动态的美。这种美是逐步展开、深化和完善的,由不稳定渐趋稳定,呈现出一种在时间中发展的特有的主体美,而不同于古典美的定

①［德］黑格尔:《美学》第 2 卷,朱光潜译,商务印书馆 1981 年版,第 366 页。
②［德］黑格尔:《美学》第 2 卷,朱光潜译,商务印书馆 1981 年版,第 287 页。
③［德］黑格尔:《美学》第 2 卷,朱光潜译,商务印书馆 1981 年版,第 280 页。

型化和空间平面化。黑格尔将古希腊艺术与莎士比亚戏剧作了
对比,他认为,在古希腊人那里,起重要作用的不是主体性格而是
情致或动作的实体性内容,这种定性明确的人物性格在他的动作
情节范围之内基本上没有发展,在开场时是什么样的人,在收场
时还是那样的人。但浪漫型艺术中的性格却表现出一种主体内
心世界的发展过程。《麦克白》一剧中的主人公麦克白,他的动作
情节同时就是他的心灵逐渐转向野蛮的恶化过程,一个环节套着
一个环节。浪漫型艺术的这种精神分裂的特点和内在运动的状
态就使其不像古典型艺术那样以和悦静穆的美作为其理想,而是
以打破和谐的动荡的美为其理想。它也不像象征型艺术通过对
自然现象的提高而形成对无限理念的向往,而是通过对感性形象
的轻视激荡起内在情感的波浪,所以是一种内在主体的情感的
美。这种美也带有几分朦胧的色彩,但却并非来源于理念本身的
抽象,而是来源于内在情感的非确定性。

(四)主要理论贡献

恩格斯曾说,黑格尔的著作"有巨大的历史感","到处是历史
地、在同历史的一定的(虽然是抽象地歪曲了的)联系中来处理材
料的"。[①] 黑格尔的艺术类型学说也是这样,它对于我们从历史
的角度理解艺术的本质、认识美与审美的时代性是大有助益的。
下面阐述一下黑格尔的艺术类型说的主要理论贡献:

第一,黑格尔的艺术类型说深刻地阐述了艺术发展的历史
观。从历史的角度论述艺术,将古今艺术形态进行对比研究,以
及将艺术分为三种类型,都不是黑格尔的创造,前人早有过不同

---

①《马克思恩格斯选集》第2卷,人民出版社1972年版,第121页。

的探讨,如赫尔德曾联系各民族的历史研究艺术,温克尔曼与席勒都将古代艺术与近代艺术进行对比研究,莱辛则提出了古代与近代两种不同的美学理想,许莱格尔在古代与近代的艺术之外又加了东方艺术等。黑格尔的研究其意义,一在对前人的探讨作了总结和综合,二在作了创造性的发挥。这里特别要补充他的艺术发展辩证法历史观。他说:"不管是荷马和梭福克勒斯之类诗人,都已不可能出现在我们的时代里了,从前唱得那么美妙的和说得那么自由自在的东西都已唱过说过了。这些材料以及观照和理解这些材料的方式都已过时了。只有现在才是新鲜的,其余的都已陈腐,并且日趋陈腐。"①这就是他运用历史发展观对自己推崇以荷马和梭福克勒斯为代表的古希腊艺术为美的顶峰无法超越,以及曾经宣扬过的"今不如昔"的错误看法的超越,明确表示再美的艺术也是要陈旧的。所以,他又说,对于"古典理想的美,亦即形象最适合于内容的美,就不是最后的(最高的)美了"。② 他甚至说,浪漫型艺术对于古典美的改变,不应"看作是由时代的贫困、散文的意识以及重要旨趣的缺乏之类影响替艺术所带来的一种纯粹偶然的不幸事件;这种改变其实是艺术本身的活动和进步,艺术既然要把它本身所固有的材料化为对象以供感性观照,它在前进道路中的每一步都有助于使它自己从所表现的内容中解放出来"③。这就完全是一种"今胜于昔"的历史进步的观点了。尽管在阐述这一观点时有些勉强,不禁带有一点悲观哀怨的情绪,但他毕竟是承认了这一点。不仅如此,关于"处理材料

①[德]黑格尔:《美学》第2卷,朱光潜译,商务印书馆1981年版,第381页。
②[德]黑格尔:《美学》第2卷,朱光潜译,商务印书馆1981年版,第275页。
③[德]黑格尔:《美学》第2卷,朱光潜译,商务印书馆1981年版,第377页。

的方式"问题,黑格尔还说:"面对着这样广阔和丰富多彩的材料,首先就要提出一个要求:处理材料的方式一般也要显示出当代精神现状。"①当代精神是个永恒发展的概念,所以,他认为,同为对现实的摹仿,古希腊的摹仿就以理性与感性的直接统一为其准则,既排斥对感性现实的单纯摹写,也排斥主观色彩的过分流露;而近代的摹仿就被浪漫艺术的内在主体性原则所制约,在对现实的摹仿中到处表现出主观精神的主宰作用,以至成为一种"对现成事物的主观的艺术摹仿"②。的确,同为摹仿,莎士比亚同埃斯库罗斯相比就有着明显的区别,而我们今天的摹仿艺术也有着自己的特色。由此也可见,黑格尔的不同时代有不同的美学理想的提法,比目前流行的现实主义、浪漫主义的提法更加科学,也具有更大的包容性和开放性,更有利于艺术的繁荣发展。

第二,黑格尔的艺术类型说阐明了一定的艺术美的时代土壤。他认为,各个不同时代之所以有着不同于其他时代的艺术与美的形态,因为先后相承的各阶段的确定的世界观是作为对于自然、人和神的确定的但是无所不包的意识而表现于艺术形象的。他还指出,各个时代的"世界观形成了宗教以及各民族和各时代的实体性的精神,它们不仅渗透到艺术里,而且也渗透到当时现实生活的各个领域里。因为每个人在各种活动中,无论是政治的,宗教的,艺术的还是科学的活动,都是他那时代的儿子,他有一个任务,要把当时的基本内容意义及其必有的形象制造出来,所以艺术的使命就在于替一个民族的精神找到适合的

---

① [德]黑格尔:《美学》第2卷,朱光潜译,商务印书馆1981年版,第381页。
② [德]黑格尔:《美学》第2卷,朱光潜译,商务印书馆1981年版,第366页。

艺术表现"。① 他深刻地论述了艺术同时代的关系,提出了"文艺家是时代的儿子""艺术美是民族精神的艺术表现"等重要观点,虽然没有跳出客观唯心主义者将抽象理念作为艺术发展的出发点的根本缺陷,但在一定程度上也揭示了美与艺术发展的历史动因。

第三,黑格尔的艺术类型说还揭示了艺术发展的历史趋势,尽管不完全符合历史真实面貌,却有其合理性一面。下面列表对黑格尔关于三种艺术类型基本特点的概括予以说明:

	内容	形式	理性与感性的关系	代表性的艺术种类	美学理想	美的特征			
						原则	性质	特点	状态
象征型(原始的美)	抽象的理念	外在的自然现象	分裂对感性的提高	建筑	对无限的向往引起的崇高	通过自理念暗然对示客观念示	抽象的客观理念的美	感性与理性的对应	动态
古典型(古代的美)	具体的理念(伦理道德观念)	人的内体形象	直接统一	雕塑	静穆和悦	精神个性	渗透着理念观念的人体的美	和谐统一	静态
浪漫型(近代的美)	内心生活	精神性的内在形象(外在形象的偶然性)	分裂对感性的轻视	绘画、音乐、诗歌	内在的情感的动荡的美	内在主体性	主体性的情感的美	内在情感的冲突	动态

据表可知,艺术类型说作为艺术的历史发展规律的理论,必然要涉及艺术的历史发展趋势问题。在他看来,艺术的发展过

---

①[德]黑格尔:《美学》第2卷,朱光潜译,商务印书馆1981年版,第375页。

程就是理念逐步显现的过程,也是主体的精神因素越来越突出的过程,从创作的角度来看,则是艺术的创造性越来越增强的过程。他描述道:"我们曾发现到在东方艺术起源时,精神还不是独立自由的,而是还要从自然事物中去找绝对,因此把自然事物本身看作具有神性的。在进一步的发展中,古典型艺术把希腊的神们表现为一些个体,他们是自由自在的,由精神灌注的,但是基本上还受人的自然形体的约束,把人的形体当作一个肯定的因素。只有浪漫型艺术才初次把精神沉浸到它们特有的内心生活里去,与这内心生活对立的肉体、外在现实以及一般世俗性的东西原来都被视为虚幻的东西,尽管精神性的绝对的东西只有借这些外在因素才能显现出来,不过到后来这些外在的因素就逐渐获得肯定的意义。"①这就勾勒出了由客观的抽象理念的美到渗透着伦理观念的人的形体美,再到内在的情感美,这样一个精神性逐步加强、主体创造性因素逐步明显的美的发展历程。

当然,黑格尔以客观的理念为动力,人为地将艺术发展划分为象征、古典与浪漫三种类型,试图将丰富复杂、源远流长的艺术史都囊括其中,这不仅是一种唯心主义,而且犯了机械论的错误。但他毕竟是以大量的艺术史材料为基础,而其方法又是辩证的。因而,他的艺术类型说中有许多真知灼见应该以马克思主义为指导给以批判的继承。

五、诗　论

诗论在黑格尔的《美学》中占了近四分之一的篇幅,是黑格尔

---

① [德]黑格尔:《美学》第2卷,朱光潜译,商务印书馆1981年版,第375页。

研究各门艺术种类时注意的中心。他说:"诗比任何其它艺术的创作方式都要更涉及艺术的普遍原则,因此,对艺术的科学研究似应从诗开始,然后才转到其它各门艺术根据感性材料的特点而分化成的特殊支派。"①他的诗论实际上就是他的文学理论。因为,"诗"在这里是泛指各种以语言文字为媒介的文体,包括史诗、抒情诗与戏剧等。

(一)论文学在精神性与想象性方面的特征

黑格尔认为,诗与其它艺术体裁相比就是精神性最强,并且是一种不同于其他艺术的观念性想象。

诗艺的精神性最强。黑格尔认为,诗艺是浪漫型艺术的最高阶段,也是全部艺术门类中最高的形式,它以语言文字为媒介,因此精神性最强物质性最弱。黑格尔说:"它在否定感性因素方面走得很远,把和具有重量占空间的物质相对立的声音降低成为一种起暗示作用的符号,而不是象建筑那样用建筑材料造成一种象征性的符号。"②诗艺所运用的语言文字媒介是一种纯观念的符号,从而使得观念对于诗而言,就既是内容,又是表现内容的媒介(形式)。黑格尔说,语言文字"这些精神性的媒介代替了感性的媒介,成了诗的表现所用的材料"③。正因为诗所运用的语言文字媒介是纯观念性的,所以诗同造型艺术相比就摆脱了空间的物

---

①[德]黑格尔:《美学》第3卷下册,朱光潜译,商务印书馆1981年版,第14页。

②[德]黑格尔:《美学》第3卷下册,朱光潜译,商务印书馆1981年版,第16页。

③[德]黑格尔:《美学》第3卷下册,朱光潜译,商务印书馆1981年版,第9页。

质材料,而同音乐相比摆脱了时间性的物质材料(声音)。黑格尔认为,从表现范围来看,诗所运用的语言文字所表现的范围"几乎全部包括凡是精神(心灵)所关心和打交道的事物"①,所以,诗的题材囊括一切精神事物与自然事物。诗特别擅长于表现在时间中先后衔接的动作与精神发展的历史,而造型艺术只能表现动作的一顷刻,不宜表现历史。音乐也只能直接抒发感情的起伏,不能鲜明地展示精神运动的历史。

诗的想象是一种观念性的想象。黑格尔认为,诗运用语言文字这一观念性的媒介,因此,它的想象不受任何物质材料的限制,是一种观念性的想象,是所有艺术想象的最高形式。他说,诗的想象"把观念掌握住,用语言,用文字及其在语言中的美妙的组合,来把这观念传达出去,而不是把它表现为建筑的雕刻的或绘画的形象,也不是使它变成音乐的音调而发出声响"。② 他还认为,诗的观念性的想象可以集一切艺术门类之所长,表现一切艺术所能表现的东西,又可渗入一切艺术门类之中,使一切近代艺术均带有诗的因素。

(二)三种掌握世界的方式

黑格尔为了揭示诗的本质,提出并论证了散文的、诗的和哲学的三种掌握世界的方式。黑格尔认为,所谓散文的掌握世界的方式是一种孤立静止的思维方式。特点是单凭知解力,即割裂感

①[德]黑格尔:《美学》第 3 卷下册,朱光潜译,商务印书馆 1981 年版,第 10 页。
②[德]黑格尔:《美学》第 3 卷下册,朱光潜译,商务印书馆 1981 年版,第 12 页。

性与理性对立统一的关系,以形而上学的思维能力去了解世界。
这是一种日常的思维方式。黑格尔说:"日常的(散文的)意识完
全不能深入事物的内在联系和本质以及它们的理由、原因、目的
等等,它只满足于把一切存在和发生的事物当作纯然零星孤立的
现象,也就是按照事物的毫无意义的偶然状态去认识事物。"①关
于诗的掌握世界的方式,黑格尔认为即是艺术的掌握世界的方
式,同艺术美"理念的感性显现"的定义统一,把事物的内在理性
和它的实际外在显现结合成活的统一体。这就是一种形象的思
维,在形象中显现理性的思维方式。黑格尔对诗的掌握世界的方
式论述道,这"是一种还没有把一般和体现一般的个别具体事物
割裂开来的认识,它并不是把规律和现象、目的和手段都互相对
立起来,然后又通过理智把它联系起来,而是就在另一方面(现
象)之中并且通过另一方面来掌握这一方面(规律)","是真理和
现实世界在现实现象本身中的和解"。② 关于哲学的掌握世界的
方式,黑格尔将其称作"玄学的思维",他认为,这是以概念的形式
显示理念内容的思维方式,实际即是逻辑思维的方式。黑格尔
说:"玄学的思维是真理和现实世界在思维中的和解。"③黑格尔
关于艺术的掌握世界的方式的理论具有十分重要的意义,它有利
于我们进一步理解马克思在《〈政治经济学批判〉导言》中提出的
对世界的理论的、艺术的、宗教的和实践精神的四种掌握世界方

①［德］黑格尔:《美学》第 3 卷下册,朱光潜译,商务印书馆 1981 年版,第
　23 页。
②［德］黑格尔:《美学》第 3 卷下册,朱光潜译,商务印书馆 1981 年版,第 20、
　24—25 页。
③［德］黑格尔:《美学》第 3 卷下册,朱光潜译,商务印书馆 1981 年版,第
　24 页。

式的论述，从而使我们进一步把握文学艺术的本质特征。

（三）诗的分类

黑格尔将诗（文学）分为史诗、抒情诗与戏剧诗三大类。关于史诗，黑格尔认为，史诗的根本特征是客观性。它通过对客观世界发生的事迹的忠实描述来揭示其内在发展规律，而诗人自己并不露面。史诗的主要内容是客观地反映整个民族与时代的精神。他说，史诗往往成为"一个民族的'传奇故事'、'书'或'圣经'。每一个伟大的民族都有这样绝对原始的书，来表现全民族的民族精神。在这个意义上史诗这座纪念坊简直就是一个民族所特有的意识基础"①。关于史诗的产生，他认为，史诗产生于一个民族的早期。每个民族的史诗都有着久远的生命力。其原因是，史诗描写的"特殊民族和它的英雄的品质和事迹能深刻地反映出一般人类的东西"②。关于小说，黑格尔认为是"近代市民阶级的史诗"，但却缺乏产生古代史诗的一般世界情况。他认为，史诗的发展分为三个阶段。首先是东方史诗，即印度与阿拉伯的史诗，其次是希腊罗马古典型史诗，如著名的《荷马史诗》，最后是中世纪的浪漫型史诗，如中世纪西班牙的《熙德的诗》、但丁的《神曲》、薄迦丘的《十日谈》、塞万提斯的《堂·吉诃德》等。关于抒情诗，黑格尔认为，抒情诗的基本特征是主体性。它要表现的不是事物的实在面貌，而是事物的实际情况对主体心情的影响，即内心的经

---

① [德]黑格尔：《美学》第 3 卷下册，朱光潜译，商务印书馆 1981 年版，第108 页。
② [德]黑格尔：《美学》第 3 卷下册，朱光潜译，商务印书馆 1981 年版，第124 页。

历和对所观照事物的内心活动的感想。抒情诗以诗人的内心和灵魂、具体的情调与情境为出发点，将客观世界吸收到内心世界里，使之主体化、内心化和情感化。抒情诗以抒情为主导，虽保留若干叙事因素，也要服从并服务于抒情。抒情诗产生的时代晚于史诗。此时，一个民族生活情况的秩序已大体固定，作为个人来说开始把自己和外在世界对立起来，反省自己，把自己摆在这个世界之外，在内心里形成一种独立绝缘的情感思想的整体。抒情诗分为颂神诗、颂体诗与歌三大类。颂神诗中个人的感情完全消融在对神的崇拜之中，如古希腊的酒神颂。颂体诗中主体上升到首位，借助对象表现自己。在歌里，主体与客体都得到充分的发展与表现，有民歌、社交歌、圣歌、十四行体、六行体、挽歌体等等。抒情诗的发展，分为东方抒情诗、古希腊罗马抒情诗和浪漫型抒情诗。东方抒情诗采用象征的手法，缺乏主体性，如中国、印度、希伯来人、阿拉伯人和波斯人的抒情诗。这当然是黑格尔的欧洲中心主义错误观点的又一次表现。古希腊与罗马的抒情诗呈现出古典型雕塑艺术的特征。浪漫型抒情诗是主体性得到充分发展的近代诗歌。关于戏剧诗，黑格尔认为，戏剧中的史诗原则是凭借表演把动作、情节、冲突和人物的发展过程客观地呈现在观众面前；戏剧中的抒情诗原则是动作、冲突、情节取决于内心，是主体性的表现。真正的戏剧诗兼有史诗的客观原则与抒情诗的主体性原则，因而成为诗中之冠。对于戏剧的产生，他认为，必须产生于一个比较开化的民族生活之中。

　　黑格尔还全面地论述了戏剧诗的艺术规律，将其概括为五个方面。第一，完整的戏剧冲突。冲突构成戏剧的基础，具体表现为两种伦理力量外化为人物性格的冲突，通过动作和反动作达到最后和解,是一种更高的伦理力量的胜利。第二,戏剧的集中性原则。戏剧通过表演、以现在进行的方式表现事件,因而必须集中紧凑。同时,戏剧在人物表现上的特点也要求它集中。戏剧中个别人物的性格不像史诗那样把全部民族特性的复合体都通过人物展现到我们面前,而只展现与实现具体目的的动作有关的那一部分主体性格。从审美方式来看,戏剧的欣赏并不通过阅读,而是通过直接的表演诉诸观众的视听,因而必须集中。第三,戏剧内容的实体性与必然性要求。戏剧所要实现的目的,应是对人类有普遍意义的旨趣和在本民族中广泛流行的一种有实体性的情致。这种具有普遍意义的实体性情致与伦理道德本身又具有必然的力置。第四,戏剧的整一性原则。戏剧整一性的关键在动作,即冲突和动作的整一性,并以冲突的发生、发展与解决作为动作发展的三阶段,因此,以三幕结构为宜。这一看法不无道理,但作为某种程式就不免生硬。第五,对戏剧语言与音律的要求。黑格尔认为,语言对戏剧"起着决定作用"。相对于合唱和独白,对话是戏剧语言的主要手段。要求对话应在主观情致背后揭示出有实体性的客观情致。

六、艺术典型论

正如马克思主义哲学同黑格尔的辩证法有着直接的渊源关系一样,马克思主义的艺术典型论同黑格尔的艺术典型论也有着直接的渊源关系。因为,马克思、恩格斯尽管给予黑格尔的艺术典型论以唯物主义的改造,但他们还是从其中直接接受了一系列思想资料,并在基本观点上同黑格尔有一致之处。那么,马克思、恩格斯以及黑格尔在艺术典型问题上的基本观点是什么呢?多年以来,真是众说纷纭。学术界有的同志将其概括为"共性说",有的则将其概括为"统一说"。前一段时间,又有的同志将其概括为"个性说"。1978 年 12 月,在上海召开的典型问题讨论会上,有些同志明确提出"个性出典型"的理论主张。还有同志撰写专文进一步阐述了"个性说"的观点,认为艺术家只有在创作过程中紧紧抓住个性不放,时时排除共性的干扰,才能塑造出真正独特的艺术典型,才有强大的生命力。为此,他举出了马克思、恩格斯和黑格尔的有关理论作为其提出"个性说"的根据。关于黑格尔,他是这样说的:"十分清楚,黑格尔并没有将哲学上共性与个性的统一简单搬到美学上来,而他在美学上所强调的却是个性化。"我们认为,这一将马克思、恩格斯与黑格尔的艺术典型论统统归结为"个性说"的理论是不符合实际的,而且在实践中也是有害的。因此,我们拟着重探讨黑格尔艺术典型论的基本内容,并简要论及它与马克思主义典型论的关系。

在西方美学史上,典型问题与其他问题一样,长期交织着理性派与感性派的斗争。理性派强调理性、普遍性,将典型归于类型。感性派则从"纯然的感性"出发强调个性。这当然都是形而上学的理论。德国古典美学一反上述形而上学观点,逐步形成了感性与理性、个性与共性融合的"整体说"。这种"整体说"的首创者是康德,而完善者则是黑格尔。"典型"在德国古典美学中通常是被称作"理想"(Ideal)。康德给"理想"所界定的涵义是:"把个别事物作为适合于表现某一观念的形象显观。"[①]这里所说的"形象显观",就包含着不借助概念但却涉及概念的个别与观念相融合的意思。歌德在此基础上明确地提出了"整体说",他说:"艺术

---

① 转引自朱光潜:《西方美学史》下卷,人民文学出版社 1963 年版,第 395 页。

作品必须向人的这个整体说话,必须适应人的这种丰富的统一整体,这种单一的杂多。"①黑格尔将这一"整体说"进一步丰富、完善,他将整个的艺术美都归为"理想",并提出了著名的"美就是理念的感性显观"的定义。这里所说的"理念"包含有"普遍性""共性"的意思,所谓"感性"则包含"个别性"的意思,"显观"则是两者的直接统一、互相渗透、融为一体。黑格尔说:"艺术的内容就是理念,艺术的形式就是诉诸感官的形象。艺术要把这两方面调和成为一种自由的统一的整体。"②这种理性与感性、共性与个性的直接统一、融为一体,就是德国古典美学中"整体说"的浅近含义。马克思、恩格斯虽然没有直接运用"整体说"的概念,但在实际上,他们对于"整体说"也是赞成的、接受的。我们可以举出下列观点加以证明:恩格斯在给拉萨尔的信中提出"较大的思想深度和意识到的历史内容,同莎士比亚剧作的情节的生动性和丰富性的完美的融合"③;马克思、恩格斯关于人物塑造应"更加莎士比亚化"而不要"席勒式地把个人变成时代精神的单纯的传声筒"④的论述;恩格斯关于"倾向应当从场面和情节中自然地流露出来""作者的见解愈隐蔽,对艺术作品来说就愈好"⑤;等等。这些观点都同"整体说"在实质上完全一致,都要求在典型塑造中做到理性与

①转引自朱光潜:《西方美学史》下卷,人民文学出版社1963年版,第431页。
②[德]黑格尔:《美学》第1卷,朱光潜译,商务印书馆1981年版,第87页。
③杨柄编:《马克思恩格斯论文艺和美学》,文化艺术出版社1982年版,第415页。
④杨柄编:《马克思恩格斯论文艺和美学》,文化艺术出版社1982年版,第412页。
⑤杨柄编:《马克思恩格斯论文艺和美学》,文化艺术出版社1982年版,第797、802页。

感性、共性与个性融合渗透、直接统一为整体。

黑格尔认为,"正是概念在它的客观存在里与它本身的这种协调一致才形成美的本质"①。这就是说,在黑格尔看来,这种理性与感性、共性与个性直接统一的"整体说"揭示了艺术美的本质。既然是揭示了艺术美的本质,当然也就是揭示了艺术典型的本质。首先,"整体说"将艺术典型与哲学及科学区别了开来。黑格尔说:"当真在它的这种外在存在中是直接呈现于意识,而且它的概念是直接和它的外在现象处于统一体时,理念就不仅是真的,而且是美的了。"②这里所说的"真"即指"绝对理念",哲学与科学都是对理念的认识,但都以抽象概念的形式出现。只有在理念不是以概念的形式出现而是与其个体的外在现象直接处于统一体时,才成为艺术美或艺术典型。这就告诉我们,在艺术典型中,理念或共性不是以其本来的概念的形式出现而是直接借助感性或个性的形式出现,是理性与感性、共性与个性的直接统一,即是理念的感性化、共性的个性化。这就将"整体说"同长时期中我国理论界流行的"统一说"划清了界限。因为这种"统一说"所主张的不是理性与感性、共性与个性的直接统一,而是简单相加。其结果就不是使艺术典型成为通体和谐的"整体",而是将理性与感性、共性与个性拆散为两种分立的活动,使形象成为"挂在抽象思想上的一些装饰品"③。其次,黑格尔的"整体说"也将艺术典型同现实的生活现象与一般的艺术形象划清了界限。在黑格尔看来,艺术典型作为理性与感性、共性与个性直接统一的"整体",

---

① [德]黑格尔:《美学》第 1 卷,朱光潜译,商务印书馆 1981 年版,第 143 页。
② [德]黑格尔:《美学》第 1 卷,朱光潜译,商务印书馆 1981 年版,第 142 页。
③ [德]黑格尔:《美学》第 1 卷,朱光潜译,商务印书馆 1981 年版,第 50 页。

不仅是理性的感性化、共性的个性化,同时也是感性的理性化、个性的共性化。艺术典型中的感性与个别已不是具有现实价值的有生命的存在,而是属于观念范畴的心灵的产品。而且,"整体说"还要求这种经由心灵创造的个别的感性形式充分地表现出理性或共性,"把每一个形象的看得见的外表上的每一点都化成眼睛或灵魂的住所,使它把心灵显现出来"①。而现实生活与一般艺术形象就做不到这一点,因为它们总不免在其个别的感性中掺杂着一些外在于理性与共性的因素。

"整体说"在黑格尔的美学体系中占有极重要的位置,体现了他的最高的美学理想。他把艺术典型的整体性称作"和悦的静穆和福气",将其"作为理想的基本特征,而摆在最高峰"②,并将达到这种整体性的要求作为伟大艺术家的标志。他还认为,只有通过独特性的创作活动,"从一个熔炉,采取一个调子",才能产生这种由"整一的心灵所创造的整一的亲切的作品"③。

黑格尔的"整体说"的提出不是偶然的。上面已经谈到,这是他对整个德国古典美学,乃至整个西方美学进行深刻总结的结果。他吸收了西方美学史上有关艺术美及艺术典型理论的一切积极成果,克服了其中种种的形而上学的谬误,在辩证的理论基础上加以创造性发展而得出来的结论。同时,"整体说"的提出也是他的资产阶级人本主义思想的表现。欧洲资产阶级从文艺复兴到启蒙运动,经历了同封建的神学思想的长期斗争,从而发展了资产阶级的人本主义思想。这种人本主义思想表现在美学上

①〔德〕黑格尔:《美学》第 1 卷,朱光潜译,商务印书馆 1981 年版,第 198 页。
②〔德〕黑格尔:《美学》第 1 卷,朱光潜译,商务印书馆 1981 年版,第 202 页。
③〔德〕黑格尔:《美学》第 1 卷,朱光潜译,商务印书馆 1981 年版,第 376 页。

就是将人作为审美的对象、艺术表现的中心。康德早就指出："所以只有'人'才独能具有美的理想。"①而黑格尔的美学本身就是一曲关于人的颂歌。他认为，人是自在自为的、受到生气灌注高度统一的整体，这就决定了以人为唯一表现对象的艺术美也必然是充满生气的整体。

当然，这种"整体说"的提出还同黑格尔整个的哲学体系密切相关。因为，黑格尔把整个世界都看成是绝对理念自我认识、不断发展的结果，而艺术是绝对理念经由逻辑、自然以及主观精神、客观精神等阶段之后，到了绝对精神阶段的表现之一。在艺术阶段，绝对理念尽管已开始认识自己，但与宗教、哲学相比还只是初级的，只是绝对理念的自身的一种感性直观的认识。在黑格尔看来，这时绝对理念尽管已经进入精神阶段，但还未能完全摆脱客观物质世界的束缚，而必须借助客观物质现象的形式来表现自己。但是，这种客观物质现象的形式本身已无实际价值，只不过是为了表现绝对理念而同其处于直接的统一之中，很明显，黑格尔的这种关于绝对理念演绎的哲学体系本身是唯心的、荒谬的，但其中所渗透的辩证法思想则是可贵的"合理内核"，而他的关于艺术典型的"整体说"就是其"合理内核"之一。

恩格斯指出，黑格尔的"最大功绩，就是恢复了辩证法这一最高的思维形式"②。同样，在黑格尔的艺术典型"整体说"中，最突出的贡献也在于集中地体现了辩证法的思想。因此，"整体说"不像"共性说""统一说""个性说"那样简单贫乏，而是包含着极其丰

①［德］康德：《判断力批判》上卷，宗白华译，商务印书馆1964年版，第71页。
②《马克思恩格斯选集》第3卷，人民出版社1972年版，第416页。

富的内容。

黑格尔"整体说"中辩证思想的表现，首先在于将艺术典型看作一个不断发展的过程，而不是将其看成静止的、僵化的。他在《美学》中为艺术典型的形成勾画了一个以否定为其中心环节的由抽象到具体的发展途径。由其客观唯心主义的体系决定，他认为艺术典型的形成是以绝对理念为其出发点的，开始是"一般世界情况"，即处于背景性的和谐状态。这时，没有矛盾，因此绝对理念还是抽象的。继之，发展打破了上述和谐状态，进入否定的环节，出现了分裂。一是分裂为情境，这是人物之间的关系，性格形成的外因；二是分裂为情致，这是人物的主要思想情感，性格形成的内因。内因和外因结合，促使人物行动，于是产生了尖锐矛盾冲突的情节，而性格就在情节中展开和形成。他认为，性格是普通的理念在具体的个人身上融合成的"整体和个性"，是"理想艺术表现的真正中心"①。这样的"整体"和"中心"只有在经历了从抽象到具体的矛盾发展过程才得以实现。正因为如此，理性与感性、共性与个性才不是互相分立或简单相加而成为对立统一的互相融合。黑格尔认为，莎士比亚的《哈姆雷特》中的主人公哈姆雷特就是这样的共性与个性直接统一，融为整体的成功典型。原因就是，它以文艺复兴时期为其背景，以克劳迪斯的杀兄娶嫂为其情境，以人文主义思想为其情致，并在此前提下经历了尖锐而曲折的矛盾冲突，从而使其性格逐步由抽象到具体，最后成为理性与感性、共性与个性高度融合、密不可分的整体。在这个整体中，共性不仅是其本身，而且同时也是个性。同样，个性不仅是本身，而且同时也是共性。例如，第三幕第四场哈姆雷特对母后葛

①［德］黑格尔：《美学》第1卷，朱光潜译，商务印书馆1981年版，第300页。

忒露德的谴责,就既是其疾恶如仇的个性特征,又表现了他的人文主义理想。这一点是任何以形而上学观点为指导的人所不能理解的。因为正如恩格斯所说,形而上学家们是"在绝对不相容的对立中思维;他们的说法是:'是就是,不是就不是;除此以外,都是鬼话。'在他们看来,一个事物要么存在,要么就不存在;同样,一个事物不能同时是自己又是别的东西"①。所以,在形而上学的理论之中,共性只能是共性,个性只能是个性,而不能同时可以是其他。目前流行的"共性说""个性说"乃至"统一说"等,不就多少带有这种形而上学的味道吗?

不仅如此,由于艺术典型经历了这样的由抽象到具体的矛盾发展过程,还使其具有了极其丰富的内容。正如黑格尔所说:"每个人都是一个整体,本身就是一个世界,每个人都是一个完满的有生气的人,而不是某种孤立的性格特征的寓言式的抽象品。"②因为,性格在经历了作为否定阶段的尖锐曲折的矛盾冲突之后,包含了前此一切环节所带来的特征,从而具有了极其丰富的规定性,成为活生生的有血有肉的人。黑格尔认为,荷马所塑造的希腊英雄阿喀琉斯就是这样的性格。他热爱自己的母亲、朋友,尊敬老人,有极强的荣誉感,也挚爱自己的情人。但他对敌人却异常凶恶,在特洛伊大将赫克托战死后,他愤怒地将其尸体绑在车后,绕城拖了三圈。而当赫克托之父哭泣着来到他的营帐,他的心肠又软了下来,并亲切地握着老人的手。多么丰富而又复杂的性格啊!表面上看,甚至是充满着矛盾的、不可理解的。但黑格尔认为:"就性格本身是整体因而是具有生气的这个道理来看,这

---

①《马克思恩格斯选集》第3卷,人民出版社1972年版,第61页。
②[德]黑格尔:《美学》第1卷,朱光潜译,商务印书馆1981年版,第303页。

种始终不一致正是始终一致的。"①可见,如此纷纭复杂的美学现象,只有运用"整体说"才能给以科学的解释。因为,艺术典型不是有限的某些性格特征的机械相加物,而是共性与个性直接统一的有生命的整体。这种有生命的整体既是统一的,有其内在的一致性,又是复杂的、矛盾的,可以在一定限度内承受各个矛盾的侧面而保持自己的本色。例如,阿喀琉斯对赫克托的凶恶与对其父的友善。这样对立的侧面在其性格的总倾向中是大致统一的。这就正如黑格尔自己所说,作为有生命的整体的人,"不仅担负多方面的矛盾,而且还忍受多方面的矛盾"。② 面对这样复杂的美学现象,不论是"共性说""个性说",还是"统一说",都只能感到迷惑不解。

　　黑格尔还进一步认为,正是由于艺术典型是理性与感性、共性与个性直接统一的整体,因而具有寓无限于有限的根本特性。关于这一点,康德早就有过论述。他在其《判断力批判》中认为,艺术典型可以使人"联系到许多不能完全用语言来表达的深广思致"③。他并以天帝宙斯手中的鸷鸟及其闪电为例,因为,这既可象征天帝的赫赫威严,又象征天帝的残暴无情。黑格尔继承并发展了这一观点,明确指出艺术典型具有寓无限于有限的根本特性。他说:"美本身却是无限的、自由的。美的内容固然可以是特殊的,因而是有限的。但是这种内容在它的客观存在中却必须显现为无限的整体,为自由……"④其原因就在于,艺术典型是理性

---

①［德］黑格尔:《美学》第1卷,朱光潜译,商务印书馆1981年版,第306页。
②［德］黑格尔:《美学》第1卷,朱光潜译,商务印书馆1981年版,第306页。
③转引自朱光潜:《西方美学史》下卷,人民文学出版社1963年版,第401页。
④［德］黑格尔:《美学》第1卷,朱光潜译,商务印书馆1981年版,第143页。

与感性、共性与个性直接统一的整体。他认为,在艺术创造中,理性是无限的、自由的,感性或个别性则是同理性直接统一,结成一体的,亦即是理性化了的。这样,这种量的直接统一就使产生出来的成品发生了一个质的突变,使有限的感性和个别不仅是其自身,而且具有了理性的性质,具有了无限的自由性。这就揭示了艺术典型的"以一当十""言有尽而意无穷"的特殊作用。对于这种无限自由的特殊作用,高尔基用艺术典型"远远的走出时代的范围之外,同时一直活到我们的今日"来加以概括,而何其芳则借鉴别林斯基的论述提出了著名的"共名说"。总之,不管怎么说,艺术典型的作用都应该远远超出本身的个别形象的范围,而且有更广泛的,甚至是超越时代的概括意义。如果要拿出一个衡量艺术典型的标准的话,这就应该是重要的标准之一。要做到这一点,片面的"共性说""个性说"和机械的"统一说",都是不可能的,因为它们都没有完全摆脱形而上学的束缚。黑格尔在论述艺术典型的根本特性时,就曾指出了两种代表性的形而上学的观点:一种是所谓有限知解力的观点,另一种是所谓有限意志的观点。前者只注意感性、客体、个别,但因忽略了理性、主体和共性而不能获得艺术表现的自由。后者只注意理性、主体和共性,却因忽略了感性、客体和个别,同样也不能获得艺术表现的自由。其原因就在于,它们片面地将感性与理性、个性与共性、客体与主体割裂了开来。黑格尔坚决反对这种孤立片面的美学观点,认为"如果把对象作为美的对象来看待,就要把上述两种观点统一起来,就要把主体和对象两方面的片面性取消掉,因而也就是把它们的有限性和不自由性取消掉"①。重温黑格尔的这些话,对于扭转

①[德]黑格尔:《美学》第 1 卷,朱光潜译,商务印书馆 1981 年版,第 145 页。

我们的文艺研究，特别是典型研究中的形而上学倾向是很有助益的。

那么，怎样才能使艺术典型成为理性与感性、共性与个性直接统一的有"生命"的整体呢？那就要依靠艺术创造的特殊过程。这种艺术创造的特殊过程，在德国古典美学中叫做创造性的想象。黑格尔也是这样沿用的。这种创造性的想象就是我们通常所说的形象思维过程，也就是典型化的过程。现在，我们需要进一步弄清楚形象思维或典型化的特点。我们还是先来看黑格尔的论述。他说："在这种使理性内容和现实形象互相渗透融合的过程中，艺术家一方面要求助于常醒的理解力，另一方面也要求助于深厚的心胸和灌注生气的情感。"①可见，在黑格尔看来，形象思维或典型化是思维的理性内容和感性的现实形象的直接统一，是基于理性的理解力和基于感性的情感的高度结合。总之，形象思维或典型化是思维与形象的直接统一，形象的思维化和思维的形象化的统一。它们借助的手段是形象，而达到的目的却是思维，既是形象又是思维，既是感性又是理性。或者，用黑格尔本人的话来说，艺术创造对理性与感性来说是"停留在中途一个点上，在这个点上纯然外在的因素与纯然内在的因素能互相调和"②。

首先，形象思维或典型化的过程是思维的形象化的过程。黑格尔认为："想象的任务只在于把上述内在的理性化为具体形象和个别现实事物去认识，而不是把它放在普泛命题和观念的形式去认识。"③这就是说，艺术的想象同哲学思考完全不同，艺术想

①［德］黑格尔：《美学》第1卷，朱光潜译，商务印书馆1981年版，第359页。
②［德］黑格尔：《美学》第1卷，朱光潜译，商务印书馆1981年版，第201页。
③［德］黑格尔：《美学》第1卷，朱光潜译，商务印书馆1981年版，第359页。

由实践理性的基本品格决定的。实践理性的基本品格是有着强烈的实践愿望,要将自己的目的、道德律令、行为准则在感性世界中加以实现。其次,也是由康德对其哲学体系完整的追求决定的。康德作为一个哲学家,研究人类掌握世界的能力,探索了认识能力与意志能力,但这却是两个对立的世界,中间隔着难以逾越的鸿沟。这样,哲学体系本身并未完成。这就必然要求他以判断力批判来将两者统一起来。正如他1790年在《判断力批判》第一版序言中所说:"我以此结束我的全部的批判工作。我将不耽搁地走向理性的阐述以便我能在渐入衰年的时候尽可能地尚能获得有利的时间。"①他将两个世界统一的基本依据,是假设存在着一个无目的的合目的性先验原理。他在《判断力批判》中讲了一段十分关键的话:"判断力,按照自然的可能的诸特殊规律,通过它的判定自然的先验原理,提供了对于超感性的基体(在我们之内一如在我们之外)通过知性能力来规定的可能性。但理性通过它的实践规律同样先验地给它以规定。这样一来,判断力就使从自然概念的领域到自由概念的领域的过渡成为可能的。"②这里须对上述言论中的某些语句加以必要的解释。所谓"自然的可能的诸特殊规律",即指自然领域的形式的合规律性,所运用的认识能力为知性力。所谓"判定自然的先验原理",即指审美判断的无目的的合目的性原理。所谓"超感性的基体",即指物自体。这句话的完整含义即为:审美判断力通过自己的无目的的合目的性先验原理可对属于自由领域的物自体通过属于自然领域的知性规律以规定,即赋予物自体某种规律性;而理性也可通过属于自

①[德]康德:《判断力批判》上,宗白华译,商务印书馆1964年版,第6页。
②[德]康德:《判断力批判》上,宗白华译,商务印书馆1964年版,第35页。

象是思维的形象化、理性的感性化,而在哲学思考中,思维与理性则仍是以抽象的观念的形式出现。因而,这种思维的形象化就是形象思维或典型化的最主要的特点,是其区别于其他思维形式之处。黑格尔认为,在艺术上不像在哲学上,创造的材料不是抽象的思想而是丰富多彩的图形、现实的外在形象,而从创造过程来说,艺术想象则是从对现实图形的记忆开始。由此可见,尽管黑格尔是客观的唯心主义者,但在具体的美学问题研究中却又常常十分注重现实,这正是他的可贵之处。

其次,形象思维或典型化的过程也是形象的思维化的过程。众所周知,黑格尔尽管非常重视思维的形象化、个性化,但他毕竟是个理性主义者,在形象思维或典型化的问题上,他更为重视理性、共性的作用。他十分不满于当时十分流行的以"妙肖自然"为口号的自然主义理论,反对排斥理性的神秘主义倾向。他认为,在形象思维或典型化的过程中,理性具有驾驭感性的作用。他说:"没有思考和分辨,艺术家就无法驾驭他所要表现的内容(意蕴)。"[1]他甚至认为,艺术典型的创造从本质上来说是感性对理性的"还原"。他说:"艺术理想的本质就在于这样使外在的事物还原到具有心灵性的事物。"[2]这种所谓"还原",就是对于感性现象中不符合理性内容、个性中不符合共性的污点的一种"清洗",也叫做"艺术的谄媚"。正是通过这种"清洗"和"谄媚",才达到形象的思维化、感性的理性化、个性的共性化。因此,黑格尔认为,形象思维或典型化不是对理性或共性的排斥,而是对纯然外在的偶然的个别的舍弃。他说:"理想就是从一大堆个别偶然的东西

---

① [德]黑格尔:《美学》第 1 卷,朱光潜译,商务印书馆 1981 年版,第 359 页。
② [德]黑格尔:《美学》第 1 卷,朱光潜译,商务印书馆 1981 年版,第 201 页。

之中所拣回来的现实。"①可见,在对理性和共性的强调上,黑格尔倒的确是有些过分了,但有些同志却要把他归为"个性说"的倡导者,这对黑格尔来说不真是一种冤枉吗?

马克思曾经对黑格尔的哲学思想作过这样的概括:"在黑格尔看来,思维过程,即他称为观念而甚至把它变成独立主体的思维过程,是现实事物的创造主,而现实事物只是思维过程的外部表现。"②因此,马克思和恩格斯一致认为,黑格尔哲学最根本的弱点是:头足倒置。同样,黑格尔美学思想中的"整体说"也是头足倒置的。因为,在黑格尔看来,典型化亦是以绝对理念为其根源和出发点的,在整个典型化过程中绝对理念和共性占据了统治的地位。他所说的"还原",即是感性对理性的"还原"、个性对共性的"还原"。这些观点应该说都是唯心的、错误的,对后世某些艺术教条主义和唯心主义观点是有其坏的影响的。但他的"整体说"的贡献却是基本的,最主要的就是其中贯穿着辩证的思想,因此,马克思、恩格斯关于艺术典型的理论同其有着直接的继承关系。甚至连主张个性说的同志一再提到的卢那察尔斯基关于艺术典型的理论也同黑格尔的艺术典型论一脉相承。例如,卢那察尔斯基在《萨姆金》一文中一再强调典型是"活生生的人",是"最普遍的典型特点""在纯个人的特点中得到自然的补充和充分的完成"③。这里所说的,就是共性与个性高度融合成为直接统一的"整体"。因此,我们一方面应该继承黑格尔"整体说"中的辩证思

①[德]黑格尔:《美学》第 1 卷,朱光潜译,商务印书馆 1981 年版,第 201 页。
②《马克思恩格斯选集》第 2 卷,人民出版社 1972 年版,第 217
③[苏]卢那察尔斯基:《卢那察尔斯基论文学》,人民文学出版社 19
　第 334 页。

想,同时也应对其进行唯物主义的改造。具体说来,我们应该继承其艺术典型是共性与个性直接统一的整体,是一个辩证发展的过程,是丰富多样性与明确坚定性的统一等辩证的思想。同时,我们也要抛弃其以绝对理念为出发点的唯心主义观点,坚持在共性与个性直接统一的整体中个性是出发点,个性制约共性的唯物主义思想。这样,我们就将真正清除艺术典型理论中的唯心主义和形而上学的影响,逐步做到以马克思主义的唯物辩证的观点给艺术典型这一美学和文艺理论中的基本问题以一个比较科学的解决。

七、小　结

我们在介绍康德美学思想时已经谈到,有的学者认为,康德的《判断力批判》在美学史上的显赫地位超过了黑格尔。在哲学界长期以来亦有"康德对黑格尔"(两者处于同一逻辑层次)和"从康德到黑格尔"(黑格尔高于康德)两种不同的看法。我们认为,看这个问题不能脱离具体的历史时代作抽象的比较,而应取马克思主义的历史主义的态度。从马克思主义的历史主义观点来看,康德首次开辟了美学研究的崭新领域,奠定了理性与感性、主观与客观统一的研究道路。从这个意义上说,在美学史上是没有第二个人能代替康德的,他不愧是欧洲近代美学的奠基者。但由于时代的前进,美学是要发展的。因此,从深刻性、完备性和科学性的角度来说,黑格尔当然超过了康德,黑格尔的《美学》也超过了康德的《判断力批判》。

我们认为,可以毫不夸张地说,黑格尔是西方美学史上最重要的一位美学家。他不仅是德国古典美学的集大成者,也是马克思主义以前整个西方美学的集大成者。他的辉煌的贡献与成就在西方美学史上是独一无二的。

首先,在西方美学史上第一次建立了一整套严密而完备的辩证的艺术理论体系。正如黑格尔在哲学领域上的最大功绩是提出了一整套完备的辩证法思想一样,在美学上黑格尔的最主要贡献亦是建立了一整套严密而完备的辩证的艺术理论体系,亦即艺术辩证法。他同传统的形而上学美学理论根本对立,从辩证的联系与发展的角度来研究艺术。从联系的观点看,他把艺术与时代结合,提出了一定的时代是一定的艺术的基础与土壤的基本观点。还把性格与环境统一,认为环境是性格的更具体的前提。从发展的观点看,他把理性与感性的矛盾作为艺术发展的出发点和关键,并深刻地论述了由抽象到具体的正、反、合三段式的过程。他还提出了生命整体说、独创说、无限自由说等著名的理论。尤其可贵的是,他打破了形而上学"是就是,不是就不是"的孤立而绝对的形式逻辑认识方式,第一次提出了形象可以同时是思想、感性可以同时是理性、客体可以同时是主体、有限可以同时是无限的辩证的美学思想。上述理论观点都成为建立马克思主义美学的重要思想资料,对于我们今天彻底打破美学与文艺研究中的形而上学倾向、发展马克思主义文艺理论与美学理论也具有重要的借鉴作用。

其次,从美学理论本身来说,黑格尔的美学思想在美学史上具有集大成的地位。他科学地综合了前人的成果,比较深刻地揭示了艺术美理性与感性直接统一的本质,并逻辑地论证了克服理性与感性矛盾的具体过程。这就较准确地划清了艺术与理论及科学的界限。尤其值得我们注意的是,黑格尔的美学思想虽是从理念出发,但处处将逻辑的论证与历史的论证结合,包含着丰富而深刻的艺术史的资料,对于我们从论与史的结合上更深入地理解艺术有很大的启发。

再次，黑格尔提出了通过实践达到主客观统一、人的本质对象化等一系列重要观点。当然，他所说的"实践"是指精神的实践，他的实践观是唯心主义的实践观。但是，这种唯心主义的实践观对马克思主义的唯物主义的实践美学观有着重要影响，两者之间有着直接的渊源关系。

最后，在黑格尔的美学思想中贯穿着启蒙运动哲学家惯有的清醒的理性主义精神，既反对非理性主义、感伤主义的颓废文艺流派，也反对自然主义倾向。这在当时是具有一定的进步意义的。

但是，黑格尔的客观唯心主义的哲学世界观却使其将绝对理念作为其美学理论的出发点，而在理性与感性的对立统一之中，理性又占据了统治的地位。这就从根本上使其美学思想成为一种头足倒置的理论。在他的美学思想中也渗透着德国资产阶级的妥协精神。这突出地表现在他的美学理想强调和谐静穆的中和之美，但在冲突论中却将冲突的原因归结为双方既有合理性而又各有其片面性的矛盾。这一切都表现了德国资产阶级的妥协性，说明其仍未摆脱德国庸人的气味。而且，黑格尔基本上抹杀了自然美的存在，否定了自然美是艺术美的源泉，及其生动性、丰富性。这正如匈牙利著名美学家卢卡契所说，是"重蹈了唯心主义所固有的蔑视自然的覆辙"[①]。另外，黑格尔将理想的艺术时代放在古代，明显地流露了向后看的悲观主义情绪。

马克思指出："辩证法在黑格尔手中神秘化了，但这决不妨碍

①［匈］卢卜契：《卢卡契文学论文集》(1)，中国社会科学出版社1980年版，第426页。

他第一个全面地有意识地叙述了辩证法的一般运动形式。在他那里,辩证法是倒立着的。必须把它倒过来,以便发现神秘外壳中的合理内核。"①在这里,马克思十分公允地评价了黑格尔的理论成就,并提出了对其批判继承的任务。在美学领域,恰恰是马克思主义理论家真正地继承了黑格尔美学建立在逻辑与历史相统一的方法之上的艺术辩证法,并给以唯物主义的改造,在新的历史条件下发展成为具有高度的革命性与科学性相统一的马克思主义美学理论。

①《马克思恩格斯选集》第2卷,人民出版社1972年版,第218页。

第十二章　德国古典美学的
三个基本命题

德国古典美学有三个基本命题，即"美是真与善的桥梁""美在自由""无目的的合目的性"。弄通弄懂这三个基本命题，是研究德国古典美学的关键之一。

一、关于"美是真与善的桥梁"

美是统一真与善、知与意、自然与自由、知性与理性的桥梁，这是康德《判断力批判》一书《导论》的主要观点，也是统率全书的主要观点，是贯穿康德美学思想的中心线索。从美学史本身来看，美是真与善的矛盾统一是由古典美到近代美的重要过渡，美的近代意识的重要标志。从此，美学领域的"和谐"就不是无冲突的、形式的、平板的和谐，而是充满着矛盾的（二律背反）、包含着丰富内容的、立体的和谐。而近代的崇高也开始作为一个独立的美学范畴在真与善的对立与统一中被提出。按照康德的理解，崇高是真与善的对立，最后善压倒真，统一于善。因此，黑格尔说，康德"说出了关于美的第一句合理的话"。从康德本身的哲学体系看，这一命题使其《判断力批判》成为沟通《纯粹理论批判》与《实践理论批判》的桥梁。因而，没有《判断力批判》，其整个哲学体系就没有完成。这就使美学成为其整个批判哲学的总结,而学习与掌握康德美学对于掌握其整个哲学体系就起到了提纲挈领的作用。

"美是真与善的桥梁"这个命题本身比较深奥。要理解这个命题的含义必须弄清楚两点:一是,康德认为,纯粹理性世界与实践理性世界是对立的;二是,只有通过审美判断的无目的的合目的性原理才能将两者加以统一。康德说道:"现在,在自然概念的领域,作为感觉界,和自由概念的领域,作为超感觉界之间虽然固定存在着一个不可逾越的鸿沟,以致从前者到后者(即以理性的理论运用为媒介)不可能有过渡,好像是那样分开的两个世界,前者对后者绝不能施加影响;但后者却应该对前者具有影响,这就是说,自由概念应该把它的规律所赋予的目的在感性世界里实现出来;因此,自然界必须能够这样地被思考着:它的形式的合规律性至少对于那些按照自由规律在自然中实现目的的可能性是互相协应的。"①为了理解这句话,我们可通过下表说明:

	真	美	善
领域	自然(现象界)	艺术	自由(物自体)
凭借能力	知性力	判断力	理性力
先验原理	合规律性	无目的的合目的性	最后目的
心理机能	认识(知)	情	欲求(意)

现在需要进一步探讨的是,在康德的理论中将纯粹理性世界与实践理性世界统一起来的必要性何在呢?康德认为,这首先是

①[德]康德:《判断力批判》上,宗白华译,商务印书馆1964年版,第13页。

由领域的实践规律给物自体以规定。这样,通过无目的的合目的性的先验原理由自然到自由、知性力到理性力、合规律性到合目的性的过渡就成为可能。这里,由自然领域的形式的合规律性过渡到自由领域的意志的合目的性,必须通过一个主体共通感的中介。即审美对象形式的美不是通过概念规范的,而是通过主体的感受实现的,这种感受又不是个人的,而是具有普遍性的,人人共同感到美,这就是所谓审美共通感,而这种共通感又不是认识领域中的"必然",而是道德领域中的"应该"。这种所谓"审美的共通感"就是一种无目的的合目的性,是沟通形式的合规律性与意志的合目的性的桥梁。再从康德关于知识的构成来看,康德认为,科学知识即是经验质料加上先天形式。作为审美来说,即是对于个别对象形式的感受(合规律性)加上主观的合目的性(合目的性)。这就使美成为自然与自由、知性力与理性力、合规律性与合目的性、知与意的中介。

"美是真与善的桥梁"是康德美学的精髓之所在,在美学史上首次开辟了美的独特的情感领域。同时,这一命题的提出也标志着美学史上的重要转折。即由美或偏于感性、或偏于理性的两者对立转变到感性与理性的统一;美学研究从在此之前基本属于哲学范围转变到重视主体体验的心理学研究;从范畴的角度看,由和谐作为美的单一范畴扩展到崇高作为美的另一形态。这个命题还提出了由必然王国到自由王国过渡的重大课题,将美学作为解决这一课题的钥匙,虽然过分夸大美学的作用,不太全面,但却是从人类发展的高度思考美学的地位,有其一定的价值。这个命题本身具有巨大的包容性和丰富的内容,对后世具有巨大的启发作用。当然,这个命题本身也有着重大的缺陷。首先是对"实践"这一极为重要的哲学概念进行了曲解。马克思主义认为,所谓

"实践"是人们在改造世界中主观见之于客观的活动。但康德美学却将"实践"归于纯主观的所谓"意志"范畴，完全同客观隔绝。而感性与理性的统一本来也只有通过社会实践才能实现，但康德却在某种主观先验原理的基础上将两者"统一"了起来，完全否定了社会实践的作用。再就是，康德所假设的无目的的合目的性的原理也纯粹是主观的、先验的，是一种主观唯心主义，因而，在此基础上的统一也是一种虚假的统一。

二、关于"美在自由"

德国古典美学最基本的一个范畴就是"美在自由"。温克尔曼说："艺术之所以优越的最重要原因是有自由。"①康德认为："没有这自由就没有美的艺术，甚至不可能有对于它正确评判的鉴赏。"②席勒说："当艺术作品自由地表现自然产品时，艺术作品就是美的。"③由此可见，要掌握德国古典美学就必须掌握"美在自由"这一基本范畴。那么，德国古典美学"美在自由说"的基本含义是什么呢？"美在自由说"是"美在和谐说"的深入发展，是古典美的最高级形态。"美在和谐说"在德国古典美学之前，主要表现为两种形态，或为偏重于感性、物质与形式的外在和谐，或为偏重于理性、精神与内容的内在和谐。古希腊时期的亚里士多德就

①［德］温克尔曼：《论希腊人的艺术》，邵大箴译，见《世界艺术与美学》第 1 辑，文化艺术出版社 1983 年版，第 307 页。
②［德］康德：《判断力批判》上，宗白华译，商务印书馆 1964 年版，第 203—204 页。
③［德］席勒：《论美》，张玉能译，见刘纲纪、吴樾编：《美学述林》第 1 辑，武汉大学出版社 1983 年版，第 307 页。

偏重于外在和谐,柏拉图则偏重于内在和谐;英国经验主义美学是一种外在的和谐,大陆理性主义美学则是一种内在的和谐。到了德国古典美学,"美在和谐说"发生了质的变化,进入了新的阶段,由感性的外在和谐和理性的内在和谐发展到感性与理性经过对立统一达到一种新的自由的和谐的境界。因此,"美在自由说"是"美在和谐说"的深入发展。作为古典美的基本范畴当然是"美在和谐",但在外在和谐或内在和谐阶段,古典美的内涵还是平面的、肤浅的。只在到了"美在自由"阶段,经过感性与理性、外在与内在的对立统一,古典美的内涵才丰富充实起来,从而成为一种有层次的立体美。因而,"美在自由说"是古典美的最高级阶段,古典美从此达到极境。这就是古典美的终结,预示着一种新的形态的美与美学理论必然产生。而这种新的形态的美与美学理论就孕育于古典美学理论体系之中,它即是康德关于崇高的理论与黑格尔关于近代的浪漫型艺术的理论。同时,"美在自由说"也是资本主义上升时期的产物。资本主义上升时期针对封建主义对人性的禁锢提出了"人性解放"与"民主自由"的口号,从而为"美在自由说"的产生提供了必要的思想条件。因为,诚如黑格尔所说,不论外在和谐的感性派还是内在和谐的理性派都具有某种束缚性。感性派只强调感性,实际上物质的形式的东西过度泛滥,束缚了精神与内容。而理性派只强调理性,精神与内容的无限膨胀反而淹没了物质与形式。因而二者都不是真正的和谐。只有"美在自由说"强调感性与理性的对立统一,才是真正的和谐,具有冲决束缚的解放性质。归根结底,资本主义上升时期,在大生产和科技高度发展的基础上出现的辩证思维方法为"美在自由说"提供了理论的根据。这种辩证的思维方法最根本的特点是打破了"是就是,不是就不是"的传统的形式逻辑的思维方式,而主张"是同时可以是不是"的辩证的思维方式。这就开阔了人们的思路,使感性不仅是感性,同时亦可是理性,从而为"美在自由说"奠定了理论的基础。资本主义上升时期从封建社会脱胎而出,本身带有明显的过渡色彩,无论在政治、思想还是理论形态上都具有明显的近代气息,同时又是对古代的总结。而且,由于其时业已超越了封建的古代,所以愈发易于总结。"美在自由说"就是资本主义上升期以崭新的思想武器对古代艺术基本特征的哲学总结。但也同时存在着新的近代的美学形态,如前所说的康德的崇高论与黑格尔关于浪漫型艺术的概括等。因此,此时可以说是新旧两种理论形态同时存在,交替发展。但古典美毕竟已经走完了自己的路,完成了自己的历史使命,新的近代的美学形态必将代替它走到历史的前沿。

所谓"美在自由",其基本含义是指,美是一种感性与理性、客体与主体之间不受任何障碍的直接统一。即感性与客体中到处渗透着理性与主体,而理性与主体也完全渗透于感性与客体之中。这一理论的发展,表现在统一的根据的变化之上,大体分三步:第一步是感性与理性自由地统一于主观。这主要以康德为代表。他假设了一个主观先验的原理:无目的的合目的性,作为感性与理性自由地统一的根据。所谓无目的的合目的性,并不是一种客观的法则,而是一种主观的心理功能,实际上是一种主观感受的合目的性,即这种主观感受应具有一种合目的普遍性。这种主观感受是一种心理的功能,即想象力与知性力(理性力)自由的协调的心理功能。在康德看来,这种心理功能具有某种合目的的普遍性。康德的理论完全是一种主观的假设,因而,我们认为,康德所说的自由的统一是一种主观的统一。第二步,由主观到客观的过渡。"美在自由说"由主观到客观过渡的代表人物是席勒。

一方面,席勒提出了这种美的感性与理性的自由统一,客观地表现于某种形象之中,这就是所谓"活的形象""审美的外观"。这种美的形象的基本特征是把对象的特征"提供给直接的直观",即特征与直观、内容与形象的直接统一。但这种活的形象的产生,席勒却认为是主观的"游戏冲动"的结果,而游戏冲动是一种既不同于感性冲动又不同于理性冲动的,摆脱了任何束缚的一种主体的自由。将人类的本性划分为感性冲动与理性冲动,又认为两者的统一必须借助于游戏冲动,这本身就是一种主观先验的与抽象的划分方法,最后还是将美归结到主体的自由,仍没有完全摆脱康德主观先验论的束缚。第三步是感性与理性自由地统一于客观。代表人物是黑格尔,他在自己的《美学》中将感性与理性自由地统一的基础完全从主观扭转到客观之上。他给美所下的定义为"美是理念的感性显现"。首先,他认为,理念的感性显现是客观理念自发展到绝对精神的艺术阶段的必然结果。其次,他认为,所谓理念的感性显现即是理性与感性的直接统一、融为一体,并集中地表现于美的形象(即理想)之中。再次,他认为,这种理想的形成过程是经由感性与理性对立统一的内在矛盾而形成的"一般世界情况—情境与情致而形成的动作—性格"这样一个"正、反、合"由抽象到具体的过程。这就将感性与理性自由统一的客观过程描述了出来。最后,他认为,感性与理性的自由统一同一般世界情况即时代背景密切相关而理想的时代背景应在古希腊时代。这就提出了自由的艺术产生于自由的时代的思想,从而为感性与理性的自由统一确定了时代与社会的基础。

"美在自由说"的提出有什么重要意义呢?我们认为,首先是在某种程度上揭示了美的基本规律。美是什么?这是自古以来就一直被人们所询问和讨论的问题,而这一所谓美的本体论问题又是区分各类美学问题的核心。那么，到底美是什么呢？美学史上有各种理论，对美有各种界说。有的认为，美在感性；有的认为，美在理性。实践证明，这些理论都是不完善的。德国古典美学提出"美在自由说"，尽管是无数美学理论之一种，但却在某种程度上揭示了有关美的一个基本规律，即一切的美既不在纯粹的理性，也不完全在纯粹的感性，而在理性与感性之间的一种自由的关系。因为，在他们看来，只有在这种自由的关系之中，主体处于一种不受概念和具体实用利益的束缚，才能对对象产生审美的态度——鉴赏的肯定性的情感评价态度。当然，感性与理性之间的这种自由关系并不仅仅是和谐的关系。因为，"和谐"及由此形成的感性与理性的直接统一、融为一体只是自由的关系的形态之一。而理性对感性的超越亦可产生一种不受束缚的自由感，即崇高感，也是美的形态之一。其次，"美在自由说"同马克思主义美学之间有着重要的渊源关系。马克思主义美学继承了"美在自由说"中感性与理性对立统一及由此产生自由关系的观点，抛弃其唯心主义内核，以社会实践的理论对其加以改造，使社会实践成为感性与理性对立统一并产生自由关系的唯一动力。美是社会实践的产物，只有在社会实践中，特别是劳动阶级的实践中才会产生感性与理性之间的对立统一，并由此产生自由的关系。而所谓自由的关系，即是社会实践中主体遵循客观规律对客体的改造而形成的感性与理性的两者的高度统一。同时，"美在自由说"也给西方现当代美学以重要启示。西方现当代美学基本上是现代派、抽象派艺术在理论上的概括。这种美学理论基本上完全否定了感性、理性与客体的位置与作用，表面上看同古典美学与"美在和谐说"完全无关。但实际上，它同古典美学及作为美在和谐说的最高形态的美在自由说却密切相关。因为，作为西方现代派艺术理论代表的西方现当代美学理论,主张主客体的对立关系中主体不受任何束缚的一种自由。在审美上表现为主体对客体的压倒,成为主体愿望的强烈表现;在艺术上是感性对精神的象征;在美的形态上,充分表现了主体为追求自由而进行挣脱的痛苦历程,因而是一种崇高的美。但是,西方现当代美学中的"主体"同德国古典美学的"主体"有着不同的含义。德国古典美学中的"主体"属于理性范围,西方现当代美学中的"主体"则基本上属于非理性的"自我"。因而,西方现当代美学中的"自由"就是一种非理性的自我表现。

当然,德国古典美学的"美在自由说"也有着根本的缺陷。政治上,它是资产阶级自由观的表现,具有某种虚伪性。黑格尔所声称的产生自由艺术的自由时代,其实在资本主义社会里是从来也没有出现过的。这只不过是黑格尔老人的一个空想。理论上,它是一种否定社会实践的唯心主义。这一理论中所包含的主观与客观、主体与客体等概念都同唯物主义的存在与意识的概念根本不同。它们均属意识、精神范围。因而,所谓"美在自由",实质上是一种精神、理性的自由。马克思主义认为,自由只能是通过社会实践对必然的认识和对客观世界的改造。

三、关于"无目的的合目的性"

前些时候,在文艺创作的自觉性与非自觉性问题上,有这样一种理论:逻辑思维(自觉性)是创作的基础,而作为创作过程则应完全顺从形象思维自身的逻辑(包括情感的逻辑)来进行,而尽量不要让逻辑思维从外面干扰、干预、破坏、损害它。这就是说,创作过程完全是非自觉性的了。这样一来，就出现了三个问题。一是将文艺创作分为自觉性与非自觉性两个阶段，那么，这性质不同的两个阶段是如何结合的呢？二是文艺创作以逻辑思维为基础，自觉性在前，非自觉性在后，依靠形象思维创作。这就同"表象—概念—表象"的公式在实际上没有了区别，而且也必然导致所谓"主题先行论"。三是这种理论虽然将逻辑思维作为文艺创作的基础，但创作过程却完全排除逻辑思维。这就在实际上将创作的主要部分看作非自觉性。总之，我们觉得这种创作理论自身似难自圆，而且并不符合创作实际。

那么，这种理论所存在的问题在哪里呢？我们觉得，持这种理论的人们看到了文艺创作中过分强调自觉性所造成的弊端而走到了另一极端，过分地强调了非自觉性的一面，没有将自觉性与非自觉性有机地结合与统一起来。为了更好地认识与阐述文艺创作过程中自觉性与非自觉性的关系，我们认为可以借用康德著名的美是"无目的的合目的性"的命题，并以马克思主义为指导对其加以改造。

下面，我们就借用与改造"无目的的合目的性"命题问题简要地谈几点看法。

第一，康德的这一命题是一场长期美学论战的产物，因而其中吸收和凝聚了几派美学观点的成果。在康德之前，欧洲美学界同哲学界一样，主要是唯理派与经验派的激烈斗争。在文艺创作的自觉性与非自觉性问题上，唯理派是强调自觉性的。例如，法国著名的启蒙主义者狄德罗就曾强调"想象的活动有它一定的规范"。这里所说的"规范"即指理性。相反，经验派美学家却强调非自觉性。英国的博克就说："我们所谓美，是指物体中能引起爱或类似情感的某一性质或某些性质，我把这个定义只限于事物的单凭感官去接受的一些性质。"①康德看到了这两派争论中所存在的不足,于是试图调和。为此,在审美(包括文艺创作)的自觉性与非自觉性的问题上就提出了"无目的的合目的性"的著名命题。这一命题是他所确定的最主要的审美判断的先验原理,是其美学思想的核心所在。经过他的长期思考与研究,这一命题中包含着极其丰富的内容,是对历史上各派美学思想在审美自觉性与非自觉性问题上的一个总结,吸收了各家的精辟之处。因此,这一命题理应引起我们的特别重视。

第二,对于"无目的的合目的性"这一命题的原意,要认真地科学地进行分析。这一命题本身无疑存在着浓厚的先验的非理性主义的色彩。因为,康德所说的"无目的"即指没有任何客观的目的,也就是对对象的存在无任何实际的利害要求。而所谓"合目的性",即指对象的形式适合了人的主观认识能力从而引起美的愉快。在康德看来,这一切都是先天的安排,"好像是有意的,按照合规律的布置"。② 很明显,这里面包含着许多形式主义、唯心主义和非理性主义的东西。但他的最突出的功绩却在于正确地指出了,在自觉性与非自觉性问题上,审美不应和其他认识形式及实践活动一样,而应具有的特性。并且,他还将这种特性归结为无目的性和有目的性的统一,即是自觉性与非自觉性的统一。这些看法是非常有见地的,不仅闪耀着辩证法的光辉,而且比较符合审美活动(包括文艺创作)的实际。

第三,对于"无目的的合目的性"这一命题,我们今天以马克

---

① 北京大学哲学系美学教研室编:《西方美学家论美和美感》,商务印书馆
　　1980年版,第118页。
② [德]康德:《判断力批判》上,宗白华译,商务印书馆1964年版,第148页。

思主义为指导对其进行根本改造,赋予新的涵义,仍可采用。首先,我们谈谈对于"目的"这一概念的改造问题。在康德那里,所谓"目的论"是同宗教神学的"创世说"密切相关的。他所说的目的,乃是先天的或者说是上帝的目的。而对于我们来说,所谓"目的",乃是人的主观能动性的表现,是人的自觉的活动、有意识的实践。因而,在我们看来,所谓"目的性"就是人的一种能动性、自觉性和有意识性。其次,谈一下对于无目的性(非自觉性)与有目的性(自觉性)统一的命题本身的改造问题。在我们看来,对于这一命题应该抛弃其形式主义、唯心主义和非理性主义的成分,而保留其辩证统一的合理因素,并赋予其新的涵义。从内容上说,这一命题表现在创作上不直接具有生产、理论与生活实践的目的性(自觉性),但却具有一种审美的目的性(自觉性)。这就是说,在文艺创作中,作者不是直接把对象当作生产、理论与生活等一般实践活动的对象,犹如看到食物要将其吃掉一样,因而把文艺看作一种直接实用的对象。这样的目的性或自觉性在文艺创作中不应保留,如果保留,就是对于艺术规律的破坏。相反,在文艺创作中,作者则应具有一种审美的目的性(自觉性)。这种审美的目的性(自觉性)就是作者在创作中意识到对象的某种功利性,但却保持距离地对其持审美的态度。这种以某种功利性为基础的审美的态度应该贯穿于创作与欣赏活动的整个过程。因为,审美如果变成具有某种直接实用目的的自觉的行动,那就必将离开审美的轨道而发生抗战时期观众殴打《放下你的鞭子》一剧里老头的事件。从形式上来说,这种无目的性(非自觉性)与有目的性(自觉性)统一的表现,就是文艺创作不像逻辑思维那样将自觉的目的直接体现于概念之中,而是将其间接地蕴含在形象之内。众所周知,逻辑思维是借助于概念之间的矛盾运动来推动思维发展的,使人们由对事物初级本质的把握到对其高级本质的把握。因此,逻辑思维的目的性、自觉性一直是直接表现的、明朗的。但文艺创作却要借助于形象,而形象又是一种感性的形式。那么,这种感性的形象能否包含自觉性的理性的因素呢？这是许多同志的疑问。我们认为,这里有两个问题需要解决。一个是人的头脑中反映出来的形象与客观世界的形象有原则的区别。前者是一种纯粹的客观,后者却是一种认识,打上了浓厚的主观烙印。再一个就是人的头脑反映出来的形象作为感性的形式,并不是不能包含理性的自觉性的内容。因为,形象创造的想象活动乃是人类区别于动物的本质特征之一。这就是马克思所说的最低劣的建筑师优越于最巧妙的蜜蜂之处。因此,形象同样是人类对客观世界思维的产物,它决不是客观对象的纯感性的再现,而一定包含着某种理性的内容。这就是恩格斯所说的倾向性越隐蔽越好,不要特别地说出来,而要从情节和场面中自然地流露出来。也正如钱锺书先生所说:"理之在诗,如水中盐、蜜中花,体匿性存,无痕有味。"[1]例如,一幅山水风景的绘画,尽管是对客观的感性的山水风景的描摹,但却同样渗透着作者的理性认识。而且,作者对这幅以感性形式出现的图画可以作多次的修改,而使其中所包含的理性内容不断深化。可见,一切文艺创作中作者头脑中所浮现的形象都是在感性的非自觉的形式中蕴含着自觉性的理性的内容。而且,作者正是通过对这种感性的非自觉的形象的不断修改,而使其所蕴含的自觉的理性内容不断加深。这种对于形象的修改就是艺术想象中形象之间由低到高的有逻辑的联结。这就是形象在思维中的矛盾运动,是形象思维发展的过程。这整个过

---

[1] 钱锺书:《谈艺录》补订本,中华书局1984年版,第231页。

程都离不开作者世界观的指导作用。这样,我们对康德"无目的的合目的性"命题的改造就赋予这一命题以完全崭新的意义,而同原有命题的唯心主义、形式主义与非理性主义的内容有了本质的区别,同时也吸收了原有命题的精华之处。

第 四 编

浪漫主义与自然主义美学

第十三章　雨果的浪漫主义美学思想

雨果是 19 世纪法国杰出的诗人、小说家和文艺理论家,法国资产阶级浪漫主义文学运动的领袖人物,他所发表的《〈克伦威尔〉序》与《莎士比亚论》是浪漫主义文学运动的两部重要论著,特别是 1827 年发表的《〈克伦威尔〉序》成为整个浪漫主义运动的宣言书,较集中地阐述了浪漫主义文学运动的基本要求,在西方文艺理论史上具有重要的地位和广泛的影响。

一

1802 年 2 月 26 日,雨果诞生于法国贝藏松城莱奥波德的一个下级军官的家庭里,其父为营长。其时,正值法国资产阶级革命曲折发展时期。因此,他的思想随着政治形势的变化也有所变化,走过了曲折的道路。但从总的方面来讲,雨果是站在进步势力一边的,并成为法国资产阶级革命的热情的宣传者与鼓动者、工人阶级的真诚的朋友。早期,雨果接受的是贵族传统教育。波旁王朝复辟后(1814),他所接受的贵族教育使他反对革命,歌颂保皇主义,成为新古典主义的公开拥护者。但反动君主政体所推行的封建专制主义,从反面深刻地教育了雨果,使他从 1826 年开始了浪漫主义的战斗,1827 年发表著名的《〈克伦威尔〉序》。1830
年 2 月 25 日,他所著的《欧那尼》一剧首场演出,剧本反封建暴君
的主题以及演出时剧院中那场激烈的斗争,显示着积极浪漫主义
反对古典主义和消极浪漫主义的胜利。在路易菲利浦的金融贵
族统治日益巩固的情况下,雨果的政治倾向出现逆转,开始同现
实妥协,拥护君主立宪,反对共和政体。1841 年 1 月 7 日,雨果当
选为法兰西学士院院长。1845 年 4 月 13 日,国王授予雨果法兰
西贵族称号。1848 年 2 月,法国爆发了资产阶级革命。7 月,王
朝倒台,资产阶级共和国建立。蓬勃发展的革命浪潮使雨果彻底
同君王立宪决裂,站到了共和派一边。他公开出来发表演说,为
起义者辩护,同反动势力斗争。1852 年,他被法国反动政府驱逐
出境,移居比利时,从此度过了漫长的 19 年政治流亡者的生活。
其间,雨果充满了斗争的激情,为和平与进步事业而斗争,创作发
表了《悲惨世界》《海上劳工》《笑面人》等重要作品。1870 年,雨果
返回祖国,受到人民的隆重欢迎。巴黎公社起义的初期,雨果对
这场无产阶级革命不太理解,但当起义失败,凡尔赛军血腥镇压
公社社员之时,雨果又挺身而出,保护被迫害的社员,并为他们辩
护,表现了一个民主主义战士的鲜明的爱憎态度与正义感。1885
年 5 月 22 日,雨果逝世。二百万巴黎人为这位伟大的浪漫主义
诗人送葬,充分表现了法国人民对诗人的无比崇敬与爱戴。

二

　　法国资产阶级大革命后,由于资本主义社会矛盾的进一步暴
露,一部分资产阶级文艺家对资本主义社会失望而寄希望于
未来。

　　1789 年在法国爆发的震撼欧洲的资产阶级大革命,是一场资本主义代替封建主义的革命。这次革命用暴力推翻了统治法国一千多年的封建专制制度,为法国资本主义的进一步发展创造了条件。但法国大革命后各种社会矛盾却进一步尖锐激烈起来,封建阶级不甘心退出历史舞台,多次发动反革命暴乱,企图复辟;大资产阶级也在斗争的关键时刻走向革命的反面,利用篡夺的政权,进一步镇压与剥削无产阶级与劳动人民;新的资本主义社会虽已确立,但其内在的弊端却进一步暴露,社会上的污浊与黑暗仍到处存在。这就完全粉碎了启蒙主义思想家呼吁建立"理想的国家""理想的社会"的言辞。诚如恩格斯所说:"和启蒙学者的华美约言比起来,由'理性的胜利'建立起来的社会制度和政治制度竟是一幅令人极度失望的讽刺画。"①许多资产阶级文艺家在失望之余,就致力于对现实的阴暗与丑恶的揭露与批判,对理想的热切的探索与追求,由此形成一股以抒发主观情感,批判丑恶现实与追求理想为其特点的浪漫主义文艺思潮。因理想性质的不同,浪漫主义运动出现了分裂。将理想寄托于未来的为积极浪漫主义,而将理想放在过去的则为消极浪漫主义。

　　19 世纪浪漫主义运动,从思想渊源上来看,对其产生极大影响的是盛行于 19 世纪的德国古典哲学与空想社会主义。德国古典哲学是一种崇尚精神力量的唯心哲学。这种哲学给浪漫主义以巨大的影响。如康德所强调的"彼岸世界""上帝观念",费希特的"自我创造非我""主观虚构",黑格尔的"绝对理念的感性呈现",等等。圣西门、傅立叶与欧文所宣扬的空想社会主义,对资本主义社会的抨击与未来社会的预测,也对浪漫主义运动有着重

---

① 《马克思恩格斯选集》第 3 卷,人民出版社 1972 年版,第 298 页。

大影响。雨果就曾将自己称为社会主义者,他说:"最近四十年来,人们称之为社会主义者的那些人,正是献身于这一工作(即教育与改造人民的工作——引者注)。本书的作者虽然渺小,但也是其中最早的一员。"

　　浪漫运动继承了启蒙运动的文学传统,对新古典主义展开了更加深刻的批判,彻底否定古典主义为服从绝对王权而制定的种种清规戒律和对希腊罗马的刻板摹仿。特别在法国大革命后,随着封建阶级政治上复辟阴谋的推行,新古典主义又有所抬头,特别在戏剧领域,浪漫运动的领袖们以勇敢的战斗精神同新古典主义的残余展开了殊死的斗争,发生了因雨果的著名戏剧《欧那尼》的上演而形成的浪漫主义与古典主义的激烈斗争。《欧那尼》叙述16世纪西班牙贵族出身的欧那尼为了替父亲复仇而投身绿林,反对残暴的封建君主国王。后为追求爱情与恪守信义而自杀,其女友也殉情自尽。1830年2月25日,该剧在法国巴黎上演,它的反封建的主题,主人公的反抗精神,及其采用的传奇剧的手法,吸引了法国广大群众,受到了热烈的欢迎。尽管古典主义派为了破坏演出,采取了收买审查员、准备喝倒彩的鼓掌班、写恐吓信等手段,但仍然无法阻挡该剧演出的成功。这就标志着浪漫主义对古典主义斗争的胜利。可以毫不夸张地说,浪漫主义真正地宣告了新古典主义死亡。另一方面,浪漫运动在继承启蒙运动的同时,也继承了中世纪的民间文学。浪漫主义(Romanticism)这个名词就源于中世纪的一种叫做"传奇"(Roman)的民间文学体裁。中世纪民间文学中丰富的想象、真挚的情感与自由而通俗的语言正符合了浪漫主义运动的需要,因为它们指出的一个极其重要的口号,就是"回到中世纪"。

三

现在,我们阐述一下雨果浪漫主义美学思想的基本观点。

(一)浪漫主义的真正定义是文学上的自由主义

浪漫主义产生于资产阶级彻底冲破封建制度束缚建立资本主义制度的政治背景之上。因而,在文艺上,雨果将彻底冲破古典主义束缚而获得自由作为浪漫主义文艺的一个重要特征。他明确地提出了浪漫主义的真正定义是文学上的自由主义的论断。1830年3月9日,他在那出著名的《欧那尼》剧的序言中写道:"如果只从战斗性这一个方面来考察,那末总起来讲,遭到这样多曲解的浪漫主义其真正的定义不过是文学上的自由主义而已。"①为什么会提出这样的命题呢?一方面由于旧的文艺没有死亡,新的文艺与文艺工作者仍受到压制。更重要的是,封建制度已被冲破,资本主义制度已经建立,既然从政治上来说,资产阶级已经取得了胜利,将自己从旧的社会形式中解放了出来,那为什么不能将自己从古老的诗歌形式中解放出来呢?因此,雨果信心百倍地预告:"在不久的将来,文学的自由主义一定和政治的自由主义能够同样地普遍伸张。"②那么,这种文学上的自由主义的真正含义是什么呢?就是冲破古典主义的束缚,将新的诗歌形式从中解放出来。他针对新古典主义的疯狂反扑,郑重地发表声明:"我们要粉碎各种理论、诗学和体系。我们要剥下粉饰艺术的门面的旧石

---

①《雨果论文学》,柳鸣九译,上海译文出版社1980年版,第92页。
②《雨果论文学》,柳鸣九译,上海译文出版社1980年版,第93页。

膏。什么规则、什么典范,都是不存在的。"①并且发狠地说道,要
用6把甚至更多的锁,锁住各种古典主义的清规戒律。他所要破
除的头一个规则就是新古典主义的"三一律"。雨果说道:"要推
翻所谓的'三一律',也不见得是件难事。我们说'二一律'而不说
'三一律',是因为剧情或整体的一致是唯一正确而有根据的,很
久以来就毋庸再议了。"②他认为,最有力的反驳是生活本身。从
地点整一律来看,各类性质的事件,不可能发生在同一地点;而从
时间整一律来看,不同的事件也不能有长短相同的时间。因此,
雨果断言:"真实否决了他们的规则。"③同时,雨果还毫不留情地
批判了古典主义所遵奉的对希腊罗马古典进行摹仿的原则。他
认为,这种摹仿是一种窒息创造性的蠢举。他生动地举例说道:
"说到摹仿!? 反光怎比得上光明? 老在一条轨道上运行的卫星
怎比得上居于中心的恒星呢? 就以维吉尔全部的诗篇而论,他只
不过是荷马的卫星而已。"④

(二)对照原则

　　新古典主义由于遵循典雅原则,所以在题材与语言风格方面
都要求一种纯洁性,并因此而显得单调。浪漫主义与此相对,提
出了著名的对照原则。他在著名的《〈克伦威尔〉序》中提出并集
中地论述了这一原则,他说:"基督教把诗引到真理。近代的诗神
也如同基督教一样,以高瞻远瞩的目光来看事物。她会感到,万

---

① 《雨果论文学》,柳鸣九译,上海译文出版社1980年版,第58页。
② 《雨果论文学》,柳鸣九译,上海译文出版社1980年版,第48页。
③ 《雨果论文学》,柳鸣九译,上海译文出版社1980年版,第49页。
④ 《雨果论文学》,柳鸣九译,上海译文出版社1980年版,第57页。

物中的一切并非都是合乎人情的美，她会发觉，丑就在美的旁边，畸形靠近着优美，丑怪藏在崇高的背后，美与恶并存，光明与黑暗相共。"①他认为："这是古代未曾有过的原则。"②那么，雨果为什么会提出这一原则呢？第一，他认为，随着时代的发展，每个时期都有自己的美学原则。他提出"诗总是建筑在社会之上"③的著名观点，认为原始时代、古代与近代这三大人类发展的阶段中，诗歌都各有自己特殊的美学原则。原始时期是抒情性的，其特征是纯朴；古代是史诗性的，其特征是单纯；近代是戏剧性的，其特征是真实。他说："戏剧的特点就是真实；真实产生于两种典型，即崇高优美与滑稽丑怪的非常自然的结合，这两种典型交织在戏剧中就如同交织在生活和造物中一样。"④很显然，在雨果看来，近代的诗是以戏剧为主体的，戏剧则要求反映生活的真实，而生活的真实就是美丑的统一。因此，对照原则的提出既是近代文艺特有的美学原则，也反映了现实生活的本来面貌。第二，对照原则反映了人性的基本要求。他说："在基督教民族的诗里，这两个典型之中的前者表现了人类的兽性，后者则表现了人类灵魂。这是艺术的两个分枝，如果有人禁止它们枝叶交复而要把它们截然分开，那么，将产生的全部后果，其一是恶习和可笑的抽象化，其二是罪恶、英雄主义和美德的抽象化。"⑤这就说明，在雨果看来，优美与丑怪、崇高与滑稽都反映了人性中兽性与理性两个不同的侧

---

①《雨果论文学》，柳鸣九译，上海译文出版社1980年版，第30页。
②《雨果论文学》，柳鸣九译，上海译文出版社1980年版，第31页。
③《雨果论文学》，柳鸣九译，上海译文出版社1980年版，第22页。
④《雨果论文学》，柳鸣九译，上海译文出版社1980年版，第44—45页。
⑤《雨果论文学》，柳鸣九译，上海译文出版社1980年版，第45页。

面,完整的人性则是两者的结合,如若分开,必然在创作中导致抽象化的恶果,从而远离完整的人性。第三,对照原则的提出,从哲学上来看,是德国古典哲学中的辩证原则的体现。我们曾经说过,德国古典哲学的唯心主义对于浪漫文学有重大影响,而其辩证精神对浪漫文学的影响也是十分明显的,具体表现于对照原则之中。雨果在著名的《莎士比亚论》中曾以"整体由对立面构成"的基本哲学原理为莎氏的对称原则论证。他说:"什么是创造呢?就是善与恶、欢乐与忧伤、男人与妇女、怒吼与歌唱、雄鹰与秃鹫、闪电与光辉、蜜蜂与黄蜂、高山与深谷、爱情与仇恨、勋章与它的反面、光明与畸形、星辰与俗物、高尚与卑下。大自然,就是永恒的双面像。"①由此说明,他的对照原则,是总结世界万事万物普遍存在的对立统一的规律的结果,就好像奖章有其背面,光明有其阴影,火炬有其烟雾。最后,雨果将美丑相依存而存在的事实概括为一句话:"如果删掉了丑,也就是删掉了美。"②第四,对照原则的提出,最对古代喜剧传统的继承。雨果认为,从总体上来说,古代是一种单纯的美,但还是存在着萌芽状态的喜剧形式中所包含的丑。如稍显畸形的半人半羊的神、海神、人鱼、外形上丑恶的司命神、人面鹰等等,但丑怪们都是怯生生的,躲躲闪闪的,作为一种美学特征还没有正式登台。而近代的丑终究是对于古代萌芽状态的丑的继承。

对照原则的具体含义是什么呢?第一,对照原则就是崇高优美与滑稽丑怪这两种美学特征的有机结合。他说:"浪漫主义戏剧又会怎样做呢?它要把这两种乐趣加以捣碎并混合在一起。

①《雨果论文学》,柳鸣九译,上海译文出版社1980年版,第155页。
②《雨果论文学》,柳鸣九译,上海译文出版社1980年版,第84页。

它要使观众每时每刻从严肃到发笑、从滑稽的冲动到痛苦的激情,从庄严到温柔、从嬉笑到严肃。因为我们已经说过,戏剧就是滑稽丑怪与崇高优美的结合、灵魂与肉体的结合、悲剧与喜剧的结合。"①他甚至将这两种美学特征的结合比作厨师通过烹调将其变成一道美味丰富引起食欲的佳肴。当然,崇高优美与滑稽丑怪在艺术中的地位也并不是相等的,而是以崇高优美为主,滑稽丑怪处于一种衬托辅助的地位之上,雨果将其比作一种严肃工作之后的休息。他说:"相反,滑稽丑怪却似乎是一段稍息的时间,一种比较的对象,一个出发点,从这里我们带着一种更新鲜更敏锐的感受朝着美而上升。鲩鱼衬托出水仙;地底的小神使天仙显得更美。"②第二,这一美学原则体现于艺术形式之中,就是形成一种新的艺术种类即喜剧。雨果指出:"既然增加了一种条件会改变整体,于是在艺术中也发展了一种新的形式。这种新的类型,就是滑稽丑怪。这种新的形式,就是喜剧。"③喜剧在近代已成为一种具有独立意义的文体,在某种程度上已与悲剧并驾齐驱,即使在悲剧中,喜剧因素也同悲剧因素具有了同等的地位。诚如鲁迅所说:"悲剧把人生的有价值的东西毁灭给人看,喜剧将那无价值的撕破给人看。"④喜剧作为近代的一种独立的文体,它集中表现的是作为特殊美学范畴的丑,是通过对恶行的批判而寄寓着美的理想。而古代的喜剧,所揭露的恶行则是不彻底的,甚

①《雨果论文学》,柳鸣九译,上海译文出版社1980年版,第81页。
②《雨果论文学》,柳鸣九译,上海译文出版社1980年版,第35页。
③《雨果论文学》,柳鸣九译,上海译文出版社1980年版,第31页。
④湖北省武汉鲁迅研究小组编:《鲁迅论文艺》,湖北人民出版社1979年版,
　　第350页。

至恶行本身还包含"善"的因素。"这样,喜剧便消失在古代史诗巨大的整体中,差不多毫不引人注意就过去了。"①第三,对照原则的实际运用,使近代崇高远远地超过了古代的美。雨果认为:"我们未尝不可以说,和滑稽丑怪的接触已经给予近代的崇高一些比古代的美更纯净、更伟大、更高尚的东西;而且这也是理所当然。"②原因是,由于对照原则的使用使近代的崇高比古代的美更符合现实,也更丰富多彩,因而产生极大的美学效应。

(三)人心是艺术的基础,理想是艺术的动力

浪漫主义文艺最基本的特征就是主观性,侧重于内在的感情与理想的抒发,从而成为一种表现的艺术,区别于现实主义侧重于对客观现实摹仿的再现艺术。雨果也是完全主张文艺的源泉与基础在于人的主观世界的。他在《〈秋叶集〉序》中指出:"人心是艺术的基础,就好象大地是自然的基础一样。"③又在著名的《莎士比亚论》中指出:"进步是科学的推动者;理想是艺术的动力。"④雨果关于文艺主观性的论述,主要包含这样两个方面:第一,他认为,主观观念在文艺中具有至高无上的地位。他说:"诗人除了自己的目的以外别无其他限制,他只考虑有待实现的思想;除了观念以外,他就不承认有其他至高无上、不可缺少的东西,……"⑤很显然,雨果将属于主观范畴的目的、思想、观念看得

---

①《雨果论文学》,柳鸣九译,上海译文出版社 1980 年版,第 33 页。
②《雨果论文学》,柳鸣九译,上海译文出版社 1980 年版,第 35 页。
③《雨果论文学》,柳鸣九译,上海译文出版社 1980 年版,第 99 页。
④《雨果论文学》,柳鸣九译,上海译文出版社 1980 年版,第 129 页。
⑤《雨果论文学》,柳鸣九译,上海译文出版社 1980 年版,第 148 页。

至高无上、不可缺少，成为艺术的基础。他在另一个地方甚至更为明确地指出，"除了感情外，诗几乎就不存在了"。① 第二，在创作方面，他认为，主观世界是源泉与出发点。他在谈到自己所写的《秋叶集》中的诗篇时，说道："它们就是这样一些哀歌，好像是诗人的心灵让它们从那被生活的震撼造成的内心裂缝里源源而出。"②他在论述莎士比亚的创作时，提出了这样的论点："每个伟大的艺术家都按照自己的意念铸造艺术。"③雨果之所以特别强调文艺的主观性，原因之一是由于主观唯心主义世界观的影响，原因之二则是由于当时大革命后人们对社会失望，需要以高尚的理想与蓬勃的感情教育和激励人民。他说："文学是从文明中分泌出来的，诗则是从理想中分泌出来的。这便是为什么文学是一种社会需要。这便是为什么诗是灵魂所渴求的东西。因此，诗人是人民的启蒙导师。"④

（四）推崇一种"伟大"的美学风格

浪漫主义文艺由于选择宏大的题材，充满澎湃的热情，因而形成一种特殊的"伟大"的美学风格。这是不同于古代以和谐为特点的优美的风格，而是植根于近代土壤的"崇高"风格。雨果在《〈玛丽·都铎〉序》中指出："在舞台上，有两种办法激起群众的热情，即通过伟大和通过真实。伟大掌握群众，真实攫住个人。"⑤

---

①转引自伍蠡甫：《欧洲文论简史》，人民文学出版社1985年版，第248页。
②《雨果论文学》，柳鸣九译，上海译文出版社1980年版，第101页。
③《雨果论文学》，柳鸣九译，上海译文出版社1980年版，第139页。
④《雨果论文学》，柳鸣九译，上海译文出版社1980年版，第169—170页。
⑤《雨果论文学》，柳鸣九译，上海译文出版社1980年版，第110页。

在这里,他尽管同时提出了伟大与真实,但真正掌握群众的则是
"伟大"。因此,相比之下更加强调"伟大"的风格。那么,"伟大"
风格的具体含义是什么呢? 第一,伟大是一种具有神秘色彩的
"无限"。他说:"现在,请你思考一下,艺术就象无垠一样,对所有
一切'为什么'来说,都有一个至高无上的'因为'。"①他认为,崇
高的艺术具有一种"无限性",而这种"无限性"都植根于一种至高
无上的"原因",实际上是指莫测高深的不可知的神的力量,而任
何不可知都必然具有某种神秘色彩与迷人的魅力,从而"使诗歌
里充满神秘而美妙的典型,唯其因为这些典型略带痛苦的色彩、
唯其因为它们或隐或现但又千真万确、既笼罩在自己背后的阴影
里又力图使读者感到愉快,所以它们就格外具有迷人的魅力"②。
雨果把这种情况称作"伟大的悲哀"③,就是具有某种无限性的神
秘而感伤的美学风格。第二,伟大是一种维持某种内部平衡的丰
富的"单纯"。雨果认为,崇高的艺术具有极其饱满丰富的内容,
而这种丰富由于保持某种内在的平衡,因而使最不可思议的复杂
成为单纯。他说:"在诗歌中,淡泊就是贫乏;而单纯则是伟
大。"④这就说明,崇高的艺术所包含的丰富内容,它所具有的无
限性,因符合某种美的规律,而成为人的感官能够掌握的单纯的
对象。这就是伟大的风格能够被人欣赏的根本原因。第三,这种
伟大的风格产生强烈的艺术效果。雨果以莎士比亚为例,说明他
的作品字字是形象、是对照,都像白昼与黑夜那样对比鲜明。他

①《雨果论文学》,柳鸣九译,上海译文出版社1980年版,第148页。
②《雨果论文学》,柳鸣九译,上海译文出版社1980年版,第149页。
③《雨果论文学》,柳鸣九译,上海译文出版社1980年版,第150页。
④《雨果论文学》,柳鸣九译,上海译文出版社1980年版,第162页。

因而断言："莎士比亚是播种'眩晕'的人。"①

（五）想象就是深度

浪漫主义文艺大多具有奇特的想象,夸张的比喻,并因而暗示了作者对社会人性的深刻思考。雨果认为："想象就是深度。"②也就是说,想象本身能够承担哲学的任务,深入揭示社会的内在隐秘。他说："没有一种精神机能比想象更能自我深化、更能深入对象,这是伟大的潜水者。"③从这个意义说："诗人是哲学家,因为他想象。"④但想象对社会的深入思考,却是一种特殊的思考,是一种通过虚构与图案的思考。他这里所说的图案就是形象,好比大自然中的植物,植物的生长、落叶、繁殖、开花、结果,正是形象地揭示了大自然的内在规律。这已涉及形象思维问题,说明浪漫主义作家不仅在自己的作品中激荡着充沛的感情,而且寄寓了对社会人生的深邃的思考。

四

我们已经论述了雨果的浪漫主义美学思想,现在我们给它一个简要的评价。

首先谈一下雨果浪漫主义美学思想的贡献。

第一,作为法国积极浪漫主义运动的领袖人物,雨果表现了

---

①《雨果论文学》,柳鸣九译,上海译文出版社 1980 年版,第 162 页。
②《雨果论文学》,柳鸣九译,上海译文出版社 1980 年版,第 151 页。
③《雨果论文学》,柳鸣九译,上海译文出版社 1980 年版,第 151 页。
④《雨果论文学》,柳鸣九译,上海译文出版社 1980 年版,第 151 页。

关怀民族与人民命运的民主精神,并以其著名的《〈克伦威尔〉序》使整个浪漫运动迸发出炽热的光亮,成为推动运动前进的伟大宣言。

第二,雨果有关浪漫主义对照原则,人心是艺术的基础,伟大的风格,以及想象是深度等的论述,较深刻地揭示了浪漫主义的基本特点,并包含着某种现实主义精神,丰富了西方美学理论的内容。

第三,他关于崇高优美与滑稽丑怪相结合的论述,深刻地揭示了文艺创作中感性与理性相统一的内在规律,对于打破僵硬的传统美学原则,反映丰富复杂的现代生活有着现实意义。

第四,雨果不仅作为理论家出现于文坛,而且以其具有极高水平的作品实践着自己的理论,从而使其有极强的说服力量与广泛的影响。

其次,再谈一下雨果作为一个历史人物不可避免的局限性。

第一,雨果的浪漫派美学思想是建立在主观唯心主义的基础之上的。他的关于文艺发展的观点脱离了社会的政治与经济条件,他的创作的出发点是主观观念的思想。这是一种抹杀生活源泉的艺术唯心主义。他的具有神秘色彩的文艺思想对后世神秘主义文艺的发展起到了不良的作用。

第二,对主观色彩与崇高风格的过分强调,尽管有其时代原因,但也不可避免地具有片面性。

第三,理论观点以随想的形式表达出来,不够系统,缺乏应有的深刻性。

第十四章　左拉的自然主义美学思想

一

　　左拉(1840—1902),法国19世纪后期的小说家、自然主义文学理论的创始者。青年时代在贫困中度过,做过运输公司职员、书店的雇员。开始创作生涯后,一度转到新闻方面,为《费加罗报》及其他日报撰写评论文章,引起公众注意。19世纪60年代中期,受到泰纳的环境决定论和克罗德·贝尔纳的遗传学说的影响,开始探索自然主义美学理论。他的名为《卢贡·马尔卡家族史》的包括二十部长篇的巨著,以第二帝国为背景,描写一个家族的两个分支在遗传法则支配下的盛衰兴亡史。这部著作虽然写出了劳动人民,特别是工人阶级的苦难,从总体上看属于现实主义的范围,但把工人的贫困归咎于遗传,把工人的反抗归于向上爬的生理本能,这都是自然主义理论消极影响的结果。1893年,左拉又着手写另一部长篇巨著:《三大名城》(即卢尔德、罗马、巴黎)。1894—1898年,他流亡英国期间,写了《四福音书》,完成《繁殖》《劳动》《真理》,最后一部《正义》未能完成。左拉的《实验小说论》(1880)是他的理论代表作,该书同《戏剧中的自然主义》等文集一起,阐述了他的自然主义美学理论体系。

二

左拉自然主义美学思想产生的根源。

(一)自然科学的发展

19世纪是自然科学飞速发展的时期,在能量守恒及转化定律、细胞学说及达尔文进化论三大发现之后,又有许多新发现与发明。诚如恩格斯所说,此时,自然科学已从上个世纪末"搜集材料的科学",发展成为"整理材料的科学,关于过程,关于这些事物的发生和发展以及关于把这些自然过程结合为一个伟大整体的联系的科学"[1]。自然科学的发展对整个社会乃至人们的思想都有着重要影响,自然主义就是自然科学发展对文艺思想直接影响的结果。

(二)实证论哲学的影响

随着自然科学的发展,19世纪30年代,在欧洲产生了一种新的哲学流派——实证论哲学。这一哲学思想于19世纪50—70年代在法、英两国知识分子中广为传播。这是一个以理性、科学与进步为标榜的唯心生义哲学派别。主要代表人物是法国的孔德(1798—1857)。孔德所谓的"实证",意思就是"确实",认为只有人类感觉所经验到的事实或现象,才是"确实"的,"实证"的。这等于说,这些事实或现象是由人的主观感觉所构成。至于事物的本质,则超出了感觉经验的范围,是不可能认识的。他宣称,科

---

[1]《马克思恩格斯选集》第4卷,人民出版社1972年版,第241页。

学的目的只在于发现自然规律或事实中的恒常关系,而为了达此目的,须依靠观察和经验以获取实证的知识,因此强调实证科学及其在人类的各个领域中的运用。孔德认为,科学就是描写和记录经验到事实或现象,因此断言科学只问"是什么",而不问"为什么"。最后以主观唯心主义代替了唯物论。法国的泰纳接受了孔德的实证论,提出了种族、环境、时代决定文学创作的理论。左拉深受孔德与泰纳的影响。他说:我是在二十五岁的时候,才读了泰纳的书,读着他的理论,我作为理论家、实证主义者,才有了发展,我在我的书里面运用他的关于遗传和环境的理论,我把这个理论应用到小说里了。

(三)实验医学的影响

实验医学,特别是解剖学也对左拉的自然主义理论产生了直接的影响。左拉说,光就解剖学来说吧,它开辟了整整一个新的世界,每天都揭示着生命的一些秘密。特别是当时的著名生理学家、解剖学家克罗德·贝尔纳,对左拉更有着直接影响。左拉将贝尔纳看作自己的老师,在自己的著作中大段直接引证贝尔纳的《实验医学研究导论》。

三

左拉自然主义美学理论的主要观点。

(一)自然主义是这个世纪的反映

左拉作为自然主义文艺思想的创立者,对于这一文艺思想的出现,自认为是适应了时代的要求,提出了"自然主义是这个世纪的反映"①的观点。

第一,任何事物的出现与巩固都基于社会的需要。

左拉为了论证自然主义出现的必然性,提出了这样一个重要观点:"任何东西,除了建筑在需要之上以外,都是不巩固的。"②文艺创作理论当然也是如此,应该适应不同时代的艺术趣味的需要。古典主义的悲剧曾经统治了近两个世纪,因为它确实满足了17—18世纪这一特定时代艺术趣味的需要。以自由为标榜的浪漫主义文学的出现,也确实适应了法国大革命之后新的社会刚刚诞生,这样一个"壮丽的抒情的繁盛时期"③的社会需要。左拉所生活的时代,社会的艺术趣味发生了明显的变化,以表现普通生活与通俗语言为其特点的喜剧《朋友弗里茨》,居然引起喝彩,就深刻地说明了这一点。左拉说:"为了解释这种成功,必须承认时代前进了,必须承认一个潜移默化的工作已经对观众起了作用。精确的描绘过去曾令人生厌,而今天却吸引着人们。"④

第二,浪漫主义已经过时,只有自然主义才能表现当代智慧。

左拉认为,浪漫主义是建立在诗人的幻想之上的,而这种幻想实际上是由于社会变革所引起的一种"时代病"。这其实就是社会变革之迅猛,使某些人不愿面对现实,而沉湎于幻想。左拉

①［法］左拉:《自然主义的戏剧》,郭麟阁、端济译,见《古典文艺理论译丛》第7册,人民文学出版社1964年版,第176页。

②［法］左拉:《自然主义的戏剧》,郭麟阁、端济译,见《古典文艺理论译丛》第7册,人民文学出版社1964年版,第174页。

③［法］左拉:《自然主义的戏剧》,郭麟阁、端济译,见《古典文艺理论译丛》第7册,人民文学出版社1964年版,第175页。

④［法］左拉:《自然主义的戏剧》,郭麟阁、端济译,见《古典文艺理论译丛》第7册,人民文学出版社1964年版,第174页。

认为,浪漫主义已经"注定了要和这种时代病一同消灭"①。事实证明,浪漫主义既不能表现社会现实,又满足不了人们的艺术需求。因为已经过时,对于当时社会的人们来说,就像面对一种人们无法理解的方言一样。相反,只有自然主义才能适应现实社会的需要,从而成为表现当代智慧的最佳艺术形式。左拉说:"只有自然主义在时代的精神里扎下了深根;并且它将提供持久的、生动活泼的唯一的艺术形式,因为这种形式将表现当代的智慧所具有的方式。"②

第三,我们处在实验科学的时代,最迫切的需要是精确分析。

左拉认为,19世纪以来,自然科学取得了突飞猛进的发展,地球上出现了一个全新的天地,而这种科学领域的变革必然引起其他领域发生相应的变革。他说:"调查和分析的运动——这个十九世纪的主要运动,——要在一切科学和艺术的领域里掀起一场革命。"③在艺术领域就引起了自然主义文艺思想的产生。在左拉看来,自然主义文艺完全适应了实验科学的需要,是在其基础上产生的一种反映新时代的最好艺术形式。他说:"每一个时代都有它自己的形式","我们处在一个讲究方法、实验科学的时代,我们最迫切需要的是精确的分析"④。

---

① [法]左拉:《自然主义的戏剧》,郭麟阁、端济译,见《古典文艺理论译丛》第7册,人民文学出版社1964年版,第175页。
② [法]左拉:《自然主义的戏剧》,郭麟阁、端济译,见《古典文艺理论译丛》第7册,人民文学出版社1964年版,第176页。
③ [法]左拉:《自然主义的戏剧》,郭麟阁、端济译,见《古典文艺理论译丛》第7册,人民文学出版社1964年版,第173页。
④ [法]左拉:《自然主义的戏剧》,郭麟阁、端济译,见《古典文艺理论译丛》第7册,人民文学出版社1964年版,第177页。

综合所述,可知自然主义的确是同19世纪自然科学的发展密切相关的,并且是对浪漫主义的一个反动。但它是从另一个极端对浪漫主义的修正,反而使文艺从幻想的天国坠入了地上的污水之中。

(二)最重要的事情是做一个纯粹的生理学家

左拉的自然主义的最基本的特征就是混淆自然现象与社会现象、科学家与文艺家之间的界限,将社会现象当作自然现象,让文艺家去承担实验科学家的责任。左拉曾经声言:"最重要的事情是做一个纯粹的自然主义者,一个纯粹的生理学家。"①

第一,自然主义的基本口号是回到自然。

什么是自然主义呢?左拉明确地回答道:"自然主义是回到自然和人;它是直接的观察、精确的剖解、对存在事物的接受和描写。"②他这里所说的"人",也是处于自然状态的只是具有生理特征的人。因此,他断言:自然就是我们的全部需要。在他看来,历史上的文艺都是同自然的分离,而其发展"正是向自然的复归,这是产生我们现在的信仰和认识的这一伟大的自然主义的过程"③。

第二,作家与科学家的任务是相同的。

既然自然主义的基本口号就是回到自然,那么,作家与科学家所承担的任务就必然相同。左拉认为:"作家和科学家的任务

①转引自伍蠡甫《欧洲文论简史》,人民文学出版社1985年版,第367页。
②伍蠡甫等编:《西方文论选》下卷,上海译文出版社1979年版,第246页。
③〔法〕左拉:《论小说》,柳鸣九译,见《古典文艺理论译丛》第8册,人民文学出版社1964年版,第129页。

一直是相同的。双方都须以具体的代替抽象的,以严格的分析代替单凭经验所得的公式。"①左拉特别强调作家同医生的任务更为接近,在创作中更需遵循医学的先天遗传的原则。他说:"作者不是道德家","道德教训,我留给道德家去做。……我不要那些原则(皇权啦,天主教的教义啦),我要这些原则(遗传学,先天性)……"②

第三,文艺作品中的人物同植物一样是空气和土壤的产物。

左拉不仅认为作家的任务同科学家相同,而且认为文艺作品同自然事物也相类似。具体地来说,就是将文艺作品中的人物类比于植物,是空气和土壤的产物。他说:"大家都可以看到,近代文学中的人物不再是一种抽象心理的体现,而像一株植物一样,是空气和土壤的产物。"③这就是说,在他看来,文艺作品中的人物已不再反映某种社会心理,而只是像植物一样是自然因素的产物。

(三)把实验的方法应用于小说和戏剧

自然主义的主要内容就是把自然科学的实验的方法应用于文艺创作。他说:"在我的文学论文中,我常常谈到把实验方法应用于小说和戏剧。"④

第一,将实验医学的理论作为自然主义文艺思想的坚实基础。

①伍蠡甫等编:《西方文论选》下卷,上海译文出版社1979年版,第246页。
②转引自伍蠡甫:《欧洲文论简史》,人民文学出版社1985年版,第367页。
③[法]左拉:《论小说》,柳鸣九译,见《古典文艺理论译丛》第8册,人民文学出版社1964年版,第130页。
④伍蠡甫等编:《西方文论选》下卷,上海译文出版社1979年版,第249页。

　　左拉特别重视当时著名的医学家贝尔纳的《实验医学研究导论》一书,并决定以此作为自己的自然主义文艺思想的坚实基础。他说:"(《实验医学研究导论》)这一著作出于一位具有绝对权威的学者,可以作为我的一个坚实的基础。"①他甚至声言,只要将该书的"医生"一词改为"小说家",该书立刻就可成为指导自然主义创作的论著。

　　第二,实验的方法同样可以解释社会现象并应用于文艺创作。

　　左拉认为,自然科学的实验方法,不仅可以应用于自然领域,而且可以应用于社会领域,可以用以获取有关感情生活与智力生活的有用知识。他说:"在我的方面,我要试图证明:如果实验方法可以获致物质生活的知识,它也应当获致感情生活和智力生活的知识。这只是同一道路上的程度问题,这条道路从化学通向生理学,接着又从生理学通向人类学,通向社会学。"②

　　第三,实验方法的具体运用。

　　实验方法如何应用于文艺创作呢? 这是左拉着重探讨与论述的问题。在他看来,实验方法应用于创作,首先得根据先天的观念进行假设。他说:"现在我们进入到假设的问题了。艺术家和学者从同一点出发;他置身于自然之前,有一个先天的观念,而且按照这观念进行工作。"③这就说明,左拉继承实证哲学的衣钵,以主观先验论作为自己的艺术创作的出发点。其次是观察与实验。他说:"小说家是一位观察家,同样是一位实验家。"④所谓

①伍蠡甫等编《西方文论选》下卷,上海译文出版社1979年版,第249页。
②伍蠡甫等编《西方文论选》下卷,上海译文出版社1979年版,第250页。
③伍蠡甫等编《西方文论选》下卷,上海译文出版社1979年版,第254页。
④伍蠡甫等编:《西方文论选》下卷,上海译文出版社1979年版,第250页。

观察,就是根据假设,对事实进行观察,然后将观察到的事实原样摆出来,进行实验。所谓实验,就是安排人物的活动,从而揭示出观察中把握到的事实之所以继续存在的原因。艺术创作中的"实验"的很重要的一点,是探讨环境对人物的决定性影响。他认为,在一个优秀作家的作品里,"环境描写保持在一种合理的平衡中:它并不淹没人物,而几乎总是仅限于决定人物"①。他所说的环境,主要是指先天的遗传因素。他说:"我们考虑了今天的科学对遗传和环境等问题的全部知识后,就能在实验小说中很容易对这些问题提出一些假设。"②而在他的小说中,所描写的作为人物的决定因素就是遗传因素。最后,他以巴尔扎克的小说《贝姨》为例,说明实验方法在创作中的具体应用。他说:"一部实验小说,例如《贝姨》,只是小说家在观众眼前所作出的一份实验报告而已。"③他将这份实验报告产生的过程分解为观察、实验、问题与结论四个步骤论述。所谓观察就是:一个男人的恋爱气质所造成的破坏。而所谓实验则是,将洛男爵放在某种环境之中。问题是:在这个环境中活动着的感情,从个人和社会的观点来看会产生什么。结论是,关于人的科学的知识。

(四)一个伟大的小说家就是一个有真实感的人

左拉自然主义的另一个重要特征就是否定想象,强调真实。

①[法]左拉:《论小说》,柳鸣九译,见《古典文艺理论译丛》第8册,人民文学出版社1964年版,第132页。
②伍蠡甫等编:《西方文论选》下卷,上海译文出版社1979年版,第255页。
③伍蠡甫等编:《西方文论选》下卷,上海译文出版社1979年版,第250—251页。

他认为:"一个伟大的小说家就是一个有真实感的人。"①

第一,想象不再是小说家最主要的品质。

左拉认为,以前对于一个小说家最美的赞词莫过于说,"他有想象"。而今天,形势完全变了,"想象不再是小说家最主要的品质"。② 当然,作为小说来说,不可能没有虚构,但"虚构在整个作品里就只有微不足道的重要性"③。具体来说,只应虚构最简单的情节、信手拈来的故事,而且总是直接取之于日常生活。这样一来,不仅降低了虚构的地位,而且是在实际上取消了虚构。因此,左拉断言:"作家全部的努力都是把想象藏在真实之下。"④

第二,小说家最高的品格就是真实感。

左拉认为:"今天,小说家最高的品格就是真实感。"⑤那么,什么是真实感呢? 他说:"使真实的人物在真实的环境里活动,给读者提供人类生活的一个片断,这便是自然主义小说的一切。"⑥可见,他所说的"真实"就是"人类生活的一个片断",也就是细节的真实,而真实感就是提供这一生活片断的能力。他对真实感给

①[法]左拉:《论小说》,柳鸣九译,见《古典文艺理论译丛》第8册,人民文学出版社1964年版,第129页。
②[法]左拉:《论小说》,柳鸣九译,见《古典文艺理论译丛》第8册,人民文学出版社1964年版,第120页。
③[法]左拉:《论小说》,柳鸣九译,见《古典文艺理论译丛》第8册,人民文学出版社1964年版,第121页。
④[法]左拉:《论小说》,柳鸣九译,见《古典文艺理论译丛》第8册,人民文学出版社1964年版,第121页。
⑤[法]左拉:《论小说》,柳鸣九译,见《古典文艺理论译丛》第8册,人民文学出版社1964年版,第122页。
⑥[法]左拉:《论小说》,柳鸣九译,见《古典文艺理论译丛》第8册,人民文学出版社1964年版,第122页。

予极高评价，认为是"决定我一切判断的试金石"①。如果面对一部作品，一旦发现它缺乏真实感，那就应给予否定。他认为，司汤达所著《红与黑》中于连与德瑞拉夫人的爱情描写，确实是"弹出了真实的调子，也就是说抓住了生活中确实可靠的东西"②。原因是，在当时的爱情描写都充满浪漫情调之时，司汤达的这一段描写的却是"像普通人那样相爱"③。相反，他却对巴尔扎克作品中的某些夸张和想象极端不满，认为巴尔扎克"身上有一个张着眼睛做梦的人"④。可见，左拉的真实感是要求排除一切理想，尽力表现普通的，甚至是黑暗的生活。他说："故事愈是普通一般，便愈有典型性。"⑤

第三，我们只需取材于生活中一个人的故事，忠实地记载他的行为。

既然真实感是小说家的最高品格，那么，在创作中怎样才能按照这样的要求实践呢？左拉认为，一个优秀的作家就应生活于所写的事件之中，详尽地记下事件发生与发展的笔记。而这个笔记就是创作最重要的依据。他说，当代著名小说家的"全部的作

---

① ［法］左拉：《论小说》，柳鸣九译，见《古典文艺理论译丛》第8册，人民文学出版社1964年版，第123页。

② ［法］左拉：《论小说》，柳鸣九译，见《古典文艺理论译丛》第8册，人民文学出版社1964年版，第124页。

③ ［法］左拉：《论小说》，柳鸣九译，见《古典文艺理论译丛》第8册，人民文学出版社1964年版，第124页。

④ ［法］左拉：《论小说》，柳鸣九译，见《古典文艺理论译丛》第8册，人民文学出版社1964年版，第124页。

⑤ ［法］左拉：《论小说》，柳鸣九译，见《古典文艺理论译丛》第8册，人民文学出版社1964年版，第121页。

品几乎都是根据准备得很详尽的笔记写成的"①。为此,他以浪漫主义作家乔治·桑作对比,认为乔治·桑可以在一叠白纸前坐下,有了一个开头的想法,就可以一直不停地按照自己的想象写下去。而一个自然主义的小说家,首先关心的是从他的笔记里收集他对自己所要描绘的领域所能掌握的一切知识。"一旦他的材料齐备,就如我上面所说的那样,他的小说自己就形成了。小说家只要把事件合乎逻辑的加以安排。从他所理解了的一切东西中间,便产生出整个戏剧和他用来构成全书骨架的故事。"②可见,在他看来,创作就是记录,而笔记本身其实也就是文学作品。

四

对自然主义美学思想的评价。

(一)自然主义从总体上看是一种倾向于生理主义的消极而错误的美学与文艺思潮

自然主义美学与文艺思潮的出现尽管是建立在对浪漫主义文艺思潮耽于幻想的弊病的批判的基础之上,但自然主义对浪漫主义的批判是以错误的生理主义理论为其武器的。自然主义虽然反对脱离现实的幻想,但却反对一切艺术想象和艺术概括,主张从纯自然的现实出发,特别是强调先天性的遗传因素对人物乃

---

① [法]左拉:《论小说》,柳鸣九译,见《古典文艺理论译丛》第 8 册,人民文学出版社 1964 年版,第 121 页。
② [法]左拉:《论小说》,柳鸣九译,见《古典文艺理论译丛》第 8 册,人民文学出版社 1964 年版,第 121 页。

至整个文学的决定性因素,这就不负堕入一种极端错误的生理主义。这也说明,自然主义与现实主义有着本质的区别。现实主义也反对浪漫主义,但却不排斥艺术想象。现实主义也强调"真实",但却是反映生活本质有着高度概括性的艺术的真实。因此,左拉将巴尔扎克等现实主义作家也看作遵循自然主义的创作原则,实际上是一种误解,混淆了现实主义与自然主义的根本区别。

(二)自然主义对西方 20 世纪现代文艺理论中表现原始欲望的思潮有极大影响

自然主义美学与文艺思想先后在西方各国发生影响,其直接的后果就是成为 20 世纪以后有着相当势头的表现原始欲望的美学与文艺思潮的重要理论源头。首先是叔本华、尼采对属于原始冲动的生命力与权力意志的张扬,其次是后来的弗洛伊德主义对作为性的原动力的"力必多"的阐发,都不同程度地继承了自然主义的生理主义的理论观点。

(三)自然主义产生于马克思主义诞生之后,在本质上起到了同马克思主义对抗的消极作用

自然主义产生于 19 世纪后半期,其时马克思主义也已诞生,正遭到各种错误思潮的围攻。左拉的自然主义理论尽管没有正面攻击马克思主义,但作为一种极端唯心主义的哲学与文艺思潮,在实质上也起到了同马克思主义对抗的消极作用。

(四)左拉本人在创作实践中并未完全贯彻自然主义,而具有现实主义倾向

左拉本人的创作实际上没有完全贯彻自然主义的原则。他

在谈到自己的长篇《卢贡·马卡尔家族》时,认为这个家族的每一个成员都有一种遗传的"公律"。在生理方面,他们全是神经与血缘的变态的继承人;在历史方面,他们全是平民阶级,随着本性的冲动,而在社会变动中浮沉,表现出"一个充满疯狂和耻辱的奇异时代的图画"。这当然极大地影响他塑造出真正有价值的艺术典型。但由于自然主义理论本身的荒谬,在创作实践中,左拉基本上还是运用的现实主义的创作方法,从而使他的《卢贡·马卡尔家族》还是反映了法国社会的巨大变化,描写了劳资之间的尖锐对立和劳动者的苦难,特别是将工人阶级作为主人公,因而有其历史功绩,属于现实主义之列。

第 五 编

俄罗斯现实主义美学思想

第十五章　车尔尼雪夫斯基美学思想评述

（参见第一卷《西方美学简论》第 233 页）

第 六 编

西方现代美学

第十六章　里普斯与移情说

　　里普斯(1851—1914),心理学家、美学家,在慕尼黑大学当过二十年心理学系主任。他对美学的研究主要从审美心理出发。美学著作有《空间美学和几何学、视觉的错觉》(1897)、《美学》(1909)、《论移情作用,内摹仿和器官感觉》(1903)与《再论移情作用》(1905)等。

一、"移情说"的提出

　　所谓"移情说",即是关于审美根源的理论,探索人们为什么感到一个事物美,这是以费希纳为开端的自下而上的心理学美学的一个重要流派。"移情说"认为,审美的根源在于主观情感的外射,达到一种物我统一的审美的境界。在美学史上影响深远,在20世纪初期成为具有支配地位的一种美学观点。

　　"移情说"的出现可以说与心理学美学同步,自从英国经验派把美学研究转到心理学的基础上,人们就不断地讨论移情现象。对"移情说"影响最大的就是英国经验派的"同情说",休谟用同情解释平衡感,"一个摆得不是恰好平衡的形体是不美的,因为它引起它要跌倒,受伤和痛苦之类的观念"①。博克也用它解释崇高

①转引自朱光潜《西方美学史》下卷,人民文学出版社1963年版,第598页。

和美:"同情应该看作一种代替,这就是设身处在旁人的地位,在许多事情上旁人怎样感受,我们也就怎么感受。"①在德国,康德、黑格尔都曾接触到移情问题,康德提出"偷换"的概念;黑格尔提出"朦胧预感"概念;美学家弗列德里希·费肖尔提出"对象的人化"问题。涉及移情现象,他说,所谓对象的人化,就是"人把他自己外射到或感入到自然界事物里去,艺术家或诗人则把我们外射到或感入到自然界事物里去"②。他的儿子劳伯特·费肖尔在《视觉的形式感》一文中首次提出"移情"的概念,其意为"把情感渗进里面去",美国实验心理学家惕庆纳创造了"Empathy"一词来翻译它。

里普斯是倡导"移情说"的主要理论家,他比他的同时代人都更为详尽地把这一理论运用到艺术与审美欣赏的每一个方面,他着重通过探讨对于空间形象的错觉研究移情问题。

关于"移情"的含义,他说:"移情作用就是这里所确定的一种事实:对象就是我自己,根据这一标志,我的这种自我就是对象;也就是说,自我和对象的对立消失了,或则说,并不曾存在。"③

二、审美移情的根本特征

(一)审美的移情是"无欲念的""聚精会神的"

移情是在人的活动中情感的外射。移情分两种:一种是出于

---

①转引自朱光潜:《西方美学史》下卷,人民文学出版社1963年版,第599页。
②转引自朱光潜:《西方美学史》下卷,人民文学出版社1963年版,第601页。
③[德]里普斯:《论移情作用》,朱光潜译,见《古典文艺理论译丛》第8册,人民文学出版社1964年版,第45页。

意志的,有欲念的移情,也就是人在有目的的道德与科学活动中的移情。如居里夫妇对所提炼的镭的移情。这种移情的特点是主客体之间分得很清。另一种是审美移情,是"无欲念的""聚精会神的"——两者互为因果。里普斯说:"我愈聚精会神地去观照所见到的动作,我的摹仿也就愈是不出于意志的。倒过来说,(摹仿)动作愈是不出于意志的,观照者也就愈完全地处在那所见到的动作里。如果我完全聚精会神地去观照那动作,我也就会完全被它占领住,意识不到我在干什么,即意识不到我实际已在发出的动作,也意识不到我身体里所发生的一切;我就不再意识到我的外现的摹仿动作。"①

审美移情是一种"内摹仿"——心理的摹仿,完全站在对象位置之上的摹仿。也就是一种聚精会神的情不自禁的摹仿。诚如里普斯所说,"审美的摹仿的特点就在于此:旁人的活动代替了自己的活动"②——这就是所谓"只感不动"。又说:"例如我在剧场里座位上看台上所表演的一种舞蹈。我不可能去参加舞蹈。我也没有舞蹈的念头,我没有那种心情。我的位置和坐势也不容许发生任何身体动作来。但是这并不能遏止我的内部活动,遏止我随着观看台上表演的动作时所感到的那种挣扎和满足。"③这就要求欣赏者做到"设身处地"。

①[德]里普斯:《论移情作用》,朱光潜译,见《古典文艺理论译丛》第 8 册,人民文学出版社 1964 年版,第 48 页。
②[德]里普斯:《论移情作用》,朱光潜译,见《古典文艺理论译丛》第 8 册,人民文学出版社 1964 年版,第 50 页。
③[德]里普斯:《论移情作用》,朱光潜译,见《古典文艺理论译丛》第 8 册,人民文学出版社 1964 年版,第 50 页。

（二）审美移情是主客体的完全同一

移情的无意识、聚精会神和内摹仿的结果，是主客体的完全同一。里普斯说："在审美的摹仿里，这种（主客的）对立却完全消除了。双方面只是一体。"①这种"同一"是指外在的"空间"与内在的"意识"都是同一的。里普斯说："这时我连同我的活动的感觉都和那动作的形体完全打成一片，就连在空间上（假如我们可以说自我有空间范围）我也是处在那动作的形体的地位；我被转运到它里面去了。就我的意识来说，我和它完全同一起来了。既然这样感觉到自己在所见到的形体里活动。我也就感觉到自己在它里面自由、轻松和自豪。这就是审美的摹仿，而这种摹仿同时也就是审美的移情作用。"②这是一种物质与精神的自由的统一。

三、审美移情的心理过程

（一）知觉是审美移情的基础

里普斯以道芮式石柱为例说明审美移情的心理过程，道芮式石柱为古希腊建筑风格之一。在庙宇石柱上表现为上细下粗，柱面有纵直的槽纹，这个石柱给人一种耸立上腾的美感享受。

产生耸立上腾的美感效果的是什么呢？是实际的石柱本身

---

①［德］里普斯：《论移情作用》，朱光潜译，见《古典文艺理论译丛》第8册，人民文学出版社1964年版，第49页。
②［德］里普斯：《论移情作用》，朱光潜译，见《古典文艺理论译丛》第8册，人民文学出版社1964年版，第48—49页。

呢？还是石柱给人在意识上心理所产生的效果？回答是后者。

里普斯说，石柱"这个形象不顾重量而且在克服这重量中自己凝成整体和耸立上腾。或则换一个方式来说，我们姑且把石柱的印象丢开，且追问在概念上石柱所要完成的是什么运动，或是它所用的力是用在什么东西上面，这时我们就会看出石柱是在我们的思想或幻想里继续收缩而在纵直的方向则继续增长"①。这就说明，石柱的收缩或增长都是"意识"中（思想、幻想）发生的。这种在心理中发生的运动就是"知觉"。因此，可以说"知觉"是审美移情的基础。

知觉的对象不是内在实体，而是外在形式——线、面、形等。里普斯说："自己耸立上腾的不是那石柱本身而是石柱所呈现给我们的空间意象。现出弯曲、伸张或收缩那些动作的是些线、面和体形，而不是由那些线所撑持的、由那些面所围成的或把一种物体空间填塞起来的物质堆。"②例如，"米雍的回身向着的掷铁饼者弯着腰，伸着胳膊，头向后转着。这一切动作都不是制成雕像的那块大理石而是雕像所表现的那个人所发出的。对于我们来说，这个人在雕像上并没现出实体而只现出形式或像是人的空间意象，只有这个空间意象对于我们的幻想才是由人的生命所充塞起来的。大理石只是表现的材料，表现的对象却是禁闭在那空间中的生命"③。

---

①［德］里普斯：《论移情作用》，朱光潜译，见《古典文艺理论译丛》第8册，人民文学出版社1964年版，第39页。
②［德］里普斯：《论移情作用》，朱光潜译，见《古典文艺理论译丛》第8册，人民文学出版社1964年版，第41页。
③［德］里普斯：《论移情作用》，朱光潜译，见《古典文艺理论译丛》第8册，人民文学出版社1964年版，第42页。

(二)机械的解释与人格的解释的统一

第一,机械的解释。

所谓"解释",不是指理性的活动,而是指主体对客体的一种无意识的心理上的把握。"机械的解释",即是对客体的一种力的知觉。既然是力就有作用力与反作用力,两者的斗争产生一种新的力量。这种力量不是实在的,而是心理的,即主体知觉到的,是一种"心理的事实"。里普斯说:"总之,我们使石柱成为一种机械的解释的对象。我们这样做,并非出于意志,也不是经过反思,而是一旦对石柱起了知觉,立刻就作出机械的解释。"①这种知觉到的力,用道芮式石柱为例,有二类。一类是从纵直的方向来看,由压力与抗力的对抗、抗力超过压力,形成特有的"耸立上腾"之势。二是从横平方向来看,是延伸力与局限力的对抗,局限力超过延伸力,于是就"凝成整体"。

第二,人格的解释。

所谓"人格的解释",是另一种"心理事实",即主体对客体的情感的移入,"向我们周围的现实灌注生命"。里普斯说:"这种向我们周围的现实灌注生命的一切活动之所以发生而且能以独特的方式发生,都因为我们把亲身经历的东西,我们的力量感觉,我们的努力,起意志,主动或被动的感觉,移置到外在于我们的事物里去,移置到在这种事物身上发生的或和它一起发生的事件里去。这种向内移置的活动使事物更接近我们,更亲切,因而显得更易理解。"②

---

①[德]里普斯:《论移情作用》,朱光潜译,见《古典文艺理论译丛》第8册,人民文学出版社1964年版,第39页。

②[德]里普斯:《论移情作用》,朱光潜译,见《古典文艺理论译丛》第8册,人民文学出版社1964年版,第40页。

　　里普斯认为,人格解释的原因是人们都有一种"以己度物"的心理倾向。他说:"我们都有一种自然倾向或愿望,要把类似的事物放在同一个观点下去理解。这个观点总是由和我们最接近的东西来决定的。所以,我们总是按照在我们自己身上发生的事件的类比,即按照我们切身经验的例比,去看待在我们身外发生的事件。"①

　　第三,两者的统一。

　　里普斯认为,这两种对于对象的心理的把握,不是分裂的,而是统一的。他说:"这种情况发生并不经过任何反思。正如我们并非先看到石柱而后按照机械的方式去解释它,那第二种方式的解释,即'人格化'的解释,亦即按照我们自己的动作来测度客观事件的方式,也并非跟着机械的解释之后才来的。"②这实际上是一种在直觉中的统一。他举例说道:"在我的眼前,石柱仿佛自己在凝成整体和耸立上腾,就像我自己在镇定自持和昂首挺立,或是抗拒自己身体重量压力而继续维持这种镇定挺立姿态时所做的一样。"③

　　(三)审美移情的动力是"同情感"

　　里普斯认为:"所以一切来自空间形式的喜悦——我们还可

---

① [德]里普斯:《论移情作用》,朱光潜译,见《古典文艺理论译丛》第 8 册,人民文学出版社 1964 年版,第 39 页。
② [德]里普斯:《论移情作用》,朱光潜译,见《古典文艺理论译丛》第 8 册,人民文学出版社 1964 年版,第 40 页。
③ [德]里普斯:《论移情作用》,朱光潜译,见《古典文艺理论译丛》第 8 册,人民文学出版社 1964 年版,第 41 页。

以补充说,一切审美的喜悦——都是一种令人愉快的同情感。"①
所谓"同情感",即是指对于对象的形式感到"可喜""赞许",也就
是主体与对象之间的"实际谐和"。里普斯说:"'赞许'就是我的
现在性格和活动与我所见的事物之间的实际谐和。正是这样,我
必须能赞许我在旁人身上所发现的心理活动(这就是说,我对它
们必须能起同情),然后它们对我才会产生快感。"②

　　这里所说的"实际谐和",即指主体与客体具有某种一致性,
因而客体对于主体起到一种积极、肯定的作用。里普斯叫做"正
面的移情作用"。令人嫌厌的丑的事物,则受到主体的人格反抗,
因而叫做"反面的移情作用",不属于审美的范围。至于丑的事物
可否作为审美对象,里普斯并未解决。所谓"实际谐和"就是一种
"同情",这种同情产生一种体验,是一种通过知觉对形象的体验,
而不是对存在的体验。

(四)联想不是审美移情的动力

　　有一种理论,认为审美移情的动力是联想,但里普斯却否认
这一点,认为联想不是审美移情的主要动力。他认为,某种形式
与某种情感之间是一种直接的"表现"关系,即形式与情感之间是
一种象征的关系,使人们直接地从中体验到某种情感,而不是通
过联想间接地同某种情感发生联系。

　　里普斯指出:"说一种姿势在我看来仿佛是自豪或悲伤的表

---

① [德]里普斯:《论移情作用》,朱光潜译,见《古典文艺理论译丛》第 8 册,人
　民文学出版社 1964 年版,第 41 页。
② [德]里普斯:《论移情作用》,朱光潜译,见《古典文艺理论译丛》第 8 册,人
　民文学出版社 1964 年版,第 54 页。

现(或者说得更好一点,它对于我或我的意识实在表现了自豪或悲伤),这和说我看到那姿势时自豪或悲伤的观念和它发生联想,是很不相同的。"①又说:"我明白较好的说法是:它是一种自豪或悲伤的姿势,这就不过是说:它这种姿势表现出自豪或悲伤。……姿势和它的表现的东西之间的关系是象征性的……这就是移情作用。"②但他又不能完全排斥联想的作用,在谈到对象联想主体的力的知觉时,曾经涉及联想的作用。里普斯说,力的知觉"这种情况就使我们回想起自己所经历过的与它虽不同而却相类似的过程,使我们回想起自己发出同样动作时的意象以及自然伴随这种动作的亲身感到过的情感"③。看来用"同情感"、主客体之间的"实际谐和"来解释移情现象,理由并不充分,还须用"联想"来加以补充。

四、审美移情的根本原因

(一)审美移情的原因在自我

审美移情的根本原因在客观还是在主观呢? 里普斯的回答很明确,在"自我"。因此,这是一种主观唯心主义的审美理论。

里普斯说:"审美欣赏的原因就在我自己,或自我,也就是'看

---

① [德]里普斯:《论移情作用》,朱光潜译,见《古典文艺理论译丛》第 8 册,人民文学出版社 1964 年版,第 53 页。
② [德]里普斯:《论移情作用》,朱光潜译,见《古典文艺理论译丛》第 8 册,人民文学出版社 1964 年版,第 53 页。
③ [德]里普斯:《论移情作用》,朱光潜译,见《古典文艺理论译丛》第 8 册,人民文学出版社 1964 年版,第 40 页。

到''对立的'对象而感到欢乐或愉快的那个自我。"①他认为，审美从本质上来说，不是对于对象的欣赏，而是对自我的欣赏，是关于自我的一种直接的价值感，即主观价值。他说："审美的欣赏并非对于一个对象的欣赏，而是对于一个自我的欣赏。它是一种位于人自己身上的直接的价值感觉，而不是一种涉及对象的感觉。"②但是，这里所说的自我，还不是纯粹的自我，而是经过外射的"对象化了的"自我。里普斯说："在审美欣赏里，这种价值感觉毕竟是对象化了的。在观照站在我面前的那个强壮的、自豪的、自由的人体形状，我之感到强壮、自豪和自由，并不是作为我自己，站在我自己的地位，在我自己的身体里，而是在所观照的对象里，而且只是在所观照的对象里。"③

（二）"自我"的内心活动成为由对象到欣赏的中介

里普斯认为，自我的内心活动"处在审美欣赏对象和欣赏本身的中途上"④。这就说明，自我的内心活动是产生欣赏的原因。自我的"内心活动"，即刺激—抵抗—达到—情感。这整个复杂的内心活动——将固有的情感外射到对象之上——这整个情感产生过程，即移情过程，也就是审美欣赏的原因。

----

① [德]里普斯：《论移情作用》，朱光潜译，见《古典文艺理论译丛》第 8 册，人民文学出版社 1964 年版，第 43 页。
② [德]里普斯：《论移情作用》，朱光潜译，见《古典文艺理论译丛》第 8 册，人民文学出版社 1964 年版，第 44 页。
③ [德]里普斯：《论移情作用》，朱光潜译，见《古典文艺理论译丛》第 8 册，人民文学出版社 1964 年版，第 44—45 页。
④ [德]里普斯：《论移情作用》，朱光潜译，见《古典文艺理论译丛》第 8 册，人民文学出版社 1964 年版，第 43 页。

（三）"自我"在移情中凭借一种先天本能的心理结构

由于他排斥了联想，移情的直接物质原因又寻找不到，最后只好归结到主体本能的先天的心理结构上。里普斯说："移情作用的意义是这样：我对一个感性对象的知觉直接地引起在我身上的要发生某种特殊心理活动的倾向，由于一种本能（这是无法再进一步加以分析的），这种知觉和这种心理活动二者形成一个不可分裂的活动。"①

综上所述，里普斯的移情说从心理学的角度较深入地探讨了审美中的移情现象，对发展审美心理学具有重要的启示作用。但他把移情的根本原因归于"自我"就完全是一种主观唯心主义了。事实证明，移情是审美中一种物我交融的现象，但"物"之所以美决非由自我情感的外射造成。按照马克思主义辩证唯物主义与历史唯物主义的观点，美是客观实践的产物；而任何情感也不是主观自生的，都是在客观实践的基础上，人对客观对象是否适合人的需要与社会要求而产生的一种体验，是人对现实世界的一种特殊的反映形式。诚如毛泽东所说："马克思主义的一个基本观点，就是存在决定意识，就是阶级斗争与民族斗争的客观现实决定我们的思想感情。"②

①［德］里普斯：《论移情作用》，朱光潜译，见《古典文艺理论译丛》第8册，人民文学出版社1964年版，第55页。
②《毛泽东论文艺》，人民文学出版社1983年版，第51页。

第十七章　克罗齐的表现论美学思想

在西方现当代美学史上,有一个重要的美学流派,即表现说。它是西方一度兴起的浪漫主义艺术思潮在理论上的总结。这一理论同后来的符号美学与格式塔心理学美学又有着密切的渊源关系。它的主要代表人物是法国的柏格森、意大利的克罗齐和英国的科林伍德。最主要的代表人物当首推克罗齐,代表作即是其著名的《美学原理》。

一、生平及基本的哲学观

(一)生平

克罗齐(1866—1952),意大利资产阶级哲学家、美学家。出生于意大利南部的那不勒斯,父母为地主,死于1883年,克罗齐成为一个富有的孤儿。家境的富裕使他有更多的机会去学习,他专攻哲学,熟悉历史和文学。1920年,做过意大利政府的教育部长。墨索里尼上台后,他辞去教育部长职务,拒绝效忠法西斯政权,并被意大利学院除名。克罗齐在政治上属于资产阶级自由派,但是他的哲学思想又是法西斯理论的来源之一,是一个很复杂的人物。

(二)基本的哲学观点

1.哲学派别:学术界通常将克罗齐归于新黑格尔主义者,但实际上,他更倾向于康德主义,在他的哲学思想中,主观唯心主义的色彩更浓。

2.哲学体系:他把精神作为世界的本原,认为只有心灵掌握的,才是现实。即"意识即实在"。他说:"心灵是现实,没有一种不是心灵的现实","心灵主要是活动,而心灵的活动就是全部的现实"。总之,他把心灵世界同客观世界完全等同了起来。

他把心灵活动分为"知"和"行",即认识和实践两个度,又把认识分为两个阶段,从直觉始到概念止;把实践分为两个阶段,从经济活动始到道德活动止。世界的一切都可归结为直觉、概念、经济与道德这四种心灵活动。这四种活动各有其价值与反价值,直觉产生个别意象,正反价值为美与丑;概念产生普通概念,正反价值为真与伪;经济活动产生个别利益,正反价值为利与害;道德活动产生普通利益,正反价值为善与恶。这四种活动之间是一种后者包含前者的关系,认识为实践的基础,认识可离实践而独立,实践却不能离认识而独立,实践中却包含了认识。这就说明,美学已成为他的整个哲学体系不可分割的一个环节。这是一切哲学家的美学理论的共同特点,还是一种自上而下的美学。

具体见下表:

心灵活动		阶段	产品	价值	哲学门类	著作
	认识（知）	直觉	个别意象	美（丑）	美学	美学
		概念	普通概念	真（伪）	逻辑学	逻辑学
	实践（行）	经济	个别利益	利（害）	经济学	实践哲学
		道德	普通利益	善（恶）	伦理学	实践哲学

3.著作:克罗齐的主要著作是《精神哲学》四卷本,包括了他的哲学体系的各个部分。这四部著作是《美学——作为表现的科学和一般语言学》(1901)、《逻辑学——作为纯粹概念的科学》(1909)、《实践哲学——经济学和伦理学》(1908)、《历史学的理论与历史》(1912),而以其中篇幅最少的《美学》影响最大。

二、"直觉即表现"说

"直觉即表现"是克罗齐美学理论中的核心论点。

(一)直觉即表现

什么是美学呢? 克罗齐回答,美学即直觉的科学。他说:"美学只有一种,就是直觉（或表现的知识）的科学。"①在他看来,直觉和表现是一回事。他说:"直觉是表现,而且只是表现（没有多于表现的,却也没有少于表现的）。"②现在,我们再具体地了解一下直觉与表现的含义。通常,人们将直觉看成不必经过推

---

① [意]克罗齐:《美学原理——美学纲要》,朱光潜等译,外国文学出版社1983年版,第19页。
② [意]克罗齐:《美学原理——美学纲要》,朱光潜等译,外国文学出版社1983年版,第16页。

理和分析就能直接领会到事物真相的一种特有的心理能力。克罗齐则认为,直觉是人类心灵活动的起点,是认识的两种形式之一。认识有直觉与逻辑两种形式,直觉凭借的手段是想象,逻辑则凭借理智;直觉是对个别事物的知识,逻辑则是对一般事物的知识;直觉产生的是形象,逻辑则产生概念。克罗齐认为,直觉包含物质与形式两方面的内容。所谓物质,即是"感受",这种感受是在直觉界线以下的一种无形式的物质,人的心灵永不能认识。它属于被动的、兽性的范围。人们只有凭借心理的主动性,赋予感受以形式,才能克服其被动性与兽性,成为具体的形象,被人们所认识。因此,直觉的过程即是赋予物质以形式的过程,也是以人的主动性克服兽的被动性的过程。那么,什么是表现呢?克罗齐认为,所谓表现,即是心灵赋予物质以形式,使之对象化,产生具体形象的过程。因此,直觉也即是表现。克罗齐说:"在这个认识的过程中,直觉与表现是无法可分的。此出现则彼同时出现,因为它们并非二物而是一体。"①由此可见,克罗齐在"直觉即表现"的理论中,其实是将黑格尔的"显现"说与康德的"先验的综合"说结合到一起了。因为,在直觉中,心灵以形式对感受的综合,即是康德主观的先验的综合说;而在表现中,物质通过形式而成为具体的形式,即是黑格尔的显现说。

(二)艺术即直觉

克罗齐认为,艺术也是一种借助于形象的表现,因而同直觉

---

① [意]克罗齐:《美学原理——美学纲要》,朱光潜等译,外国文学出版社 1983 年版,第 13 页。

是完全统一的。他说:"我们已经坦白地把直觉的(即表现的)知识和审美的(即艺术的)事实看成统一,用艺术作品做直觉的知识的实例,把直觉的特性都付与艺术作品,也把艺术作品的特性都付与直觉。"①克罗齐认为,艺术是人类特有的一种心灵性的创造活动,是人性的解放,是主体能动性的充分表现,是人性对自然的被动性征服。他说:"人在他的印象上面加工,他就把自己从那些印象中解放了出来。把它们外射为对象,人就把它们从自己里面移出来,使自己变成它们的主体。说艺术有解放和净化的作用,也就等于说'艺术的特性为心灵的活动'。活动是解放者,正因为它征服了被动性。"②在艺术创作活动中,起决定作用的是形式,"缺乏了形式,就缺乏了一切"③,因为形式就是人的主动性,就是人性。他以过滤器为例说明形式的决定作用,经过过滤器过滤的水已非原水,因为起决定作用的是过滤器,犹如经过形式加工的印象已非原来的印象。正是基于形式的决定性作用,克罗齐认为,艺术的表现不同于自然的表现。自然的表现是某种感受的直接流露,未经任何加工,因为缺乏心灵性,不是人的创造活动的产品,所以不是艺术。一个人因盛怒而流露的怒的自然表现和一个人依审美原则把怒表现出来,中间有天渊之别。他说:"自然科学意义的表现之中简直就没有心灵意义的表现,这就是说,它没有

---

① [意]克罗齐:《美学原理——美学纲要》,朱光潜等译,外国文学出版社
　　1983年版,第17页。
② [意]克罗齐:《美学原理——美学纲要》,朱光潜等译,外国文学出版社
　　1983年版,第24页。
③ [意]克罗齐:《美学原理——美学纲要》,朱光潜等译,外国文学出版社
　　1983年版,第28页。

活动性与心灵性,因此就没有美丑两极。"①在这里,克罗齐以直觉为标准划清了艺术与非艺术的界限。正因为作为心灵活动,直觉是划分艺术与非艺术的界限,而心灵活动的产品必然是具有整一性的产品,所以,艺术的基本特征之一就是整一性。他说:"心灵的活动就是融化杂多印象于一个有机整体的那种作用。这道理是人们常想说出的,例如'艺术作品须有整一性','艺术须寓变化于整一'(意思仍然相同)之类肯定语。表现即综合杂多为整一。"②克罗齐将艺术创作的全过程,分为四个阶段:一、诸印象;二、表现,即心灵审美的综合作用;三、快感的陪伴,即美的快感,或审美的快感;四、由审美事物到物理现象的翻译。他认为,真正算得上是审美的,最重要的是作为"表现"的第二阶段。第四阶段,即借助物质媒介的传递阶段已不属于表现,而且具有实践的性质。

(三)美即成功的表现

既然艺术即直觉,直觉即表现,克罗齐认为,作为美,亦可将其界定为表现,或者叫做"成功的表现"。他说:"……所以我们觉得以'成功的表现'作'美'的定义,似很稳妥;或是更好一点,把美干脆地当作表现……"③因为,克罗齐认为,表现是一种心灵的创造性的活动,是人性对兽性,主动性对被动性,形式对感受的冲突

---

① [意]克罗齐:《美学原理——美学纲要》,朱光潜等译,外国文学出版社1983年版,第87页。
② [意]克罗齐:《美学原理——美学纲要》,朱光潜等译,外国文学出版社1983年版,第23页。
③ [意]克罗齐:《美学原理——美学纲要》,朱光潜等译,外国文学出版社1983年版,第74页。

并战胜。人性、主动性与形式在冲突中获得了胜利,取得了成功,就是成功的表现,就是美。相反,没有获得胜利并取得成功就是丑。克罗齐说:"丑和它所附带的不快感,就是没有能征服障碍的那种审美活动;美就是取得胜利的表现活动。"①

(四)美的创造与美的判断的一致

美的创造与美的判断的关系,是美学史上长期讨论的问题。什么是判断呢,克罗齐借用美学史上通用的命题:审美判断即把艺术品在自己心中再造出来。也就是说,审美的判断就是审美的再造。他的基本观点是,审美创造与审美判断应该统一。他说:"下判断的活动叫做'鉴赏力',创造的活动叫做'天才';鉴赏力与天才在大体上所以是统一的。"②为此,克罗齐认为,要做到审美判断的准确,判断者就必须把自己提到创造者的观点上,借助于创造者提供给自己的物理的符号,再循原来创造的程序走一遍。他的一句名言就是:"要判断但丁,我们就须把自己提升到但丁的水平。"③他把审美判断的历程归结为以下三段:一、物理的刺激物(即艺术品),二、印象,三、快感或痛感的陪伴。④ 克罗齐还在论述中涉及审美判断的差异问题。他认为,甚至创作者本人也会

①[意]克罗齐:《美学原理——美学纲要》,朱光潜等译,外国文学出版社
　1983 年版,第 106 页。
②[意]克罗齐:《美学原理——美学纲要》,朱光潜等译,外国文学出版社
　1983 年版,第 108 页。
③[意]克罗齐:《美学原理——美学纲要》,朱光潜等译,外国文学出版社
　1983 年版,第 108 页。
④[意]克罗齐:《美学原理——美学纲要》,朱光潜等译,外国文学出版社
　1983 年版,第 88 页。

因主观因素的干扰不能正确评价自己所创作作品的美与丑,同
理,欣赏者也会由于主观因素难以准确地判断作品的美丑。他
说:"同理,批评家们也往往因为匆忙、懒惰、省察的缺乏,理论上
的偏见,私人的恩怨以及其它类似的动机,把美的说成丑的,丑的
说成美的。如果他们能消除这些扰乱的因素,他们就会如实地感
觉到艺术作品的价值,不把它留给后世人(那个较勤勉而且较冷
静的裁判者)去给奖,去主张他们自己不曾主张的公道。"①

(五)美学与语言学的统一

克罗齐所写《美学》一书的副题为:"作为表现的科学和一般语
言学",所以,该书的题旨之一就是探讨美学与语言学的关系。他的
基本观点,是美学与语言学是统一的。他说:"艺术的科学与语言的
科学,美学与语言学,当作真正的科学来看,并不是两事而是一
事。"②原因就是,语言在本质上也是一种表现,语言是声音为着表
现才连贯、限定和组织起来的。克罗齐的这一看法,有其片面性。
语言是思想的外壳,包含语音、语法、词汇等诸多因素,既可表情又
可表意。单纯地将语言的本质归于表情,是不全面的。

三、艺术独立论

克罗齐是艺术独立论,即为艺术而艺术论的倡导者。从他的

---

① [意]克罗齐:《美学原理——美学纲要》,朱光潜等译,外国文学出版社
　1983 年版,第 107 页。
② [意]克罗齐:《美学原理——美学纲要》,朱光潜等译,外国文学出版社
　1983 年版,第 126 页。

哲学体系看,他将人的心灵活动分为二度四个阶段,作为直觉的艺术是心灵活动的起始阶段,可作为逻辑、经济、道德等其他三个阶段的基础,但又具有独立性,不为其他阶段所代替。为此,克罗齐明确提出艺术的独立论,竭力阐述为艺术而艺术之观点的正确性。他说:"艺术就其为艺术而言,是离效用、道德以及一切实践的价值而独立的。如果没有这独立性,艺术的内在价值就无从说起,美学的科学也就无从思议,因为这科学要有审美事实的独立性为它的必要条件。"①又说:"内容选择是不可能的,这就完成了艺术独立的原理,也是'为艺术而艺术'一语的正确意义。艺术对于科学、实践和道德都是独立的。"②

(一)艺术不同于逻辑

艺术与逻辑同属于认识范畴,但却是截然不同的阶段。克罗齐认为,必须将这二者严格区分开来。他说:"思想的科学(逻辑学)就是概念的科学,犹如想象的科学(美学)就是表现的科学。要维持这两种科学的健全,就必须把这两个领域很谨严地精确地区分开来。"③他认为,艺术与逻辑是双度的关系,第一度是作为直觉的艺术,第二度是作为概念的逻辑;第一度艺术可离第二度逻辑而独立,第二度逻辑却不能离第一度艺术而独立。为此,克罗齐极力反对文艺上的分类说,诸如,悲剧的、喜剧的、史诗的、田

①[意]克罗齐:《美学原理——美学纲要》,朱光潜等译,外国文学出版社1983年版,第104页。
②[意]克罗齐:《美学原理——美学纲要》,朱光潜等译,外国文学出版社1983年版,第51页。
③[意]克罗齐:《美学原理——美学纲要》,朱光潜等译,外国文学出版社1983年版,第45页。

园的等等。他认为,分类说最大的弊端就是应用各种抽象的逻辑
概念去衡量作为表现的艺术作品,从而破坏了表现,远离了审美
的艺术。他说:"心灵想到了共相,就破坏了表现,因为表现是对
于殊相的思想","我们踏上了第二阶段,就已离开第一阶段了"。
又说:"一个人开始作科学的思考,就已不复作审美的观照。"①同
时,与流行的将艺术与逻辑混淆的倾向有关的就是典型问题的理
论。这种理论把典型看成抽象概念的例证,即所谓"艺术应使总
类在个体中显现出来"②,克罗齐不同意这种观点。什么是典型
呢? 他说:"在一个诗人的表现品中(例如诗中的人物),我们看到
自己的一些印象完全得到定性和实现。我们说那种表现品是典
型的,我们的意思就无异于说它是艺术的。"③事实上,克罗齐把
典型看成情感的完全的表现,同完美的艺术等同。这就完全推翻
了传统的典型理论。显然,克罗齐代表了浪漫主义艺术家对于传
统的现实主义典型理论的一种反拨,有其合理的一面,但浪漫主
义的典型,作为情感集中表现的典型,其中的情感理所当然地应
包含强烈的社会意义。克罗齐在这一方面的忽略,的确是走得太
远了。

(二)艺术不同于效用

克罗齐的美学思想从本质上来说,同康德是一致的,具有相

---

① [意]克罗齐:《美学原理——美学纲要》,朱光潜等译,外国文学出版社
1983 年版,第 36、37 页。
② [意]克罗齐:《美学原理——美学纲要》,朱光潜等译,外国文学出版社
1983 年版,第 35 页。
③ [意]克罗齐:《美学原理——美学纲要》,朱光潜等译,外国文学出版社
1983 年版,第 35 页。

当浓厚的形式主义色彩。如前所说,在克罗齐的美学体系中,形式是最活跃的因素,是艺术与艺术创造的灵魂。他曾说过"只有形式,才使诗人成其为诗人"①。因此,在艺术与艺术创作中,他在形式之外排除了其他一切的功利目的。他说:"就艺术之为艺术而言,寻求艺术的目的是可笑的。再者,定一个目的就是选择,艺术的内容须经选择说也是错误的。"②他在谈到有人认为诗是"经济的"产品时,认为这是一种十分片面的观点,是看到有个别的诗人靠卖诗帮助生活,就将诗歌创作的目的归于经济。③

(三)艺术不同于道德

　　道德也属于实践范畴,具有普遍的功利目的性,当然也同艺术有着泾渭分明的界限。克罗齐坚持艺术与道德的分流,批评了当时社会上流行的几种将两者混淆的观点。一种是从道德观点出发对艺术作品的题材加以毁誉。他认为,艺术创作的关键是表现得是否完美,而不是题材的选择。为此,他要求艺术批评家们废止所谓道德的观点,"完全采取美学的,和纯粹的艺术批评的观点"④。再一种是所谓风格即人格说,认为文品与人品应该一致。克罗齐以知行分离论否定这一观点。他说:"如果要想从某人所

①[意]克罗齐:《美学原理——美学纲要》,朱光潜等译,外国文学出版社1983年版,第28页。
②[意]克罗齐:《美学原理——美学纲要》,朱光潜等译,外国文学出版社1983年版,第50页。
③[意]克罗齐:《美学原理——美学纲要》,朱光潜等译,外国文学出版社1983年版,第77页。
④[意]克罗齐:《美学原理——美学纲要》,朱光潜等译,外国文学出版社1983年版,第51页。

见到而表现出来的作品去推断他做了什么,起了什么意志,即肯定知识与意志之中有逻辑的关系,那就是错误的。"①最后是艺术须真诚说。克罗齐认为,作为实践的道德原则的真诚,同艺术家无关,艺术家的责任就是"只赋予形式给已在心中存在的东西"②。如果艺术家按此责任将某类欺骗言行写进自己的作品,赋予其形式,使之成为审美的艺术品,这本身确是无可指责的。

四、批评各种美学理论

克罗齐的美学思想有一个显著特点,就是以"艺术即直觉,直觉即表现"的理论为武器,始终以挑战者的姿态出现,针锋相对地批判各种相异的美学理论。在他看来,自己可以无坚不摧,常常是以寥寥数笔就草率地宣判了一种美学思想的死刑。

第一,模仿说。

这是现实主义美学理论的一个主要观点。对于这种观点,克罗齐是反对的。他说:"但是模仿自然如果指艺术所给的只是自然事物的机械的翻版,有几分类似原物的复本;对着这种复本,我们又把自然事物所引起的杂乱的印象重温一遍,这种艺术模仿自然说就显然是错误的了。"③为什么是错误呢? 克罗齐举了两个例子说明这一观点。一个例子,蜡像馆里的蜡像,其之所以称不

①[意]克罗齐:《美学原理——美学纲要》,朱光潜等译,外国文学出版社1983年版,第52页。

②[意]克罗齐:《美学原理——美学纲要》,朱光潜等译,外国文学出版社1983年版,第52页。

③[意]克罗齐:《美学原理——美学纲要》,朱光潜等译,外国文学出版社1983年版,第21页。

上是艺术品,主要是不能引起审美的直觉。如果一个艺术家对其进行艺术创造,那就得通过心灵作用,产生了艺术的直觉品。再一个例子,某些照像如果有点艺术的味道,就是因其"传出照像师的直觉"①。可见,在他看来,"模仿说"之所以错误,就在于这种机械的模仿缺乏心灵的作用,不能传出作者的直觉。后来,他干脆反其道而行之,提出"自然模仿艺术家"的命题。他说:"其实更精确一点,应该说自然模仿艺术家,服从艺术家。"②原因是,艺术家不是从外在自然出发,而是从外在自然的印象出发,通过心灵的作用,达到表现,然后再从表现转到自然的事实,用它做工具去再造理想的事实。因此,创作的程序就是:"印象—表现—自然"。印象与表现都是主体性的东西,"自然"是客体;先有主体后有客体,"自然"成为对艺术家内在心灵的模仿。

第二,快感说。

这是自古以来就有的一种美学理论。克罗齐将其分解为高等感官快感说、游戏说、性欲说和同情说。高等感官快感说主张,审美来源于视听等高等感官的快感。克罗齐认为:"审美的事实并不依靠印象的性质,任何感官的印象都可以提升到审美的表现,却不一定就必须提升到审美的表现。"③关于游戏说,这是由康德、席勒等提出的。克罗齐认为,其弊端在于,作为发泄身体过剩精力的一种活动,涉及的面极广,除道德之外的,包括科学在内

①[意]克罗齐:《美学原理——美学纲要》,朱光潜等译,外国文学出版社1983年版,第21页。
②[意]克罗齐:《美学原理——美学纲要》,朱光潜等译,外国文学出版社1983年版,第97页。
③[意]克罗齐:《美学原理——美学纲要》,朱光潜等译,外国文学出版社1983年版,第76页。

的其他活动都可具游戏的性质，所以，游戏说难以反映艺术的本质。他说："但是'游戏说'既也指发泄身体的富裕精力所生的快感（这是一种实践的事实），它就不免要承认任何玩艺都是审美的事实，或承认艺术就是一种玩艺，因为像科学和任何其它东西，艺术也可以作为玩艺的一个节目。"①关于性欲说，这是以弗洛伊德为代表的精神分析学派提出的一种观点，将艺术作为被压抑的性欲借以发泄的途径。克罗齐认为，这种观点，主要在于混淆了人性与兽性的界限，最后使艺术家变成仿佛禽兽一般的傻瓜。他说："我们就常看到诗人们用他们的诗作自己的装饰，象公鸡耸冠，火鸡张尾那样。但是任何人这样做，就他这样做来说，就失其为诗人，变成一个可怜的傻瓜，一个像公鸡、火鸡的傻瓜，而且征服女人的欲望也与艺术毫不相干。"②同情说主张艺术的题材必须引起观众的道德同情。克罗齐认为，这种理论混淆了题材与表现、寻常人的情感和艺术的直觉。在他看来，题材不能决定艺术表现的性质，一个不值得同情的事物同样可以有美的表现，而寻常人感到苦痛的形象亦可经直觉的加工成为艺术的美。同时，同情本身具有相对性，很难以此决定美丑与否。他说："各人有各人的美的事物（即引起同情的事物），犹如各人有各人的情人。"③最后，克罗齐综合上述快感说的弊病，认为主要在于追求某种感官愉悦的功利目的，同美学作为表现的科学的本质不符。他说："如

①［意］克罗齐：《美学原理——美学纲要》，朱光潜等译，外国文学出版社1983年版，第77页。
②［意］克罗齐：《美学原理——美学纲要》，朱光潜等译，外国文学出版社1983年版，第77页。
③［意］克罗齐：《美学原理——美学纲要》，朱光潜等译，外国文学出版社1983年版，第96页。

果美学当作表现的科学,'艺术目的'这个问题是不可思议的,如果美学当作同情的科学,这个问题就有一个明显的意义,需要解答。"①

第三,联想说。

联想说是传统的心理学对审美的一种理解,在审美感受的基础上唤起记忆,由此物联想到彼物,再进一步发展到审美的想象,进入新的艺术形象的创造。这种理论立足于审美感知的基础上,由此物联想到彼物,因而还是一种现实主义的再现说的美学理论,因此,同作为表现说的克罗齐美学理论格格不入。克罗齐认为,联想说的弊病之一是将审美过程分解为两个不同的形象的联想,从而破坏了审美的整一性这一根本特征。他说:"审美的意识是完全整一的意识,不是两股合成的意识,这联想说与审美的意识极不相容。"②弊病之二是过分抬高了客观的物理事实的地位,将其作为一种形象引入审美体系,其实"物理的事实并不以形象的资格进入心灵,它只帮助形象(这形象是唯一的,也就是审美的事实)的再造或回想"③。

第四,移情说。

移情说也是现实主义的再现的美学理论之一种,强调由对象的某种特性引起审美者共鸣,从而将自己的某种情感灌注于对象之中。正如克罗齐在《美学》一书中举例所说,有人以为几何图形

①[意]克罗齐:《美学原理——美学纲要》,朱光潜等译,外国文学出版社1983年版,第78页。

②[意]克罗齐:《美学原理——美学纲要》,朱光潜等译,外国文学出版社1983年版,第94页。

③[意]克罗齐:《美学原理——美学纲要》,朱光潜等译,外国文学出版社1983年版,第94页。

凡是向上指着的就美,因为暗示坚定与力量。例如,著名的道芮式石柱的凝成整体和耸立上腾,使人体味到一种镇定自持、昂然挺立的精神。在克罗齐看来,这仍是过分地突出了对象及其基本特征。而表现派美学则强调的是主体及其创造,即使面对着对象的不稳定和柔弱,主体亦可通过加工创造,将其表现为美的形象。他说:"有些事物引起不稳定与柔弱的印象,也可以美,因为所要表现的恰是不稳定与柔弱。"①

第五,外在的形式主义美学。

克罗齐的表现论美学是一种形式主义美学,抹杀内容,强调主体创造中赋予形式的作用。但这种形式主义是一种内在的形式主义,对于外在的形式主义,即追求形象的外在物质结构的形式主义,克罗齐是反对的。他认为,这种形式主义的主要弊病是相信可以替美找出自然科学的规律,从而违背了美学是表现的科学的基本前提。他在举例时谈到了黄金分割、蛇形曲线等等,他说,这是一种"美学的天文学"。②

五、其他美学观

（一）关于自然美

根据克罗齐"艺术即直觉,直觉即表现"的基本美学观,凡是

---

① [意]克罗齐:《美学原理——美学纲要》,朱光潜等译,外国文学出版社1983年版,第96页。
② [意]克罗齐:《美学原理——美学纲要》,朱光潜等译,外国文学出版社1983年版,第99页。

美都应是精神的产品,因此,只有艺术美,而没有自然美。他只在这样的意义上才承认自然美,就是自然作为物理的刺激物,人们对它进行审美的创造,直觉的表现,而其产品,当然已非原来自然,而成为精神的产品。因此,他认为,只有对于用艺术家的眼光去观照自然的人,自然才显得美;动物学家和植物学家们认不出美的动物和花卉。同时,他否认自然美的客观性,认为自然美不是客观存在的,而是"发见出来的","如果没有想象的帮助,就没有哪一部分自然是美的。"①正因为他强调自然美的产生于人的创造的特性,所以认为自然美是相对的,你认为美的别人不一定认为美。

(二)自由美与非自由美

自由美与非自由美即是康德所说的纯粹美与依存美。所谓非自由美,就是有着审美以外的特殊目的的美,这特殊目的对审美加以制约和限制,因此是非自由的。克罗齐说:"非自由的美是指含有两重目的的东西,一重目的是审美以外的,另一重目的是审美的(直觉的刺激物);因为第一重目的对第二重目的加以限制与障碍,所以产生的美就被人认为非自由的。"②显然,自由美就是除审美之外没有其他目的,不受任何限制与制约的美。

(三)物理美

所谓物理美,按克罗齐的观点,就是审美的直觉借助物质媒

---

①[意]克罗齐:《美学原理——美学纲要》,朱光潜等译,外国文学出版社1983年版,第90页。
②[意]克罗齐:《美学原理——美学纲要》,朱光潜等译,外国文学出版社1983年版,第91—92页。

介形成作品的那种外在的美。其作用是作为刺激物帮助人再造美，或作为备忘录帮助人回想美。诚如克罗齐所说："艺术的纪念碑，审美的再造所用的刺激物，叫做'美的事物'或'物理的美'。"①克罗齐认为，艺术作为直觉，直觉作为表现是一种属于认识范畴的心灵的创造活动，本来在心灵阶段就已完成，但为了将其凝定下来作为回想的备忘录或作为唤起他人再造想象的刺激物，还须由认识过渡到实践，借助物质材料，将直觉的形象外射为外在的物理美。克罗齐说："我们能凭意志要，或不要，把那直觉外射出去；那就是说，要不要把已造成的直觉品保留起来，传达给旁人。"②

（四）艺术史

克罗齐是十分重视艺术的历史研究的重要性的。他认为，如果没有艺术史的研究，人类就会丧失文明，甚至回到动物的黑暗生活中。他说："如果没有传统文献和历史的批评，人类所造成的全部或几乎全部艺术作品的欣赏就会丧失而不可恢复，我们就会不比动物好多少，全困在现时或最近的过去中。"③他认为，历史通常分为人类史、自然史、人类自然混合史三种。艺术史涉及人所特有的心灵的活动，因而属于人类史的范围，是人类起源乃至发展的文明史的有机组成部分。艺术史的规律到底是什么呢？

---

① ［意］克罗齐：《美学原理——美学纲要》，朱光潜等译，外国文学出版社1983 年版，第 89 页。

② ［意］克罗齐：《美学原理——美学纲要》，朱光潜等译，外国文学出版社1983 年版，第 100 页。

③ ［意］克罗齐：《美学原理——美学纲要》，朱光潜等译，外国文学出版社1983 年版，第 114 页。

有人用"进步律"解释历史,假想人类按天意安排,沿着一条直线,朝着一个未知的命运前进。克罗齐认为,这种理论从总体上来说就是错误的,因它否定了历史本身,否定了组成历史的具体事实有别于抽象观点的那种偶然性、经验性和不可确定性,因而,对于艺术特别不适用。因为艺术是直觉,是个别性相,而个别性相是从不复演的。因此,他认为,不妨可把艺术史的规律看成一个波浪形状前进的周期,此起彼伏,形成无数的高潮与低谷,但总趋势又不断向前发展。他说:"我们至多只能说:审美的作品的历史现出一些进步的周期,但是每周期有它的特殊问题,而且每周期只能对于那问题说,是进步的。"①

六、评　价

从上述分析可知,克罗齐的美学思想同康德的美学思想是一脉相承的。他们具有共同的主观唯心主义的哲学出发点,完全否定客观现实的存在,认为一切物质世界与精神世界都是主观精神的产物。由此出发,他们也都一致否定美的客观存在,将一切的美均归于主观。因此,在他们的美学理论中美即等于审美。甚至,在为审美设置的公式上,克罗齐也大体承袭了康德美学。康德为审美设置的公式是:审美=无目的的合目的性先验原理+主体对对象形式的感受。克罗齐设置的公式是:审美=直觉=认识形式+感受。但克罗齐又不同于康德。如果说,康德的作为万物之源的"主观",基本上还属于理性范畴的话,那么,克罗齐的作为

①[意]克罗齐:《美学原理——美学纲要》,朱光潜等译,外国文学出版社1983年版,第120页。

万物之源的"主观"就基本上属于非理性范畴了。就拿以上所举审美公式来说，康德的先天原理与对形式的感受之中都包括某种合目的性与合规律性，但克罗齐的直觉中的感受却是一种无形式的物质，属于被动的、兽性的范围，而认识形式也只是一种具有某种主动性的使感受对象化为形象的内在心灵。因此，克罗齐不仅继承了康德美学中的主观先验成分，而且将其发展为一种非理性的美学形态。

对于这样一种美学形态，克罗齐将其用简洁的语言概括为美即表现、表现即直觉。像这样明确地将美与表现直接联系起来的美学理论在西方美学史上是第一次。它一经诞生就成为目前盛行西方的现代派美学理论的代表性论点，"表现说"也几乎成为纷纭复杂的各类西方现代派美学理论的代表。这些美学理论尽管千差万别，但几乎都将"表现"作为自己的旗帜。正是从这个意义上，我们说克罗齐的"表现说"开了西方现代派美学的先河。

如果说"移情说"是由西方古典派美学到现代派美学的过渡的话，那么"表现说"则成为西方现代派美学的滥觞。这种表现论美学直接地体现了西方现代派美学的这样四个特点。一是非理性主义。西方现代派与古典派的重要区别就是否定理性，崇尚非理性。不论是柏格森的生命说，弗洛伊德的精神分析说，还是萨特的存在主义美学，等等，都具浓厚的非理性主义倾向。柏格森的生命冲动实际即是一种直觉的冲动，弗洛伊德的"力必多"同克罗齐直觉说的无形式的感受直接有关，萨特的"存在"实际上则是克罗齐自我心灵的演化。二是形式主义。克罗齐鼓吹形式决定论，认为只有形式才使诗人成为诗人，主观心灵的唯一作用就是赋予感受以形式等。这实际上成为西方现代绵延不断的科学美学的起点。诸如，新批评派、符号论美学、格式塔美学等无不受到克罗齐形式主义的影响。三是反传统的倾向。克罗齐在自己的美学论著《美学原理》中批判并抛弃了历史上以"模仿说"为代表的几乎所有的美学理论,充分表现了他对西方古典传统的反抗。而西方现代派美学理论正是以与传统的现实主义美学理论决裂的姿态出现在美学史上的。这种同现实主义决裂的所谓"反传统精神"正是来源于克罗齐。四是确立了西方现代派美学的美是情感的感性显现的基本命题。众所周知,西方古典派的最基本的美学命题是黑格尔提出的美是理念的感性显现。而西方现代派美学则反其道而行之,提出了美是情感的感性显现的命题。西方现代派美学的这一基本命题就始于克罗齐。克罗齐所谓的美即直觉、直觉即表现,他所说的直觉的表现即是表现一种非理性的情感。

克罗齐表现论美学在一定程度上的确反映了新的时代由于社会发展变化,特别是西方资本主义世界中巨大的社会与生活压力所形成的人们试图在艺术中表现内心被压抑的情感的强烈愿望。这也正是西方现代派艺术,特别是造型艺术具有一定市场的重要原因。正是基于这样的情况,我们认为,克罗齐的表现论美学在一定程度上反映了西方现代美学形态的变化,因而应给它一定的历史地位。同时,克罗齐的表现论美学以极大的力量探索了主体在创作过程中的作用,并将这种作用强调到独尊的地位。当然,这种强调是极不可取的,但探索本身却还有一定的意义。因为,主体在文艺创作中的作用的确是应该引起我们重视并进一步探索的课题。

克罗齐的表现论美学并不完全是一种美学理论和艺术理论,而首先是一种哲学理论。作为一种哲学理论就具有了世界观与价值观的意义。克罗齐表现论美学所包含的世界观与价值观很明显是一种张扬主观自我的唯心主义的非理性主义的世界观与价值观。这种世界观与价值观的出现在 20 世纪初期马克思主义诞生之后,就具有一种反马克思主义的性质,应该给以严肃的批判。而表现论作为一种美学观也是不科学的。克罗齐的"表现"决不同于通常所说的"艺术表现",而是一种纯粹的主观心灵的活动,即主观创造形象的过程。这是一种纯内心直觉的过程,完全脱离客观世界。他甚至提出了"自然模仿艺术家"的荒谬命题。同时,他又将艺术的独立性强调到不恰当的程度,成为一种为艺术而艺术的错误理论。在他的所谓二度四阶段的理论中,艺术不仅同概念、经济、道德无关,不受它们的制约,而且还可反过来超越于这些活动之上。这样突出地否定艺术的功利作用,连西方现代派的许多理论家都难以接受。

克罗齐的表现论美学在西方和我国都有着广泛的影响。在西方的影响,我们已在上文谈及,说明表现论成为西方现代派美学的滥觞,"表现"则成为西方现代派美学的标志。在我国,克罗齐的表现论也有着广泛的影响。早在新中国成立之前和新中国成立之初,我国就流行一种"美在主观"的理论,这种理论的来源之一就是克罗齐的表现论。克罗齐曾明确声称,自然美不是客观存在的,而是艺术家发现与创造的。近十年来,这种主观唯心主义的美学与艺术理论又一度有所抬头。曾在我国文艺界一度流行的所谓"主体性"的理论就同克罗齐的表现论十分相似。我们从不否定主体在文艺创作中的能动作用,但决不同意将主体夸大到主宰决定一切的地位。某些论者所谓实践主体、精神主体,精神主体决定实践主体,精神主体包含意识与潜意识等观点,就源于克罗齐的直觉包含心灵形式与无形式的兽性感受,以及认识高于实践的理论。这也说明,历史上的某种唯心主义理论在适当的气候与条件之下仍会以新的面目与形式出现。

第十八章　弗洛伊德及精神分析美学

一

弗洛伊德(1856—1939)，奥地利著名的精神病学家，精神分析学派的创始人。他的以潜意识的发现与论述为特点的深层心理学理论在现代人类文化史上具有较大的影响，几乎渗透于当代西方哲学、心理学、社会学、美学等各种社会科学领域。弗洛伊德出身于现属捷克的摩达维亚一个小镇弗赖堡的一个犹太籍商人家庭，4岁时举家迁居奥地利首都维也纳。后来，他一生中的大部分时光都在维也纳度过。他的一生大体可分为四个阶段。第一，青年时期，从1873年至1885年。弗洛伊德于1873年考入维也纳大学医学系学习，受到著名的生理学家布吕克的影响。1881年，获医学博士学位。1885年获维也纳大学神经病理学讲师称号。第二，学术形成时期，从1885年至1900年。1886年，弗洛伊德第一次使用"精神分析"概念，1900年完成《梦的解析》一书，初步形成自己的精神分析学理论体系。第三，学术发展时期，从1900年至1926年。1902年，弗洛伊德创立心理学周三学会。1908年，国际精神分析学会在沙尔斯堡召开，周三学会改名为维也纳精神分析学会。1909年弗洛伊德赴美讲学，精神分析学派内部发生分裂,阿德勒与荣格先后退出运动。1926年,弗洛伊德本人从精神分析运动引退。第四,晚期,从1926年至1939年。1935年,弗洛伊德成为英国皇家学会名誉会员。1936年,罗曼·罗兰等一百多位作家前去祝贺他的80寿辰。1938年,第二次世界大战爆发,弗洛伊德前往伦敦过流亡生活。1939年9月23日,因长期患下腭癌经33次手术后复发,逝世。

要研究弗洛伊德的精神分析美学,必须首先弄清楚他的精神分析心理学的主要观点。那么,什么是精神分析呢? 精神分析本来是弗洛伊德治疗精神病的一种方法。对于精神病的病因,弗洛伊德认为,不是生理损伤而是一种心理障碍,因而在治疗上从传统的通磁术的物理疗法转向精神疗法。在精神疗法中,又从自己惯用的催眠疗法改为"自由联想法"。所谓"自由联想法",就是让病人在绝对安静的状态中使被压抑于潜意识中的思想观念和情感进入意识之中,并依其先后,自己一一将其报告出来,借此消除心理障碍,病人得到治疗。在这种精神分析疗法的基础上,弗洛伊德逐渐形成了自己的精神分析理论。这一理论不同于其他心理学的地方在于,突出地强调潜意识和性的重要作用。在此前提下,弗洛伊德形成了自己的系统的精神分析心理学的理论体系,包括心理结构论、人格结构论与心理动力说三部分。

关于心理结构论。弗洛伊德认为,人的心理结构分为三个层次。首先是"意识",属于能够觉察到的心理活动,代表个性的外表方面。在正常的情况下管辖和指挥人的精神生活,使之得以有效进行。其次是"前意识",不属于意识,但却是随时复现于意识的部分。它介于意识与潜意识之间,成为它们的中介环节。最后是"潜意识",又称无意识。它是不能觉察到的心理活动,代表人的各种本能欲望、动机和感情的内在方面,是人的心理最原始最基本的因素。弗洛伊德认为,意识专设一道防线,阻止潜意识的贸然侵犯,起心理稽查作用。他的心理结构理论特别地强调潜意识,成为其整个学说的支柱。他的精神分析心理学就是在潜意识基础上构成的理论体系,因此又称作深层心理学。

关于人格结构论。弗洛伊德认为,人格结构也分三个层次。首先是"超我",为幼年时期通过父母的奖惩权威树立起来的良心、道德律令和自我理想。"超我"按道德原则活动,起到阻止本能能量释放的作用。其次是"自我",是协调本我与现实之间不平衡的机能,受现实原则支配。最后为"本我",属于潜意识范围,是潜意识的人格化。它是一种盲目的本能,如爱欲、性力等,受避苦趋乐的快乐原则支配,如同一口沸腾的大锅。超我、自我与本我三者的含义,即人格的社会成分、心理成分与生物成分。而"本我"是人格的原始基础和一切心理能量的源泉。

关于心理动力说。弗洛伊德的老师,奥地利生理学家布吕克提出一种动力生理学的理论,认为心理能力是一种物质能力,这种能力产生于神经细胞。弗洛伊德将布吕克的动力生理学加以改造,成为动力心理学。他认为,人的整个心理活动过程是一个动态的系统,以本能作为其能量源泉,成为科学、文艺、宗教行为的终极原因。而最基本的本能即为求生本能与死亡本能两种。所谓"求生本能",是潜伏在生命自身中的创造力,包括性本能和生存本能。所谓死亡本能,是潜伏在生命自身中的一种破坏力,向内引向自杀,向外引向谋杀。

由上述分析可见,弗洛伊德的精神分析心理学在重视潜意识的作用方面确有其可取之处。但从总体上来看,他将生物本能作为人类精神活动的基础,则是一种极大的荒谬。这就从根本上违背了马克思主义关于社会存在决定社会意识及人是社会关系总和的历史唯物主义的重要论断。这种基本理论上的根本错误必将导致其美学思想从总体上来说是荒谬的了。他的美学思想并不完整,我们将其概括为原欲升华论、昼梦说及艺术分析方法三个方面。

<h1 style="text-align:center">二</h1>

关于原欲升华论。这是关于艺术创作源泉的理论。

第一,艺术创作的源泉在"原欲"(Libido)。弗洛伊德明确指出,艺术创作的源泉在"原欲"。他说,"艺术活动的源泉之一正是必须在这里寻觅",[①]"我坚决认为,'美'的观念植根于性的激荡"[②]。他这里所说的"原欲"或"性欲",即是其在著作中经常提到的专用名词"力比多"(Libido)。所谓"力比多"是指性欲,但是从广义上来说,泛指一切能带来肉体愉快的接触,如口部与肛门的快感等(指幼儿吮吸与便溺的快感)。它同饥饿一样,是一种本能的力量,通常叫做"性驱力"。弗洛伊德说,"力比多"和饥饿相同,是一种力量,本能——这里是性的本能,饥饿时则为营养本能,即借这个力量以完成其目的。它是生命力的基础,是人所具备的潜能,处在心理的最深层,人的一切行为都是它的转移、升华和补偿。对于这种性本能,弗洛伊德认为,首先表现为机体内部的一种同化学变化类似的生物能(现已证明为性激素的分泌),并逐步转化为"心理能"(弗氏称为"精神能")。这就对这种能量的来源及其转换进行了所谓物质的解释,但从生物能到心理能的转

---

①转引自[苏]叶果洛夫:《美学问题》,刘宁、董友等译,上海译文出版社 1985
　年版,第 305 页。

②[奥]弗洛伊德:《爱情心理学》,林克明译,作家出版社 1986 年版,第 53 页。

换却忽略了人都具有理性这一最根本的特征,因而缺乏应有的科学性。弗洛伊德进一步认为,这种"原欲"在人的身上又集中地表现为一种"情结",即所谓"恋母"(俄狄浦斯情结)与"恋父"情结等。所谓"情结",即是压抑在潜意识中的性欲沉淀物,实际上是一种心理损伤,即未曾实现的愿望。弗洛伊德认为,这种"恋母"或"恋父"情结构成了许多艺术作品的源泉。他说,俄狄浦斯情结经过变化、改造与化装供给诗歌与戏剧以许多激情。

第二,原欲的实现经历了发泄与反发泄的对立。弗洛伊德不仅把创作的源泉归于沸腾的"原欲",而且进一步从动态的角度来论述"原欲"的实现过程。他将此看作对心理现象的动力学研究。他说:"我们要对心理现象作一种动的解释。"①在他看来,心理现象都表现为两种倾向的对立、斗争与平衡。具体说来,就是能量发泄与反能量发泄的对立与斗争。所谓"发泄",即指本我要求通过生理活动发泄能量,而"反能量发泄"则指自我与超我将能量接过来全部投入心理活动。这种情形被称为"冲突",即超我、自我与本我之间的冲突。这就使原欲处于受压抑状态,得不到实现,从而形成对痛苦的情绪体验的焦虑,长此以往,会形成精神病。而艺术创作就是冲突的解决,给原欲找到一条新的出路。

第三,升华作用——原欲实现的途径。要使人们摆脱心理冲突,从焦虑中挣脱出来,弗洛伊德认为有许多途径,"移置"即是其一。所谓"移置",即是指能量从一个对象改道注入另一对象的过程。因而,"移置"就必然是寻找新的替代物代替原来的对象。如果替代对象是文化领域中的较高目标,这样的"移置"就被称为

①[奥]弗洛伊德:《精神分析引论》,高觉敷译,商务印书馆1986年版,第46页。

"升华作用"。弗洛伊德说,所谓升华作用即是"将性冲动或其他动物性本能之冲动转化为有建设性或创造性的行为之过程"①。艺术即是这种原欲升华之一种。弗洛伊德说:"艺术的产生并不是纯粹为了艺术。它们的主要目的是在于发泄那些在今日已被压抑了的冲动。"②这是一种原欲发泄新的出口的选择,其作用则在于将心理能加以发泄,不使之因过分积储而引起痛苦。他说:"心理活动的最后的目的,就质说,可视为一种趋乐避苦的努力,由经济的观点看来,则表现为将心理器官中所现存的激动量或刺激量加以分配,不使它们积储起来而引起痛苦。"③弗洛伊德认为,这就证明原欲为人类的文化,诸如艺术创造带来了无穷的能源,从而为人类文化艺术的发展作出了最大的贡献。他说,"研究人类文明的历史学家一致相信,这种舍性目的而就新目的的性动机及力量,也就是升华作用,曾为文化的成就带来了无穷的能源"④,"我们认为这些性的冲动,对人类心灵最高文化的、艺术的和社会的成就作出了最大的贡献"⑤。弗洛伊德将"原欲"作为艺术的源泉显然是对社会生活是文艺唯一源泉这一根本真理的颠倒。

　　关于昼梦说。这是关于艺术想象的理论,弗洛伊德明确地将艺术创作称作"白日梦"。

---

①[奥]弗洛伊德:《爱情心理学》,林克明译,作家出版社1986年版,第145页注⑪。
②[奥]弗洛伊德:《图腾与禁忌》,中国民间文艺出版社1986年版,第116页。
③[奥]弗洛伊德:《精神分析引论》,高觉敷译,商务印书馆1986年版,第300页。
④[奥]弗洛伊德:《爱情心理学》,林克明译,作家出版社1986年版,第59页。
⑤[奥]弗洛伊德:《精神分析引论》,高觉敷译,商务印书馆1986年版,第9页。

第一,昼梦的原因。弗洛伊德认为,昼梦的原因是愿望的不能实现。他说:"未能满足的愿望,是幻想产生的动力。"①这种未能实现的愿望在儿童就表现为游戏,而在成人则表现为幻梦——白日梦。其区别在于儿童在游戏中喜欢直接借用现实中的事物,幻梦却不借用。艺术家只借助幻梦来创造艺术品。弗洛伊德说:"作家正像做游戏的儿童一样,他创造出一个幻想的世界,并认真对待之。"②

第二,昼梦的内容。弗洛伊德指出:"文学的作品即以这种昼梦为题材;文学家将自己的昼梦加以改造,化装,或删削写成小说和戏剧中的情景。但昼梦的主角常为昼梦者本人,或直接出面,或暗以他人为自己写照。"③弗洛伊德认为,作为梦,其根本内容即为原欲,主要是野心与色欲,经过凝缩(几种欲望以一种象征出现)、换位(被压抑的欲望被换成另外的内容)、戏剧化(以具体对象表示抽象的欲望)、润饰(将混乱颠倒的欲望加以整理),最后把潜意识的欲望经过改头换面转换成人们所能接受的表象。因此,弗洛伊德认为,文艺作品中的主人公都是作家自我的化身,各种人物成为"自我"的分裂。他将此称作"将自己精神生活的冲突趋向拟人化,在很多主人公身上体现出来"④。从时序上来看,就是

<hr>

① [奥]弗洛伊德:《弗洛伊德论创造力与无意识》,孙恺详译,中国展望出版社1986年版,第44页。
② [奥]弗洛伊德:《弗洛伊德论创造力与无意识》,孙恺详译,中国展望出版社1986年版,第42页。
③ [奥]弗洛伊德:《精神分析引论》,高觉敷译,商务印书馆1986年版,第70页。
④ [奥]弗洛伊德:《弗洛伊德论创造力与无意识》,孙恺详译,中国展望出版社1986年版,第48页。

以欲望的转换为中心,将过去、现在与将来联结起来。他说,愿望"利用现在的事件,按照过去的方式来安排将来"①。

　　第三,昼梦的作用。弗洛伊德认为,昼梦的总的作用是一种欲望的替代性满足。具体地说来,作者可以借此抛弃生活的沉重负担,获得幽默、想象的极大乐趣。这就是成人以昼梦代替游戏,可从中领略儿童游戏的乐趣,借以从现实生活的沉重负担中解脱出来。同时,作者可通过昼梦创作出艺术作品,将自己不能实现的愿望加以实现。主要是通过创作的成功而在现实中获得成功,如获得荣誉、权势、爱情等等。这就使文艺成为人们回到现实的一条路。弗洛伊德认为,"幻念也有可返回现实的一条路,那便是——艺术",因为,作家可使他人共同享受创作的快乐,"从而引起他们的感戴和赞赏;那时他便通过自己的幻念而赢得从前只能从幻念才能得到的东西:如荣誉、权势和妇人的爱了"②。另一方面,弗洛伊德认为,艺术想象由于是对昼梦的进一步改造,所以给予人的不是肌体的生物的愉快,而是一种温和的精神的安慰,在相当长的时间内使人的现实冲动缓解,从而起到净化作用。弗洛伊德曾说,艺术的"主要功能之一就是充当'麻醉剂'"。③ 艺术想象与昼梦虽然都有形象浮现的共同特点,但前者是一种包含理性内容的创造活动,而后者则是一种无理性的下意识活动,将两者等同,虽强调了对昼梦的改头换面,但否定艺术想象的理性内容却是显而易

────────────

① [奥]弗洛伊德:《弗洛伊德论创造力与无意识》,孙恺详译,中国展望出版
　　社1986年版,第46页。
② [奥]弗洛伊德:《精神分析引论》,高觉敷译,商务印书馆1986年版,第
　　301、302页。
③ 转引自[美]莱昂内尔·特里林:《弗洛伊德与文学》,刘半九译,见《外国现
　　代文艺批评方法论》,江西人民出版社1985年版,第82页。

见的。

艺术分析方法。弗洛伊德开创了以潜意识去解释艺术创作活动的方法,以此探寻作品与作家的创作动机、生活经验与遭遇的关系。潜意识主要来自过去的生活事件,特别是儿童发育中的所谓性创伤、性经验,如恋母情结等。这种方法即由形象(显意)探寻其内在含义(隐意),从而把握作家原始的创作动机。这是"释梦"的精神分析方法在艺术形象分析中的应用。弗洛伊德说道:"由显梦回溯到隐念的历程就是我们的释梦工作。"①这个方法本身并无什么深奥的理论,需要通过弗洛伊德对具体作品的分析才能更深入地了解这一批评方法的内涵。弗洛伊德于 1910 年写了《列奥纳多·达·芬奇和他童年的一个记忆》。该文在西方被称为精神分析批评派的基石。弗洛伊德的基本观点,是认为童年的性心理活动及其遭遇决定了一个人一生的事业。在他看来,每个人从三岁开始,便经历了一个"幼儿性研究时期"。这是第一个智慧独立的企图,所产生的印象是持久而深刻的,决定了一个人基本的性格倾向。达·芬奇童年的性心理活动集中地表现于关于秃鹫的幻想之中。弗洛伊德认为,达·芬奇"所有成就和不幸的秘密都隐藏在童年秃鹫的幻想之中"②。他的关于秃鹫的幻想是这样的:当达·芬奇作为婴儿睡在摇篮之中时,曾有一只秃鹫向他飞来,用翘起的尾巴撞开他的嘴,还用尾巴一次次地撞他的嘴唇。弗洛伊德认为,这并不是达·芬奇童年时期真正发生的

①[奥]弗洛伊德:《精神分析引论》,高觉敷译,商务印书馆 1986 年版,第129 页。
②[奥]弗洛伊德:《弗洛伊德论美文选》,张唤民、陈伟奇译,知识出版社 1987年版,第 102 页。

一个真实事件的回忆,而是对童年时期自己同母亲之间性关系的一种幻想。在这个幻想中,秃鹫即代表母亲,因为在古埃及人的象形文字中,母亲是由秃鹫的画像来代表的。埃及人还崇拜女神,这个女神被表现为有一个秃鹫的头。女神的名字读作摩托,与德语单词"Mutter"(母亲)发音相近。这样,达·芬奇幻想的内容之一就是,他是秃鹫的儿子,只有母亲,没有父亲。这同他作为一个私生子的身份是完全相符的。而且,他还用秃鹫的尾巴一次次撞击嘴唇来暗喻母子之间的性关系,即被母亲哺育与亲吻的记忆。同时,这种对母亲的依恋及其被压抑,导致了以自己为爱的模特儿,即所谓自恋。由此进一步根据自己的相似性来选择爱的对象,实际是逃避其他女人,保持着对母亲的忠诚,从而使自己成为同性恋者。这种由恋母到自恋,再到同性恋就是对达·芬奇更深层的心理分析。根据弗洛伊德的考证,达·芬奇又确实具有同性恋的倾向。达·芬奇作为画家,他的作品就是他的隐秘的心理活动的表现。正如弗洛伊德所说,"仁慈的自然施于艺术家能力,使他能通过他创造的作品来表达他最秘密的精神冲动,这些冲动甚至对他本人也是隐藏着的;这些作品强烈地打动了对艺术家完全是陌生的人们,他们自己也不知道自己的感情来源。难道列奥纳多一生的作品中没有一件可以证明他记忆中保留的正是童年时期最强烈的印象?人们当然希望可以找到一些东西"①。弗洛伊德认为,第一幅可以证明他童年印象的画就是著名的《蒙娜丽莎》。达·芬奇用了整整四年时间来画这幅画,大约是从1503年到1507年。这幅画的特点是,主人公具有一种谜一般的微笑。

①［奥］弗洛伊德:《弗洛伊德论美文选》,张唤民、陈伟奇译,知识出版社1987年版,第78页。

人们在长时期中对于这个微笑之谜一直难以解释。弗洛伊德认为,这实际上是模特儿的微笑勾起了他的秃鹫的幻想,唤醒了他对母亲那充满情欲的欢乐而幸福的微笑的回忆,从而使他寻求新的艺术表现。另一幅画是《圣安妮和另外两个人》。在这幅画中,达·芬奇式的微笑清楚地印在两个女人脸上——圣安妮及其女儿。这实际上也是恋母情结曲折的表现。弗洛伊德认为:"列奥纳多的童年显然酷似画中的情景。他有两个母亲:第一个是他亲生的母亲卡特琳娜,在他三岁到五岁的时候,他被迫离开了她;然后是他的年轻的仁爱的继母——他父亲的妻子唐娜·阿尔贝拉。把他童年的这个事实与上面叙述的一点(他的母亲和外祖母的存在)结合起来,把它们凝缩成一个合成的整体——《圣安妮和另外两个人》的构思对他就更具体了。离男孩较远的母性形象——外祖母——与他早先的亲生母亲卡特琳娜相应,不仅在外貌上,而且也在与男孩的特殊关系上。艺术家似乎在用圣安妮的幸福微笑否认和掩盖这不幸的女人的妒嫉——在她不得不把自己的儿子交给比她出身高贵的竞争者时感到妒嫉,这种割舍颇似她曾经抛弃了孩子的父亲。"①1914年,弗洛伊德写了《米开朗基罗的摩西》一文,用他的精神分析法来分析这座著名雕像的隐意。他对这座雕像的兴趣始于1901年之前,当时参观了维科里的圣皮埃特多教堂,第一次同摩西雕像相遇。1912年9月,他在给妻子的信中说,每天都要去看这座雕像,一心扑在雕像之上,着手进行写作的准备工作。1914年完成论文,却拒绝署名,直到1924年才承认是自己所作。他说,他曾独自一人整整三周站在塑像前,一次

---

① [奥]弗洛伊德:《弗洛伊德论美文选》,张唤民、陈伟奇译,知识出版社1987年版,第84页。

又一次地画着素描。历史上的摩西是以色列人的先知和领袖,率
领以色列人从埃及迁回迦南,建立了自己的国家。据《旧约·出
埃及》记载,摩西到西奈山去领取耶和华的教谕和刻有十诫的法
板,回来后看到以色列人铸了铁犊,并围着它吃喝狂舞。摩西勃
然大怒,把两块法板扔到地上摔碎。米开朗基罗正是选用这一情
节,但形象却不符合原来的记载,而是另一幅形象——摩西凝坐
于椅上,左手托着长须,右手捺着法板,保护法板免于滑落。这是
一个为自己所献身的事业而成功地克制内心愤怒的形象。弗洛
伊德联系塑像的背景,鉴于这座塑像是为十六世纪很有权威的教
皇朱利叶斯二世塑立的,是教皇巨大陵墓的一部分,因此塑像必
然同教皇朱利叶斯二世及作者本人密切相关。原来朱利叶斯二
世是个相当有作为的教皇,试图在自己的统治期间将整个意大利
统一在自己的权力之下。他采取联合外国军队的措施,实现了自
己的愿望。但他脾气急躁,经常采取过激手段,而画家米开朗基
罗本人也属于急躁型的性格。据此,弗洛伊德认为:"艺术家在自
己身上也感到了同样暴烈的意劫,但是,作为一个更加内省的思
想家,米开朗基罗预见到他们两人命中注定的失败。于是,他在
教皇的陵墓上雕塑出一个摩西,这是对死去教皇的责备,也是自
己内心的反省。艺术家也由此自我批评升华了自己的人格。"①

三

　　弗洛伊德的精神分析学美学一经产生就产生了广泛的影响,

---

①[奥]弗洛伊德:《弗洛伊德论创造力与无意识》,孙恺详译,中国展望出版
　社 1986 年版,第 35 页。

近年波及我国思想文化领域。到底应如何评价这一精神现象呢？我们认为，应取马克思主义的实事求是的科学态度，既要看到它本身的有价值之处，又要看到其弊端，特别应结合我国实际剖析其危害，从而真正分清理论是非。

这一理论的价值，我们认为主要在两个方面。一、充分地论述了潜意识在文艺创作中的作用，具有某种合理性。因为，潜意识的确同艺术想象、共鸣、灵感、创作冲动等艺术现象有一定的联系，有待于我们进一步地探索研究。而性爱作为人类得以生存与发展的重要因素及爱情生活的生理根源，事实上同作为情感判断的审美与文艺也有一定关系，是审美与艺术创作中的重要课题。总之，弗洛伊德提出了潜意识在创作中的作用这样一个课题，而对于这一课题我们过去研究得不够。但作为这一课题的答案，从根本方面来说，弗洛伊德的结论则是错误的。二、提出通过作品探寻文艺家深层动机及个人童年偶然性遭遇的艺术分析方法，在丰富文艺批评方法方面有一定的参考价值。

至于弗洛伊德精神分析美学的弊端及其不良影响，我们认为近几年缺乏应有的重视，需结合其实际影响进行更深入的探讨。目前，也可初步从两个方面认识。一是弗洛伊德的精神分析美学具有严重的生物社会学倾向，这就决定了其最基本的理论根据及结论都是荒谬的。弗洛伊德在自己的理论中将社会的历史的人看作是赤裸裸的生物的人，将具有极强社会性的文艺创作活动单纯看作生物冲动的过程，将生物性的性本能看作人类一切精神活动及文艺创作的根源，这都是完全错误的，而且是十分有害的。这一理论的产生，从理论本身看，主要是在将作为生物学的自然科学引入社会科学时抹杀了两者的根本区别。而从社会原因看，又恰在一定程度上反映了帝国主义时期精神崩溃、人欲横流、社会的人在很大程度上沦为生物的人这样一个现状。当然，作者不是以否定的态度，而是以肯定的态度对此加以反映的，这是造成这一理论荒谬的根本原因。再从影响来看，这一理论构成当代西方人本主义思潮的一个组成部分。二是弗洛伊德的艺术分析方法过分地强调了作品同作家个人早期偶然遭际的联系，特别是强调作品同作家个人的性创伤的联系以及过分追求作品的隐意等，都造成了对作品的严重歪曲，并导致了文艺批评中的主观随意性。他对达·芬奇两幅著名作品分析的荒谬性已显而易见。他在分析莎士比亚的名剧《哈姆雷特》时重蹈了这一错误，竟然荒谬地认为哈姆雷特复仇的犹像是由于作者童年时杀父娶母的潜意识的复苏而造成的自遣。其对米开朗基罗雕像《摩西》的分析则完全是当时个人情绪的流露。1910 年前后，弗洛伊德正面临国际精神分析运动的分裂危机。他在对《摩西》的分析中表明了自己不因众叛亲离而发怒、继续坚持将精神分析运动发展下去的情绪。如果对作品隐意的分析都是个人情感的流露，那文艺批评还有什么科学性可言呢？总之，弗洛伊德的艺术分析方法只具有一定的参考价值，而决不能成为文艺批评的主流。但目前它却成为西方公认的重要批评方法之一，并被我国理论界某些人所推崇，实在应引起我们的重视。

　　综上所述，从总体上看，弗洛伊德的精神分析美学是荒谬的，是同马克思主义的历史唯物主义背道而驰的。特别是近年来，它被我国某些人不加分析地，甚至断章取义地运用于文艺创作之后，形成了我国所谓"性文学"的一度泛滥，甚至成为某些色情文学的理论根据，对社会造成不良影响，也是对社会主义精神文明建设的冲击，应该引起我们的高度警惕。目前，我们对精神分析美学有双重任务。一是认真地分析研究弗洛伊德理论本身,剖析其得失,探寻其产生的土壤及造成失误的原因。二是严肃地分析批判那种将弗洛伊德的理论庸俗化的性文学理论,真正肃清其影响。

第十九章　容格与"神话——原型批评论"

一、容格的生平与分析心理学的主要观点

（一）容格的生平

容格（1875—1961），瑞士著名的心理学家和分析心理学的创始人。生于康斯坦斯湖畔一个乡村的自由主义新教牧师的家庭。1900 年，获巴塞尔大学医学博士学位。后在著名精神病学家欧根·布留伊勒的指导下，在苏黎世大学的精神病学研究所任职。1905 年，任精神病学讲师。后来退职，自己开业。1900 年，读弗洛伊德《梦的解析》一书，很感兴趣。1906 年，两人开始通信。1907 年，容格赴维也纳会晤弗洛伊德，积极参加精神分析运动。弗洛伊德对容格特别重视，把他作为自己事业的继承人。1911 年，他们共同创立国际精神分析学会，容格被推为第一任主席。1912 年，容格出版《无意识心理学》一书，与弗洛伊德产生了分歧。1913 年，分歧加剧，弗洛伊德宣称容格不再是精神分析学者。1914 年，容格离开弗洛伊德，创立分析心理学。此后，两人再未见面，但容格仍对弗洛伊德十分敬仰。20 年代后期，容格为研究种

族潜意识,赴非洲、美国亚利桑那州与新墨西哥等地对原始人的心理进行考察。1932年,任苏黎世联邦综合技术大学教授,1942年辞职。1944年,回母校巴塞尔大学任医学心理教授。容格著述甚丰,已编成《全集》十七卷。还有多部著作没有编入。哈佛大学、牛津大学都曾授予他荣誉博士学位。1961年,容格逝世。

(二)分析心理学的主要观点

容格是继承弗洛伊德精神分析学的基础而形成自己的分析心理学的。这两种学说都以对深层心理的分析、强调潜意识的巨大作用为其共同特点。但分析心理学也有自己的不同之处。

第一,对力比多的崭新解释。

这是容格与弗洛伊德的基本分歧之所在。弗洛伊德是把力比多完全理解为性欲的,容格则将其理解为普通的生命力,包括生长、生殖和其他活动,即生命所具有的一种活力,性欲只是其中的一种。他说:"力比多,较粗略地说是生命力,类似于柏格森的活力。"①他认为,力比多作为一种生命力,其出路是多方面的。在儿童时期,力比多通过营养和成长而发泄出来。儿童对父母的依恋是一种营养与成长的需要,不是什么"恋母"或"恋父"情结。只有在青春期,力比多才通过异性爱发泄出来。

第二,人格结构说。

容格与弗洛伊德一样,以心灵代表整个人格。不同的是,他所说的人格不是意识、前意识与潜意识三部分,而是将潜意识加以发展,分为个人潜意识与集体潜意识二部分。于是,在容格看

---

① 转引自高觉敷主编《西方近代心理学史》,人民教育出版社1986年版,第395页。

来，人格就分为意识、个人潜意识与集体潜意识三部分。

意识的中心是自我，同一个人自身的概念相近，包括知觉、记忆等。这只是人格的极小的方面，犹如海岛之露出水面的可见部分。人格的大部分为潜意识，即海岛的水面下的底层。

个人潜意识。它曾经为意识的组成部分，也就是说来自个人的经验，但后来因遗忘或压抑而消失，但还有被唤回到觉醒的意识中来的可能性。这说明，个人潜意识并不是潜意识很深的层次，其主要内容为"情结"。

集体潜意识。这是容格的新发现。他认为，集体潜意识不是来自个人的经验，从来也没有在意识中存在过，完全通过遗传而存在。它的主要内容为"原型"，又名原始意象，是一种通过遗传而留存的先天倾向，不需要经验的帮助即可使人的行动在类似的情况下与其祖先的行动相似。

容格认为，在众多的原型中有四种最为突出：人格面具、阿妮玛、阿妮姆斯与暗影。

人格面具是人格的最外层，个体在环境的影响下造成的与别人接触的假象，掩饰着真正的我，同真正的人格不符。其行为在于投合别人对他的期望。

阿妮玛是灵气之一种，指男人身上的女性特征。

阿妮姆斯是另一种灵气，指女人身上的男性特征。

暗影又称黑暗的自我，处于人格的最内层，是一种兽性的低级的种族遗传，包括一切激情和不道德的欲望及行为，类似于弗洛伊德所称的伊底。

第三，性格类型说。

容格将人格分为外倾型与内倾型二种。这是根据其力比多学说而来的。他认为，力比多作为一种生命力是有着自己的活动趋向的,从而决定了个人对特定环境反应的两种不同的态度形式。

内倾型,是其力比多在一定程度上倾注于自己的人格之上,感觉到自身有绝对价值,看待一切事物都以自己的观点为准则。其性格特点是喜孤寂、较沉静、好疑虑、多畏缩、对外人怀有戒心等等。

外倾型,是其力比多在一定程度上倾注于外,感到身外有绝对的价值,看待一切事物依据客观的估价。其性格特点是善交际、好活动、易受情感支配、乐观开朗等等。

其实,纯粹的外倾型与内倾型是不存在的,大多数人是两种因素各具的中间型,只是在某一个特定时间某一种倾向占据了压倒性的优势。

二、"原型论"的提出

早在 1919 年,容格就在《本能与无意识》一文中提出了"原型"的概念。他说:"本能与原型同样出自集体无意识。"①但将其作为美学或艺术的理论提出,却是 1922 年所写《论分析心理学与诗的关系》一文。在这篇文章中,他明确地说道:"创造过程,就我们所能理解的来说,包含着对某一原型意象的无意识的激活,以及将该意识像精雕细琢地铸造到整个作品中去。通过给它赋以形式的努力,艺术家将它转译成了现有语言,并因此而使我们找到了回返最深邃的生命源头的途径。"②

---

① [瑞]C.G.容格:《论分析心理学与诗的关系》,朱国屏、叶舒宪译,见叶舒宪选编《神话—原型批评》,陕西师范大学出版社 1987 年版,第 99 页注②。
② [瑞]C.G.容格:《论分析心理学与诗的关系》,朱国屏、叶舒宪译,见叶舒宪选编《神话—原型批评》,陕西师范大学出版社 1987 年版,第 102 页。

　　容格原型论的提出是建立在对弗洛伊德美学思想批判的基础之上的。从方法上看，弗洛伊德的精神分析学是从个人的心理活动，特别是个人的性意识障碍中来探寻艺术的根源的。这完全是一种医学领域的分析精神疾病的方法，即从个人的某种遭遇寻找精神疾病的根源。容格不同意将这种简单的方法运用于艺术。他说："弗洛伊德的简化方法是纯粹的医疗方法，这种处理针对的是病理的或是其他取代了正常功能的心理构成物。"[①]他认为，艺术品不是精神疾病，因而需要一种同治疗精神疾病不同的方法。这种方法要求不能仅仅从个人自身的因素中去探寻艺术的根源。在他看来，个人的因素在一部分作品中所占的比重并非很重，如果总是以此为出发点研究艺术作品，那就愈来愈离开了艺术作品。他特别不同意弗洛伊德单纯从艺术家个人的性意识中（主要指艺术家幼年同父母之间朦胧的性意识）探寻艺术根源的作法。他说："虽然诗人所加工的素材及其特殊的处理方式可以容易地被追溯到他同父母的私人关系中去，但这并不能使我们理解他的诗。"[②]他认为，一部真正的艺术作品的价值恰恰在个人生活的范围之外，而个性则是一种有害于艺术并同艺术的本质相违背的因素。他说："一部艺术作品的价值最主要的在于能超越个人生活范围，而且诗人该以其肺腑之言向全人类倾诉，在艺术的领域里，作者的个性成分是一种缺陷——甚至可以说，是种罪恶。一部纯粹个性化的'艺术作品'根本就是一种

----

①［瑞］C.G.容格：《论分析心理学与诗的关系》，朱国屏、叶舒宪译，见叶舒宪选编《神话—原型批评》，陕西师范大学出版社1987年版，第86页。

②［瑞］C.G.容格：《论分析心理学与诗的关系》，朱国屏、叶舒宪译，见叶舒宪选编《神话—原型批评》，陕西师范大学出版社1987年版，第84页。

心理症的表现。"①

三、原型论的内容

(一)原型的含义

第一,字面上的含义。

Archetype——原型,又译原始意象,来源于希腊文"Archetypos"。"Arch"的含义为"最初的""原始的",而"typos"的含义则为"形式"。二者相合,其字面含义为"最初的形式"或"原始的形式"。柏拉图借用这个概念来指事物的理念本原。他认为,现实事物是理念的影子,因而理念是现实事物的"原型"。容格说:"我所说的原型——从字面上讲就是预先存在的形式……"②当然,这里所说的形式,并非指物质的形式,而是心理中的形式。所以,"原型"的字面含义即指心理中预先存在的形式或原始的形式。

第二,原型的根源是集体无意识。

原型的根源是什么? 容格认为是集体无意识。他说:"个体无意识的绝大部分由'情结'所组成,而集体无意识主要由'原型'所组成的。"③这就说明,原型是集体无意识的表现形态,集体

---

① [瑞]C.G.容格:《现代灵魂的自我拯救》,黄奇铭译,工人出版社 1987 年版,第 255 页。

② [瑞]C.G.容格:《集体无意识的概论》,王艾译,见叶舒宪选编《神话—原型批评》,陕西师范大学出版社 1987 年版,第 104 页。

③ [瑞]C.G.容格:《集体无意识的概论》,王艾译,见叶舒宪选编《神话—原型批评》,陕西师范大学出版社 1987 年版,第 104 页。

无意识就是原型的根源。集体无意识是容格独创的一个概念。它不同于个体无意识,不是因个人欲望的受挫而形成的本能倾向(情结),而是一种发端于人类祖先、具有某种普遍性的、无数同类经验的心理凝聚物。容格将其称为"非个体性的第二心理系统"①。

第三,原型的具体表现形态是神话。

容格认为,以集体无意识为根源的原型,具体地表现为神话。他说:"原始意象或原型是一种形象,或为妖魔,或为人,或为某种活动,它们在历史过程中不断重现,凡是创造性幻想得以自由表现的地方,就有它们的踪影,因而它们基本上是一种神话的形象。"②其原因在于,原型作为人类祖先共同经验的心理凝聚物,而神话则是原始人类最基本的精神生活,二者具有某种共同性。因为,原始人类由于生产力水平极低,对大自然的认识还处于恐惧、猜测与崇拜的盲目状态,不自主地(本能地)将这种盲目的认识编织成充满神秘感的、五彩缤纷的神话,并积淀在人们的心灵深处,流传后世。诚如容格所说:"神话却具有极为重要的意义。它们不仅代表而且确实是原始氏族的心理生活,这种原始氏族失去了它的神话遗产,即会像一个失去了灵魂的人那样立即粉碎灭亡。一个氏族的神话集是这个氏族的活的宗教,失掉了神话,不论在哪里,即使在文明社会中,也总是一场道德灾难。"③由于神

① [瑞]C.G.容格:《集体无意识的概论》,王艾译,见叶舒宪选编《神话—原型批评》,陕西师范大学出版社1987年版,第105页。

② [瑞]C.G.容格:《论分析心理学与诗的关系》,朱国屛、叶舒宪译,见叶舒宪选编《神话—原型批评》,陕西师范大学出版社1987年版,第100页。

③ [瑞]C.G.容格:《集体无意识和原型》,顾良译,见《外国现代文艺批评方法论》,江西人民出版社1985年版,第125页。

话思维是一种凭借形象的特定思维形式，所以常常具有朦胧性与多义性，缺乏固有的确切含义。容格认为，神话的原则是："与任何有意识的或曾经是有意识的东西无关，而与一些本质属于无意识的东西有关。"①因此，容格认为，对于神话不必具体讨论它所指的到底是什么，而只需对其无意识的核心思想加以限定或作出大致的描述即可。这就如同对晶体，只需把握其轴系统。因为，轴系统只决定晶体的主要结构，而不决定个别晶体的具体形状与大小。

第四，原型的流传方式是遗传。

对于原型的流传，容格多次指出是依靠遗传的方式。他说，原型"也就是附着于大脑的组织结构而从原始时代流传下来的潜能"。②其原因在于，原型作为集体无意识，是存在于人的意识之外的，无法通过口耳相传，因此，它的存在与流传只有遗传的方式。这就触及了整个原型论是否具有科学性的关键问题。如果说，人体遗传的秘密在于细胞中特殊的遗传因子的话，那么，原型作为一种心理形式，其流传难道也依靠遗传因子吗?! 容格在这个问题上只是凭借某种猜测，从人体结构的遗传推断出心理结构也应具有某种遗传。他说："从人体的结构中，我们仍可找出进化之早期阶段的痕迹，以此类推，人类灵魂的构成元素一定亦是根据人种进化学之原理而形成的。"③这里，容格采取的方法是由生

①［瑞］C.G.容格：《集体无意识和原型》，顾良译，见《外国现代文艺批评方法论》，江西人民出版社1985年版，第126页。

②［瑞］C.G.容格：《论分析心理学与诗的关系》，朱国屏、叶舒宪译，见叶舒宪选编《神话—原型批评》，陕西师范大学出版社1987年版，第100页。

③［瑞］C.G.容格：《现代灵魂的自我拯救》，黄奇铭译，工人出版社1987年版，第250页。

理去推断心理,即将生理学运用于社会学,是十分荒谬的。

(二)原型的作用

第一,原型是文艺创作的源泉。

关于文艺创作的源泉,摹仿说主张文艺源于生活,表现说主张文艺源于主观的内在情感,而原型说主张文艺源于集体无意识的原型。容格说:"我认为我们要加以分析的艺术作品不仅具有象征性,而且其产生的根源不在诗人的个体无意识,而在无意识的神话领域之中,这个神话领域中的原始意象乃是人类的共同遗产。"①容格将文艺作品分为两类,一类为心理学式的,其创作活动并未超越心理学所能理解的限度,而其题材也来自人类意识界。容格认为,这类作品的价值与意义都大受局限,而具有更大价值与意义的则是另一类幻觉式的文艺作品。这类作品的题材来自于无意识的原型。容格说:"幻觉式的艺术创作素材不再是人人耳熟面详的。其本源是来自人类的心灵深处,它说明了吾人与洪荒时代在时间上的差距,同时亦给人一种只有明暗对比之超人世界的感觉。那是一种人类无法了解的原始经验,因而人亦常有受其驱使的危险。其价值与力量在于它的广大无边。它来自无限;令人感到陌生,冷峻,无边际,魔力,光怪陆离。"②事实上,在容格看来,文艺创作的实质就是对早已存在的原型的激活,并赋予它以具体的形式。他认为,每一个原型之中都凝聚着人类心

①[瑞]C.G.容格:《论分析心理学与诗的关系》,朱国屏、叶舒宪译,见叶舒宪选编《神话—原型批评》,陕西师范大学出版社1987年版,第99页。
②[瑞]C.G.容格:《现代灵魂的自我拯救》,黄奇铭译,工人出版社1987年版,第238页。

理的共同因素。它犹如一条不断流淌的心理的河,一旦遇到适合其表现的环境条件,就突然涨成一股巨流。这是对文艺创作的形象的比喻。由此,他认为,一切创作都是以不同的方式重复着某几个神话故事或其片断。这就强调了文艺互相联系的共同的一面,而相对抹杀了它的独特的各具特点的一面。容格这一关于文艺创作源于无意识的原型的观点,充分说明了他最基本的哲学出发点是唯心主义。因为,马克思辩证唯物主义认为,一切文学艺术的唯一源泉是社会生活。

第二,原型是文艺创作的动力。

容格认为,文艺创作的动力来源于原型寻求自身表现的斗争。他说:"原始意象寻求自身表现的斗争之所以如此艰巨,是由于我们总得不断地对付个体的、非典型的情境。这样看来,当原型的情境发生之时,我们会突然体验到一种异常的释放感也就不足为奇了,就象被一种不可抗拒的强力所操纵。"[1]当然,这只是原型作为强大的创作动力的原因之一。另外一个十分重要的原因在于原型本身。因原型所代表的已不是个人,而是全体,整个的人类。因此,"能释放出为我们的自觉意志所望尘莫及的所有隐匿着的本能力量"[2]。容格将这种强烈的创作动力比喻为植根于人类心灵的一个生物,它无视于作为载体的作家的命运与意志,在他身上吸取养料,自顾自地拼命生长。这个生物,容格将其

---

[1][瑞]C.G.容格:《论分析心理学与诗的关系》,朱国屏、叶舒宪译,见叶舒宪选编《神话—原型批评》,陕西师范大学出版社 1987 年版,第 100 — 101 页。

[2][瑞]C.G.容格:《论分析心理学与诗的关系》,朱国屏、叶舒宪译,见叶舒宪选编《神话—原型批评》,陕西师范大学出版社 1987 年版,第 101 页。

称作"自主情绪"。这是文艺家创造过程中的一种心理状态，表明当能量集聚到一定程度时，原型才脱颖而出，由无意识升华为意识。"但它不是意识所控制的对象，既不能受其制约，也不能有意识地使它产生。这就是所谓情结的自主性：它的出现和消逝都依据自身固有的倾向，独立于意识的意志之外。"①这就从一个新的角度解释了创作中艺术形象常常按照自己固有的规律活动而不以艺术家个人意志为转移的现象。诚如容格所说："《浮士德》并非是歌德创作的，而是歌德为《浮士德》创造出来的。"②这就说明，浮士德作为一个特定的原型，是在远古时代早就预先存在的，因而并非为歌德所创造，而仅仅是歌德将其表现出来而已。浮世德作为一个原型是一股推动歌德创作的不可抗拒的强大的力量。当然，这是一股不可知的神秘力量。因而又不可避免地坠入神秘主义。

　　第三，原型是对社会缺陷的补偿。

　　上面，我们介绍了容格关于原型对于文艺创作作用的观点。那么，原型对于现实社会有何意义呢？容格认为，原型的表现是对现实社会缺陷的一种补偿。他说："艺术的社会意义就在于此：它不断地造就着时代精神，提供时代所最缺乏的形式。艺术家以不倦的努力回溯于无意识的原始意象，这恰恰为现代的畸形化和片面化提供了最好的补偿。"③容格认为，一个时代同一个人一

①[瑞]C.G.容格：《论分析心理学与诗的关系》，朱国屏、叶舒宪译，见叶舒宪选编《神话—原型批评》，陕西师范大学出版社1987年版，第97页。
②[瑞]C.G.容格：《现代灵魂的自我拯救》，黄奇铭译，工人出版社1987年版，第259页。
③[瑞]C.G.容格：《论分析心理学与诗的关系》，朱国屏、叶舒宪译，见叶舒宪选编《神话—原型批评》，陕西师范大学出版社1987年版，第102页。

样,都有其在思想意识方面的缺陷,需要对其加以补偿与调节,而植根于集体无意识的原型就可起到这种补偿与调节的作用。他说:"这些集体潜意识表象对于文学研究最有贡献的是,它们可补偿意识态度。易言之,这些表象可平衡意识所带来的偏见、反常或危险状态。"①容克举例说,像浮士德一类圣贤与救世主,当然是自远古时代以来的原型,但只有在现实生活中人们的人生观出现偏颇时,它才会受到刺激,并在梦中或艺术家与先知们的幻象中显露出来,从而促使该时代与心灵恢复其原来的平衡。

(三)原型批评论

以上论述的是作为美学与文艺学的原型论的基本观点,而将这些基本观点运用于文艺批评即为原型批评论。这是当代西方最有影响力的批评理论之一,原型论的得以流传主要是其在批评领域中所发挥的作用。

在批评方法上,容格继承了弗洛伊德心理分析的基本方法,对艺术形象不局限于本身,而是通过其所运用的特殊手法,分析隐藏在其背后的深层的心理根源。所不同的是,弗洛伊德追溯的是一种以性本能为主导的个人无意识,而容格所追溯的则是以原型为其形式的集体无意识。由形象而追溯其原型。这就是原型批评论的基本方法。容格将其看作对艺术创作和艺术形象之谜的探寻。他说:"在回到分享神秘的状态中,即回到人类的而不是个别作家的生活经验上(个人的凶吉祸福不算在内,这里

---

① [瑞]C.G.容格:《现代灵魂的自我拯救》,黄奇铭译,工人出版社1987年版,第251页。

只有全人类的安危），我们才能够发现艺术创作和艺术效果的秘密。"①

他运用这一方法分析了文艺复兴时期著名画家达·芬奇的名著《圣安娜与圣母子》，得出了与弗洛伊德完全不同的结论。弗洛伊德将这幅画与达·芬奇的童年生活相联系，认为它曲折地表现了达·芬奇有生母与继母两个母亲及其对生母的深情回忆这样一种特殊的感情，并暗喻他童年时期的恋母情结。他有意将象征生母的圣安娜描写得特别年轻，并使她离男孩较远，以喻其被迫离去，还通过圣安娜的微笑掩盖其怨恨与嫉妒的感情，从而寄托了他对生母的思念。而容格则从中分析出了"双重母亲"的原型。这是关于人类的古老的题材。在古老的神话中，"人"，是由人类的母亲所生，但却由上帝赋予其不朽的生命。于是，出现了人与神的双亲血统。巨人赫拉克勒斯与基督本人都具有这样的双亲血统。现今的西方仍然沿袭的宗教洗礼与教父母的习俗就保留了双重母亲的原型痕迹。容格针对弗洛伊德的分析说道："没有丝毫证据可以表明达·芬奇用他的绘画表达了任何其他东西。即使假定他把自己等同于画中的圣子是正确的，他还是在一切可能性中表现着神话的双重母亲的母题，并未涉及他自己私人的经历。"②关于歌德的名著《浮士德》，容格认为是塑造了一位医生或人类导师——智者、救世主的"原始意象"。这些原始意象自文明之初就潜伏在人类的无意识之中，只在社会出现一系列危厄

---

① ［瑞］C.G.容格：《心理学与文学》，顾良译，见《外国现代文艺批评方法论》，江西人民出版社 1985 年版，第 115 页。
② ［瑞］C.G.容格：《集体无意识的概论》，王艾译，见叶舒宪选编《神话—原型批评》，陕西师范大学出版社 1987 年版，第 109 页。

之时,它才复苏起来,出现在梦境与文艺作品之中。

(四)原型的意义

容格认为,一部表现了原型的艺术作品具有永久的艺术魅力。这些作品产生永久魅力的原因,不在于他所利用的具体素材——史实与神话,而在于通过史实与神话所表现的幻觉与梦想,即原型。他说:"可是他们作品的感动力与深刻意义却不是凭借这些史实与神话,他们所凭借的是幻觉与梦想。"①原型之所以能使文艺作品具有永久的魅力,主要因其有二大特点。一是从广度上看,原型具有巨大的概括力。它远远超越了文艺家个人的范围,从而概括了全人类的经验。这就使原型道出了千万个人的声音,可以使人心醉神迷,为之倾倒,并把思想从偶然与短暂提升到永恒的王国之中,把个人的命运纳入人类的命运,并在人们身上唤起那时时激励人类摆脱危险、熬过漫漫长夜的亲切力量。容格说道:"这便是伟大艺术的奥秘,是它对我们产生影响的奥秘。"②二是从深度上看,原型带有揭示时代发展趋势的预言性。容格认为,原型与古代某种神秘的宗教紧密相连,在形象的直觉中包含着某种深刻的哲理,预示着未来,并"指出一条每个人冥冥之中所渴望、所期以达成的目标与大道"。③

---

①[瑞]C.G.容格:《现代灵魂的自我拯救》,黄奇铭译,工人出版社1987年版,第241页。

②[瑞]C.G.容格:《论分析心理学与诗的关系》,朱国屏、叶舒宪译,见叶舒宪选编《神话—原型批评》,陕西师范大学出版社1987年版,第101页。

③[瑞]C.G.容格:《现代灵魂的自我拯救》,黄奇铭译,工人出版社1987年版,第252页。

四、对原型论的评价

（一）贡献

第一，从宏观上把握艺术，突出地强调了艺术发展的整体性。

原型批评论是在新批评派的衰落中兴起的。因而，从某种意义上说，它是对新批评派的反拨。新批评派，又名形式主义批评派，代表人物为英国批评家艾略特。新批评派认为：艺术就是艺术，不是社会、宗教、伦理或政治等观念的表现，甚至不一定体现作者的创作意图；评价一部作品，作品本身既是出发点又是归宿；批评开始于对作品的研读，并且不论它在语言、历史、传记和文学传统方面走得多远，而总是以形式的特征为目标。结果，它成为对语言与形式进行解释的一种技巧。这一理论强调从艺术本身的语言或形式出发，有其合理的一面。但割断艺术同社会、文化的联系及其自身历史发展的整体性，则是其片面之处。原型论正是为了弥补新批评派的这一致命的缺陷应运而生的。它跳出了艺术自身的局限，特别是语言与形式的局限，从历史发展的宏观角度，将艺术看成一个大的有机整体。这个整体以原型作为其共同的源泉，犹如一条汩汩东流的河。这实际正是从纵向的发展中将艺术看成有机的系统，比新批评派仅将艺术自身，特别是仅将语言形式看成独立系统，具有更大的深刻性。

第二，从人类学的新角度论述了艺术的起源与本质。

对于艺术的起源与本质问题，自古分歧颇多。目前，我国多数理论家认为艺术起源于劳动，也有的理论家主张艺术起源于巫术。原型论则认为艺术起源于神话。它完全是从人类学的角度做出这一判断的。因为,神话是人类在初民阶段的原始思维,人类把握世界的最初形式。原型论认为,就像今人在生理上来源于古人一样,艺术作为人类把握世界的方式之一,也来源于原始思维——神话,特别是作为其基本形态的原型,并将艺术的本质归结为对神话所包含的"原型"的激活。这一理论从根本上说,唯心色彩十分浓厚,而其本身的完善性也有待于推敲,但却从人类学的新角度提出问题,因此丰富了人们对艺术的认识。

第三,对艺术的典型性问题作了崭新的解释。

原型论没有采用传统的典型概念,但却论述了艺术的典型性问题。它认为艺术的巨大概括性既不是来自抽象的理论概括,也不是来自艺术思维自身的"正、反、合"过程,而是来源于原型本身的特点。原型是一种超现实、超个体的人类经验。它所包含的深意跨越了时空界限。因而,以原型作源泉的艺术具有极大的概括力、震撼力与魅力。

第四,深刻地论述了艺术的模糊性与巨大的包含性。

原型论认为,艺术的源泉是神话,而神话本身则具有多义性、模糊性与巨大的包含性。神话犹如晶体的轴系,只能决定其基本结构,而不能决定其具体形状。神话的特点决定了艺术亦具有多义性、模糊性与包含性,不能用某种模式,特别是概念所能包容。这就在一定程度上揭示了艺术不同于科学与理论的基本特征。

(二)局限

第一,原型论最根本的局限在于它是一种唯心主义的美学观与文艺观。在文艺的起源、本质、动力、作用等一系列根本问题上,都违背了文艺作为社会意识必然要被社会存在决定的最基本的唯物主义原理。容格的所谓"原型",在实际上是一种超验的、神秘的、主宰一切的"集体无意识"。当然,这种集体无意识不同于黑格尔的客观理念,而是一种非理性的客观潜意识。正是这种客观潜意识决定了人类的命运,也决定了文艺。这难道不是对人类之谜和文艺之谜的一种极其荒谬的解释吗?!

第二,相对忽视了艺术家创作的个性与偶然性。

原型论同弗洛伊德对个体经验与必然性的强调针锋相对,强调了艺术创作的共同源泉、集体无意识与某种必然性。在原型论者看来,只要按照原型论的方法,掌握作品中的具体形象同某个神话原型的联系,即可以认识隐藏在作品背后的深义,这就好像通过某种密码对电文内容的破译。诚如美国理论家魏伯·司各特所说:"这样,原型批评旨在发现和破译文学作品中的密码,使之更能为我们理解。"①这种对作品形象与其含义之间必然性关系的理解,结果就导致了对偶然性与个体经验的全盘否定,从而走到一个极端,使文艺批评成为某种机械的"破译"。

第三,对原型流传的解释缺乏必要的科学性。

容格对原型的流传是以类比于生理遗传而加以解释的。但心理是一种精神现象,受到社会等各种因素的影响,比生理现象要复杂得多。以如此复杂的精神现象类比于生理现象,不免跌入生物社会学的泥坑,从而缺乏必要的科学性。

第四,具有某种神秘性与非理性倾向。

魏伯·司各特认为:"图腾式批评显然反映了当代对人的理性、科学观念大为不满。人类学模式的文学旨在使我们恢复全部

---

① [美]魏伯·司各特:《当代英美文艺批评的五种模式》,蓝仁哲译,见《外国现代文艺批评方法论》,江西人民出版社 1985 年版,第 33 页。

的人性,重视人性中一切原始的因素。"①新批评派从具体的形式
与语言着手,分析作品自身的系统,充满着科学的理性精神,反映
了因当代自然科学发展而产生的系统论对文艺学的影响;而原型
论同这种科学式的理论模式相对立,着眼于人的初始的原始本
性,尽管有其新意,但不免具有某种神秘性与非理性。凡是以此
为指导而创作的作品都具有某种朦胧的神秘气息。容格甚至认
为:"心灵实体的观念是现代心理学最重要的成就之一,虽然目前
还是很少人承认它。"②在这里,他已明确地将"心灵"看作第一性
的"实体",说明他的美学思想中的神秘主义与非理论主义倾向是
以唯心论,甚至神学为哲学基础的。

---

① [美]魏伯·司各特:《当代英美文艺批评的五种模式》,蓝仁哲译,见《外国
　　现代文艺批评方法论》,江西人民出版社1985年版,第34页。
② [瑞]C.G.容格:《现代灵魂的自我拯救》,黄奇铭译,工人出版社1987年版,
　　第288页。

第二十章　完形心理学美学

　　完形心理学美学是当代西方重要的美学流派之一,也是西方现代派抽象艺术的理论依据之一。近年来,我国学术界对完形心理学美学开始介绍并逐步引起重视,但评价不一,分歧颇大。马克思主义认为,对于任何社会现象都应将其提到一定的历史范围之内,进行实事求是地分析。对于完形心理学美学当然也应如此,必须具体地分析其产生的历史条件,进一步研究其具体内容和现实作用,从而科学地判定其得失。

一

　　完形心理学美学同完形心理学一起产生并以其为理论工具。因此,要了解完形心理学美学必须首先了解完形心理学。所谓完形心理学,又名"格式塔心理学"(Gestalt Psychotogy)。"格式塔"是德文"Gestalt"一词的音译,指的是"形式"或"形状",实际上是说心理现象具有一种超出于部分之外的特殊的"整体性",即所谓"格式塔性"。它运用从现代物理学和心理学中产生的"有机整体"的观点研究心理现象,认为"整体大于部分之和"。完形心理学的创始人韦太默指出:"格式塔理论的基本'公式'可以这样表述:有些整体的行为不是由个别元素的行为决定的,但是部分过程本身则是由整体的内在性质决定的。确定这种整体的性质就是格式塔理论所期望的。"①他举例说道,人们演奏一首由6个乐音组成的曲子,如果使用6个新的乐音演奏,尽管变了调,但人们还能认识这首曲子。这就证明,有一种比6个乐音的总和更多的东西,即第7种东西,也就是原来6个乐音的"格式塔质"。正是这第7个因素使我们认识了已经变了调的曲子。② 完形心理学是在同构造主义心理学的斗争中产生的。构造主义心理学,又名元素主义心理学,为现代科学心理学的建立者冯特所创立,它把一切心理现象都看成一个一个的感觉元素(诸如对色、形和亮度的感觉等),只是通过联想,才将这些感觉元素结合了起来。格式塔心理学将这种理论称作"砖和灰泥心理学",说它用联想过程的水泥把元素(砖)黏合在一起。他们认为,人们知觉到的是事物的整体而不是支离破碎的部分,于是就提出了"格式塔质"的概念。这种格式塔质并不是知觉对象本身固有的属性,而是建立于大脑生理机能组织作用的基础之上的。

完形心理学产生于德国,德国心理学家冯·艾伦费尔斯首先提出"格式塔质"的概念,被学术界认为是这一派的先驱者。而其创始人则是韦太默(1880—1943)、柯勒(1887—1967)、考夫卡(1886—1941)。一般以韦太默于1912年发表的论文《关于运动知觉的实验研究》作为这一学派创立的标记。这三位创始人都是德国学者。1933年后,由于纳粹政权与科学为敌,完形心理学的

①[美]杜·舒尔茨:《现代心理学史》,沈德灿等译,人民教育出版社1981年版,第296页。
②[美]杜·舒尔茨:《现代心理学史》,沈德灿等译,人民教育出版社1981年版,第297页。

三位创始人及其门徒流亡美国，于是这一学派在美国发展起来。

完形心理学本身同美学的关系至为密切，它的创始人在著作中大都涉及艺术问题。冯·艾伦费尔斯在他那篇首次提到"格式塔"这个概念的论文中指出，如果让12名听众同时倾听一首由12个乐音组成的曲子，每个人规定只听取其中的一个乐音，这12个人经验相加的和决不等同于仅有一个人听了整首曲子之后所得到的经验。但真正集中地以完形心理学为理论工具对美学和艺术进行研究的，还是鲁道夫·阿恩海姆。他于1904年生于德国柏林，因不满希特勒法西斯统治，于1940年迁居美国，曾担任美国美学协会主席。他是韦太默的学生，曾从事过由笔迹来辨认个性的实验研究。1954年出版了《艺术与视知觉》一书，1974年修订再版。1966年出版了《艺术心理学论集》。他在《艺术与视知觉》一书的"引言"中开宗明义地说道：我"试图把现代心理学的新发现和新成就运用到艺术研究之中。我所引用的心理学试验和心理学原则，绝大部分都是取自格式塔心理学理论"①。

二

从心理学出发对美学的研究不同于从哲学出发对美学的研究，后者是所谓"自上而下"的美学，着重对美的本质问题进行比较抽象的哲学思考；前者是所谓"自下而上"的美学，着重探讨具体的审美体验问题。完形心理学美学就是属于这种"自下而上"的美学，以讨论审美体验为其主旨。在这一方面它有着自己的一

①［美］鲁道夫·阿恩海姆：《艺术与视知觉》，滕守尧、朱疆源译，中国社会科学出版社1984年版，"引言"第4页。

系列完全新颖的见解。

(一)知觉结构说

　　将审美体验看作一种情感的体验,这是绝大多数美学家的结论。但这种情感体验的根源是什么呢? 审美对象与审美情感的关系又是怎样的呢? 在这样的问题上,却有着不同的看法。一种看法是所谓主观联想说。哲学家贝克莱在《新视觉论》中认为,人们之所以会通过他人的面部的表情和色彩的变化洞见其羞愧和愤怒的情感,"那是因为它们在我们的经验中总是伴随着情感一起出现。如果预先没有这样一些经验,我们就分不清脸红究竟是羞愧的表现还是兴奋的表现"①。还有一种主观推论说,认为从某种常规和社会习俗推论就会产生出对于审美对象的情感体验。例如,社会上的人通常认为长着鹰勾鼻子的人较阴险,由此对长着鹰勾鼻子的人产生嫌恶之情。再就是移情说,德国美学家里普斯的理论在这一方面具有代表性。他认为,审美体验必然涉及力的活动,在观看神庙中的立柱时,当自己将"体验到的压力和反抗力经验投射到自然当中时,我也就把这些压力和反抗力在我心中激起的情感一起投射到了自然中。这就是说,我也将我的骄傲、勇气、顽强、轻率,甚至我的幽默感、自信心和心安理得的情绪,都一起投射到了自然中。只有这样的时候,向自然所作的感情移入,才能真正称为审美移情作用"②。

---

① [美]鲁道夫·阿恩海姆:《艺术与视知觉》,滕守尧、朱疆源译,中国社会科学出版社1984年版,第611页。
② [美]鲁道夫·阿恩海姆:《艺术与视知觉》,滕守尧、朱疆源译,中国社会科学出版社1984年版,第613页。

　　总之,不论是主观联想说(对以往经验的联想)、主观推论说(从知识出发的一种推论),还是移情说(主观情感的外射),从心理学来说,都是属于联想主义的范畴。它们都认为,审美知觉是初级的、零碎的、无意义的,只有通过主观的联想才能将审美知觉中的各个因素联结起来成为完整的审美情感体验。因而,在它们看来,审美体验的根源在于主观联想,只有凭借联想才能将审美对象与审美情感联结起来。

　　完形心理学美学反对这种联想主义的审美观。阿恩海姆在《艺术与视知觉》一书中明确指出:"在本书中,我对这种联想主义的理解一直是持反对态度的。我认为,对于艺术家所要达到的目的来说,那种纯粹由学问和知识把握到的意义,充其量也不过是第二流的东西。"[1]他认为,这种联想主义审美观的根本缺陷在于仅仅将审美知觉作为从记忆仓库中唤起情感的导火线,从而否定了它的重要作用。与此相反,他从完形心理学出发,认为知觉不是初级的、零碎的、无意义的,而是本身就显示出一种整体性,一种统一的结构,情感和意义就渗透于这种整体性和统一的结构之中。因此,知觉结构是审美体验的基础。阿恩海姆说道:"无论在什么情况下,假如不能把握事物的整体性或统一结构,就永远不能创造和欣赏艺术品。"[2]又说,艺术"是建立在知觉的基础之上的"[3]。这样,他就一反传统的联想主义审美观,将审美体验的根

①[美]鲁道夫·阿恩海姆:《艺术与视知觉》,滕守尧、朱疆源译,中国社会科学出版社1984年版,第546页。
②[美]鲁道夫·阿恩海姆:《艺术与视知觉》,滕守尧、朱疆源译,中国社会科学出版社1984年版,"引言"第5页。
③转引自朱狄:《当代西方美学》,人民出版社1984年版,第13页。

源由主观联想移置于知觉结构之上,并认为知觉结构是联结审美对象与审美情感的纽带。这就是他在《艺术与视知觉》一书中反复讨论的审美对象的情感表现性问题。在他看来:"表现性乃是知觉式样本身的一种固有性质。"①阿恩海姆举例说道,一株垂柳之所以看上去是悲哀的,并不是因为它像一个悲哀的人,而是因为它的知觉结构(指其枝条的形状、方向和柔软性)本身传递了一种被动下垂的表现性;一根神庙中的立柱之所以看上去挺拔向上,似乎承担着屋顶的压力,并不在于观看者设身处地地站在了立柱的位置之上,而在于立柱本身的知觉结构,它的位置、比例和形状之中就包含了这种表现性。

既然知觉结构是审美体验的基础,那么,它的内涵是什么呢?知觉是外物所引起的主体感官的感受,它又如何会有自己的结构呢?这又是一种什么样的结构呢?诸如此类的问题,确实令人费解。但完形心理学美学所说的"知觉结构"却是一种特殊的"力的结构",也就是一种对力的感受的结构。阿恩海姆认为:"一切知觉对象都应被看作是一种力的结构。"②现在,我们具体地来阐述一下所谓"力的结构"的具体含义。

首先,审美体验是一种对力的体验。

阿恩海姆认为,审美是对于对象的一种情感体验,而只有对象所包含的力才能给主体以刺激,并产生情感的体验。他说:"与有机体关系最为密切的东西,莫过于那些在它周围活跃着的

---

① [美]鲁道夫·阿恩海姆:《艺术与视知觉》,滕守尧、朱疆源译,中国社会科学出版社1984年版,第624页。
② [美]鲁道夫·阿恩海姆:《艺术与视知觉》,滕守尧、朱疆源译,中国社会科学出版社1984年版,第324页。

力——它们的位置、强度和方向。这些力的最基本属性是敌对性和友好性，这样一些具有敌对性和友好性的力对我们感官的刺激，就造成了它们的表现性。"[1]这种对力的知觉是不同于科学活动、经济活动与生理需求活动的特殊的知觉过程。他说："由于我们总是习惯于从科学的角度和经济的角度去思考一切和看待一切，所以我们总是要以事物的大小、重量和其它尺度去解释它们，而不是以它们外表中所具有的能动力来解释它们。这些习惯上的有用和无用、敌意和友好的标准，只能阻碍我们对事物的表现性的感知。"[2]这就划清了审美作为对力的感受同科学经济活动与生理需求活动的界限。从科学活动的角度看，人的知觉只是对于现象的物理属性（如距离、大小、角度、尺寸、色彩的波长）的静态反应，而不像审美是对于对象力的结构的动态的体验。例如，同样是运用图表，在地理科学中用蓝色表示水、红色表示陆地；但在审美当中却是用蓝色和红色创造出一种冷和暖的感染力量。再从生理需求的角度来看，同样是面对一个西红柿，有人问画家马蒂斯，在你吃它的时候与你画它的时候是不是看上去都一样呢？马蒂斯的回答是："不一样。"这是因为，在吃一个西红柿时只是对其所含营养素的心理体验。而在画一个西红柿时却是对其具有整体性的力的结构的体验。

　　其次，审美体验中的力是一种"具有倾向性的张力"。

　　现在需要进一步弄清楚的是，审美体验所面对的力是一种什

———————————

[1]［美］鲁道夫·阿恩海姆：《艺术与视知觉》，滕守尧、朱疆源译，中国社会科学出版社1984年版，第620页。

[2]［美］鲁道夫·阿恩海姆：《艺术与视知觉》，滕守尧、朱疆源译，中国社会科学出版社1984年版，第626页。

么样的力。难道是一种真实的物理力以及由此引起的运动吗？我们记得，德国著名美学家莱辛就在其名著《拉奥孔》中提出了表现动作的美学理想，因此要求绘画表现对象的运动过程中"最富有孕育性的那一顷刻"。阿恩海姆从完形心理学出发不同意这种观点，认为表现对象的任何一顷刻都不能正确表现其整体而只能对其歪曲。他说："这样的一瞥本身是不能代表事物整体的，即使将多个一瞥加到一起也最多不过是各个互相矛盾的形象的集合体，而这种集合体只能给人一种十分不舒服的感觉。"①他举例说道，如果用快镜头拍下足球运动员和舞蹈演员的动作，在其中的有些照片上，他们就会僵硬地凝定在半空中，好似得了半身不遂之症。阿恩海姆认为，这种要求艺术表现动作的观点混淆了对于运动的知觉和对于倾向性张力知觉的区别。审美不是对于运动的知觉而是对于"具有倾向性的张力"的知觉。这种"具有倾向性的张力"并不是一种真实存在的物理力及由此引起的运动，而是人们在知觉某种特定对象时所感知到的"力"。这种"力"具有"扩张和收缩、冲突和一致、上升和降落、前进和后退等等"②基本性质。他举例说，在正方形中有一个偏离中心的黑色圆面，这个圆面"永远被限定在原定位置上，不能真正向某一方向运动，然而，它却可以显示出一种相对于周围正方形的内在张力。这一张力，也与上述所说的位置一样，并不是理智判断出来的，也不是想象出来的，而是眼睛感知到的，它像感知到的大小、位置、亮度值一

①［美］鲁道夫·阿恩海姆：《艺术与视知觉》，滕守尧、朱疆源译，中国社会科学出版社1984年版，第172页。
②［美］鲁道夫·阿恩海姆：《艺术与视知觉》，滕守尧、朱疆源译，中国社会科学出版社1984年版，第640页。

样,是视知觉活动的不可缺少的内容之一"①。很显然,阿恩海姆
在这里所说的"具有倾向性的张力"并不是真正的物理力,而只是一
种人们在知觉活动中所感知到的"力",即心理的"力",他只是在此
借用了物理学中"张力"(牵引力)的概念。事实上也正是如此。任
何使人产生较强审美体验的优秀作品都不是真正地表现了运动,即
便是以运动为题材的作品,也只是表现那蕴含着的力量。古希腊米
隆的雕像《掷铁饼者》并没有真正地去投掷,波尼尼绘的大卫手中的
投石器也没有真正地把石头推出去,丢勒塑造的天使没有把宝剑刺
进对手的胸腔,米勒笔下的"播种者"同样也没有真正地撒播种子。
总之,这是一种不动之中的"动",即"具有倾向性的张力"。阿恩海
姆认为,这种不动之动的"张力",是表现性的基础,艺术的生命,审
美体验的前提。他说:"艺术家们认为,这种不动之动是艺术品的
一种极为重要的性质。按照达·芬奇的说法,如果在一幅画的形
象中见不到这种性质,'它的僵死性就会加倍,由于它是一个虚构
的物体,本来就是死的,如果在其中连灵魂的运动和肉体的运动
都看不到,它的僵死性就会成倍地增加'。"②

　　最后,张力结构首先由知觉对象本身的结构骨架决定。

　　尽管阿恩海姆将审美体验中的"力"归结为一种"心理力",但
他并不认为这种"心理力"的产生是纯粹主观的。他反对那种"把
对艺术品的理解完全看作是一种主观作用的思潮"③,认为审美

①[美]鲁道夫·阿恩海姆:《艺术与视知觉》,滕守尧、朱疆源译,中国社会科
　学出版社1984年版,第3页。
②[美]鲁道夫·阿恩海姆:《艺术与视知觉》,滕守尧、朱疆源译,中国社会科
　学出版社1984年版,第569页。
③[美]鲁道夫·阿恩海姆:《艺术与视知觉》,滕守尧、朱疆源译,中国社会科
　学出版社1984年版,第113页。

对象都具有一种客观的结构骨架,并为美的欣赏与创造提供了一个坚实的基础。这种结构骨架就是由审美对象的形状、颜色、光线以及矛盾冲突所构成的力的图式。他说:"物质不是别的,而是能量的聚集。用这种简单的自然观去衡量,不管是事物还是事件,最终都只不过是力的式样所具备的种种特征而已。"①又说:"任何一件不动的物件,并不意味着它并不具备力量,而是意味的各种力量所达到的暂时平衡。"②在他看来,不论是一片树叶还是海滩上拾到的贝壳,那规则的图形和美丽的花纹,都显示了促使它成长的力量和干扰它成长的力量之间的斗争。阿恩海姆认为,审美对象的结构骨架"首先是指主要轴线的构架,其次还包括由它的主要轴线创造出来的部分与部分之间那种独特的对应关系"③。例如,正方形与长方形虽然都是垂直轴和水平轴相交成直角,但正方形的水平轴和垂直轴相等,因而其内在的力均匀,给人以静态的感觉,而长方形的水平轴长于垂直轴,形成水平轴上的力大于垂直轴上的力,使人感到向水平方向伸展的趋势,从而产生拉长的张力,给人以动感。在《艺术与视知觉》一书中,阿恩海姆还以艺术作品为例说明结构骨架所形成的力。这个例子是米开朗基罗在罗马的西斯廷教堂中所画的天顶画《亚当出世》。这幅画主要由上帝和亚当两个人物组成,这两个人物的形象构成一个倾斜的四边形的主要轴线的构架,其倾斜性形成了一种由右

---

①［美］鲁道夫·阿恩海姆:《艺术与视知觉》,滕守尧、朱疆源译,中国社会科学出版社1984年版,第514页。

②［美］鲁道夫·阿恩海姆:《艺术与视知觉》,滕守尧、朱疆源译,中国社会科学出版社1984年版,第515页。

③［美］鲁道夫·阿恩海姆:《艺术与视知觉》,滕守尧、朱疆源译,中国社会科学出版社1984年版,第113页。

到左、由上到下的张力,而这张力又由上帝伸出的手臂传导到亚当的手臂之上,构成一种积极的力与被动的物体的接触,并由能量的传递象征着某种生命的传递和创造。① 对结构骨架中所蕴含着的力影响最大的就是定向倾斜和比例的改变,所谓定向倾斜就是在垂直和水平等基本空间定向上的偏离。这种偏离会在一种正常的位置和一种偏离了基本空间定向的位置之间造成张力,那偏离了正常位置的物体,看上去似乎是要努力回复到正常位置上的静止状态。上面提到的《亚当出世》就运用了这种定向倾斜的手法,组成具有强烈动感的结构骨架。在色彩的运用和乐音的配合上,常在一种基本色和基本音之外配以另外的色彩和乐音,从而造成一种类似定向倾斜的张力。例如,在黄红色中,红色是基本色,黄色为偏离色,这就使其出现一种要恢复到红色的倾向;而在 C 调中出现了 B 音,也有一种恢复到 C 调的倾向。再就是通过比例的改变使结构骨架具有某种张力。前已说到的长方形比正方形"具有倾向性张力"就是如此;同样,椭圆形又比圆形具有更多的张力。

我们曾经谈到,审美体验中的"力"是一种"具有倾向性的张力"。阿恩海姆认为,这种张力在本质上是生理力的心理对应物。他说,张力"就是大脑在对知觉刺激进行组织时激起的生理活动的心理对应物"。② 在他看来,任何知觉都是动力学意义上的知觉,是一个运动的过程,而不是静止的。具体表现为,知觉对象对

① 参见［美］鲁道夫·阿恩海姆《艺术与视知觉》,滕守尧、朱疆源译,中国社会科学出版社 1984 年版,第 630 页。
② ［美］鲁道夫·阿恩海姆:《艺术与视知觉》,滕守尧、朱疆源译,中国社会科学出版社 1984 年版,第 573 页。

主体形成一种较强的刺激,主体的大脑皮层对外部刺激进行完形的组织加工,这就是生理力与外部作用力的斗争过程,最后将对象改造成某种知觉式样。他十分生动地描述了这样一个过程:"知觉活动所涉及的是一种外部的作用力对有机体的入侵,从而打乱了神经系统的平衡的总过程。我们万万不能把刺激想象成是把一个静止的式样极其温和地打印在一种被动的媒质上面,刺激实质上就是用某种冲力在一块顽强抗拒的媒质上面猛刺一针的活动。这实质上是一场战斗,由入侵力量造成的冲击遭受到生理力的反抗,它们挺身出来极力去消灭入侵者,或者至少要把这些入侵的力转变成为最简单的式样,这两种互相对抗的力相互较量之后所产生的结果,就是最后生成的知觉对象。"①这整个过程是发生在大脑皮质中的生理现象,但却使主体处于一种激动的参与的状态,就在这样的状态中产生了相应的心理体验的经验。这是一种特殊的情感体验。阿恩海姆认为,这种体验"并不是一种类似照相的活动,而是一种类似创作乐曲的活动"②。因为,审美不是由于对于对象物理特征的把握,而是对其形成的大脑中的力的活动的一种心理体验。这种体验就在一定程度上具有了乐曲的节奏和韵律。

(二)大脑力场说

　　既然完形心理学美学把审美体验看作由外在刺激而产生的

---

①[美]鲁道夫·阿恩海姆:《艺术与视知觉》,滕守尧、朱疆源译,中国社会科学出版社 1984 年版,第 573 页。

②[美]鲁道夫·阿恩海姆:《艺术与视知觉》,滕守尧、朱疆源译,中国社会科学出版社 1984 年版,第 200 页。

生理力的心理对应物,那么生理力就是审美体验的关键所在,成为沟通外在物理力与内在心理力的中介。这个"生理力",在完形心理学美学看来完全由大脑皮层的积极活动所形成。他们将现代物理学电磁学中的场论借用到自己的理论中,提出了著名的"心理—物理场"的概念。完形心理学认为,人和环境的关系就是一个有机联系、相互作用的"场"。韦太默指出:"如果研究纲领是把有机体看作一个大场中的一部分,那末就必须把问题重新表述为有机体和环境之间的关系问题。刺激—感觉的联系必然要由场内条件的转变,即生活情境和有机体通过其态度、斗争及感情的变化而发生的总反应之间的联系来代替。"①他们进一步认为,这种"心理—物理场"之所以能够成立主要是由于大脑力场的作用。因此,可以将这一理论更明确地表述为"心理—生理—物理场"。阿恩海姆说道:"假如人的大脑视皮层区域就是这样一个力'场'的话,那么,在这个区域中,那种向简化的分布发展的趋势就应该是十分积极的。当一个刺激式样投射到这个作为力场的大脑视觉区域时,就会打乱这个'场'中的平衡分布状态。一经被打乱后,场力又会去极力恢复这种平衡状态。"②大脑力场的这种恢复平衡状态的努力就是它的特有的完形组织作用。事实证明,在审美体验中,大脑的确处于一种积极的活动状态,充分发挥着自己的完形组织作用。他认为,在审美知觉中,大脑不是对于对象被动的复制,而是对于其整体的积极的把握。他把在大脑指挥下

①[美]杜·舒尔茨:《现代心理学史》,沈德灿等译,人民教育出版社1981年版,第299页。
②[美]鲁道夫·阿恩海姆:《艺术与视知觉》,滕守尧、朱疆源译,中国社会科学出版社1984年版,第87页。

所进行的积极的知觉活动比喻成人的灵活无比的"手指",对事物进行发现、触动、捕捉、扫描和组织的活动。这种组织活动是按照著名的韦太默组织原则进行的。这些组织原则即是相似原则、相近原则、方向原则和闭合原则等。按照这些原则将知觉刺激转变成有组织的整体。阿恩海姆认为,在这些组织原则中"相似原则"是"更为基本的原理",其他原则都是总的相似性原则的特殊表现。① 大脑根据形状、大小、位置、色彩的相似性加以组合,形成整体。例如,法国现代派画家修拉的《大碗岛上的星期日》描绘一个初夏的星期日,人们在巴黎郊外大碗岛上愉快地度假的情景。这幅画采用"散漫性构图法",但却运用相似性原理使欣赏者能感受到它的统一性。首先是通过姿势的相似性组合,将人群分为站、坐、躺三类和打伞与不打伞的两类。更重要的是,通过人物的不相闻问的态度将其归为一类,表现了城市居民特有的孤独的情调。

　　大脑皮质活动作为一个力场就应有其物理学上的根据。最早,韦太默于 1912 年发表的《关于运动视觉的实验研究》一文中涉及这一问题。他在这篇文章中集中地研究了所谓的"似动现象",即在暗室中如果两条光线先后出现的时间仅仅相隔十分之一秒的话,那么我们就会看到一根光柱在运动。这也就是所谓的"频闪运动",霓虹灯广告牌就是利用这一原理,其中的闪光式样形成了文字和图形的运动,其实真正发生的只是灯光的时亮时灭。韦太默由此得出结论,事物的运动并非本身在运动,而是大脑皮质的完形组织作用所致。他认为,这两个相距不太远的刺激

_____

① [美]鲁道夫·阿恩海姆:《艺术与视知觉》,滕守尧、朱疆源译,中国社会科学出版社 1984 年版,第 97 页。

点,很可能是投射在同一个生理区域之内的,这个区域就是大脑视皮层。当这两个点很迅速地在两个相距不太远的位置上出现时,就会产生某种生理短路,使神经兴奋从第一个点传递向第二个点,由此产生的心理经验就是看到同一个光点的位移。韦太默在这里借用了"生理短路"的物理学概念来解释兴奋的迅速传递。完形心理学的另一个创始人柯勒于 1920 年出版了《静态的物理格式塔》一书,在这本书中,他认为,皮质过程的行为方式和电力场的行为方式相类似,像围绕着磁铁的电磁力场一样,神经活动场可以由大脑对感觉冲动发生反应的电机械过程建立起来。阿恩海姆则在其《艺术与视知觉》一书中进一步阐述了这一理论。他说:"位于人头的后半部的大脑视觉中心,似乎有着产生这种过程的良好条件。按照格式塔心理学家们的试验,大脑视皮层本身就是一个电化学力场。这些电化学力在这儿自由地相互作用着,并没有受到像在那些相互隔离的视网膜接受器中所受到的那种限制。在这个视皮层区域中,任意一个点受到的刺激都会立即扩展到临近的区域中去。"①当前,神经生理学的发展已在一定程度上证实了完形心理学美学关于大脑电化学力场的理论。科学家们利用先进的单细胞录音技术,在被试的猴子的头盖骨上钻了一个小眼,用一精密的微电极探测器插入皮层相应的区域,可记录视皮层中脑细胞的微弱的电流变化情况。然后,给被测试的猴子观看某种图形。这时,被激活的脑细胞就放出一系列电脉冲。这种电脉冲经过放大后可显示在示波器的屏幕上,人们就可在示波器上看到不同的箭头。还可将其输入扬声器,人们就

——————————

① [美]鲁道夫·阿恩海姆:《艺术与视知觉》,滕守尧、朱疆源译,中国社会科学出版社 1984 年版,第 10 页。

可听到一连串的咔嗒声,这就是所谓的大脑细胞中电脉冲活动时的"语言"。①

(三)同形同构说

在介绍了完形心理学美学的大脑力场说之后,就比较容易理解它的同形同构说。这一理论也是韦太默首先提出的。他认为,既然从视觉的角度来看似动与真动是同一的,那么,也就证明似动与真动的大脑皮质过程必然是类似的。由此得出结论:凡是引起大脑的相同皮质过程的事物,尽管在性质上截然不同,但其力的结构必然相同。这就是所谓的同形同构说或异质同构说。阿恩海姆进一步将这一理论运用于审美,从而为审美对象所具有的情感性质找到了理论上的答案,为形式与情感之间的关系找到了沟通的桥梁。他从世界的统一性和物理现象、精神现象与社会现象的内在协调的整体性着眼来理解同形同构说和审美对象的情感表现性问题,在他看来,力的结构及其基调是物理现象、精神现象与社会现象所共有的,也是它们所具情感表现性及相互间构成内在统一性的原因。他说:"我们发现,造成表现性的基础是一种力的结构,这种结构之所以会引起我们的兴趣,不仅在于它对那个拥有这种结构的客观事物本身具有意义,而且在于它对于一般的物理世界和精神世界均有意义。像上升和下降、统治和服从、软弱和坚强、和谐和混乱、前进和退让等基调,实际上乃是一切存在物的基本形式。不论是在我们自己的心灵中,还是在人与人之间的关系中;不论是在人类社会中,还是在自然现象中;都存在着

---

① 参见滕守尧:《艺术形式与情感》,见《美学》第 4 期,上海文艺出版社 1982 年版,第 143—170 页。

这样一些基调。那诉诸人的知觉的表现性，要想完成它自己的使命，就不能仅仅是我们自己感情的共鸣。我们必须认识到，那推动我们自己的情感活动起来的力，与那些作用于整个宇宙的普遍性的力，实际上是同一种力。只有这样去看问题，我们才能意识到自身在整个宇宙中所处的地位，以及这个整体的内在统一。"①很显然，他认为，在物理现象、精神现象和社会现象中都存在着共同的力的结构和基调，那促使人们情感活动起来的力与物理现象和社会现象中的力是相同的。这就是说，在这些现象中，相同结构的力都可在大脑皮质中引起类似的电脉冲；而同情感活动同构的物理现象与社会现象也就具有了情感表现性。由此，他以事物的力的结构所具有的情感表现性为标准，打破了惯常的按生物与非生物、人类与非人类、精神与物质的标准进行分类的办法，将具有相同的力的结构及表现性的事物归于一类。例如，将自然界的某些事物与人类社会的某些现象归于一类。人类社会中所发生的某种变动与暴风雨来临前天空中变动同形同构，就可归于一类。我们不是常用"山雨欲来风满楼"比喻一场政治风暴前夕的社会形势吗？总之，同形同构说为审美的情感体验提供了新的理论根据，告诉我们所谓审美的情感体验就是审美对象的力的结构与某种情感活动的力的结构相同，并在审美主体的大脑皮质中引起某种相同的电脉冲，从而使审美主体产生情感的体验。

　　同形同构说是一种崭新的审美理论，对各种审美现象提出了自己的解释，给我们以深刻的启发。

---

① [美]鲁道夫·阿恩海姆：《艺术与视知觉》，滕守尧、朱疆源译，中国社会科学出版社1984年版，第625页。

首先,关于审美联想与审美共鸣。通常,我们不仅将审美联想看作审美体验的桥梁,而且将它的发生看作对象感发主体某种记忆的结果。完形心理学美学不同意这种看法。它们认为,审美联想不是审美体验的桥梁,它的发生是由于审美对象本身的形式结构同某种情感生活或真理的形式结构相似,而审美主体又有着掌握这种情感生活和真理的经验,因而勾起往事的回想。他说:"为什么某些风景、轶事和某种姿势能够'勾起人对往事的回想'呢? 这主要是因为它们能以某种特殊的媒介呈现出一种包含着某种真理的有意义的形式。"①这样他就将审美联想的发生归结为审美对象同审美主体所曾经历的某种生活在形式结构上的相同。同样,他也以这样的观点解释审美共鸣现象。对于审美共鸣,我们通常将其归结为审美现象中由移情作用所产生的强烈的感同身受的情感活动。这样,还是将审美共鸣的原因归于主观联想。完形心理学的同形同构说认为,在审美共鸣中移情起不到决定性的作用,起决定作用的是审美对象自身的形式结构所固有的情感表现性。一旦审美主体也有着类似的情感生活时,两者在力的结构上相同,就有可能产生审美共鸣,但那是在审美主体知觉到对象的表现性之后。阿恩海姆说:"一根神庙中的立柱,之所以看上去挺拔向上,似乎是承担着屋顶的压力,并不在于观看者设身处地地站在了立柱的位置上,而是因为那精心设计出来的立柱的位置、比例和形状中就已经包含了这种表现性。只有在这样的条件下,我们才有可能与立柱发生共鸣(如果我们期望这样的话)。而一座设计拙劣的建筑,无论

①［美］鲁道夫·阿恩海姆:《艺术与视知觉》,滕守尧、朱疆源译,中国社会科学出版社1984年版,第229页。

如何也不能引起共鸣。"①

其次，关于审美通感。

审美通感是指在一种类型的审美感受的影响和诱发下产生另一种类型审美感受的情形。例如，我们大家都熟悉的宋祁的著名词句："红杏枝头春意闹"，就是由红杏的视觉感受引发出"闹"的听觉感受。再如，色彩是一种视觉感受，但通常我们都用冷与暖的触觉感受加以形容，所谓红、黄为暖色，蓝、黑为冷色等。对于这种通感现象，在传统的理论中也是用联想说来加以解释的。按照联想说解释上述诗句，就是由挂满枝头的红杏在春风中摇晃厮磨，使人联想到顽皮嬉闹的儿童。对于色彩的冷暖等表现性亦由联想产生。红色的刺激性是因为使人联想到火焰、流血和斗争，绿色的表现性来自它所唤起的对大自然的清新感觉，蓝色的表现性来自使人想到水的冰凉，等等。完形心理学美学以其同形同构说为理论工具，对这种审美通感现象进行了完全不同的解释。它认为，各种不同的审美知觉所以可以相通，那是因为尽管其质料相异，但却有着共同形成的结构，从而在神经系统中产生出某种相同的效果（电脉冲）。阿恩海姆在谈到审美通感现象时指出："当我们专门在各种不同的知觉领域中探索这一现象时，就有可能认识到，由热和光（还可能有声音）所产生的刺激是很有可能在神经系统中产生出某些相似的或相同的感觉或效果来的，不管这些感觉或效果的本质是什么。"②

①［美］鲁道夫·阿恩海姆：《艺术与视知觉》，滕守尧、朱疆源译，中国社会科学出版社1984年版，第624页。

②［美］鲁道夫·阿恩海姆：《艺术与视知觉》，滕守尧、朱疆源译，中国社会科学出版社1984年版，第467页。

　　再次,关于审美比喻。

　　比喻,是在属于审美范畴的艺术创造和欣赏中经常运用的手法,我国艺术理论中历来就有赋、比、兴之说,所谓"比者,以彼物比此物也"。那么,这种审美比喻的内在机制是什么呢? 通常,我们也是以联想说加以解释,即由此一现象的感发而联想到另一现象。例如,唐代诗人贺知章的《咏柳》诗:"碧玉妆成一树高,万条垂下绿丝绦。不知细叶谁裁出,二月春风似剪刀。"按照传统的联想说解释,就是人们由春风吹绿柳树绽出嫩芽而联想到剪刀的剪裁之力。但这一理论本身并没有完全回答比喻的内在原因。为什么对于春风的吹绿杨柳要用剪刀作比而不用宝剑作比成为"二月春风似宝剑"呢? 完形心理学美学运用同形同构说对审美比喻进行了全新的解释。它认为,审美比喻的内在机制在于两者的力的基本式样相同。春风的吹绿杨柳是一种轻快的力度较小的动作,恰同剪刀的裁衣在力度上相仿,而不同于宝剑的强劲的砍刺。阿恩海姆说道:"乔治·布洛克曾经规劝艺术家们应该注意从不同的事物中寻找和表现它们的等同点。'例如,当诗人吟诵出燕子(刀切似地)掠过天空时,他实际上已经在一把锋利的刀子和一只在天空中迅疾飞过的燕子之间找到了共同点。'这种暗喻还可以使得读者们透过客观事物的外壳,将那些除了力的基本式样相同,其余一切都很少有共同之处的不同事物联系起来。"①的确,李白的"白发三千丈,缘愁似个长",就是因"白发三千丈"同无尽的愁绪之间在力的结构上相同而用作比喻;"燕山雪花大如席"则以硕大的雪花与凄凉的心境在力的结构上类似而加以联结。

---

① [美]鲁道夫·阿恩海姆:《艺术与视知觉》,滕守尧、朱疆源译,中国社会科学出版社1984年版,第627—628页。

三

完形心理学美学以其知觉结构说、大脑力场说,特别是同形同构说为理论根据,全面地对艺术、艺术思维和现代派艺术的特性等重要问题进行了探讨,提出了自己的见解。

(一)论艺术

什么是艺术? 对于这个问题,在西方美学史和文艺理论史上曾经有过多种多样的回答。艺术是对于现实的再现,是主观情感的表现,是处于"迷狂"状态的灵感的产物,是理念的感性显现,如此等等。完形心理学美学对艺术有着自己的解释。阿恩海姆给艺术所下的定义是这样的:"艺术的本质,就在于它是理念及理念的物质显现的统一。"①这里所说的"理念",即指对于对象在知觉中整体把握的情感表现性和思想意义等。而"理念的物质显现",即指艺术家凭借某种物质媒介所选取的用以表现这一整体把握的形式结构。这种形式结构本身不应被现实的物质性所束缚,而应包含着足以表现知觉整体把握的力的式样。这就是两者的统一。以上所述,说明理念与理念的物质显现应做到异质同形。如阿恩海姆所说,艺术"要求意义的结构与呈现这个意义的式样的结构之间达到一致。这种一致性,被格式塔心理学称为'同形性'"②。他

---

① [美]鲁道夫·阿恩海姆:《艺术与视知觉》,滕守尧、朱疆源译,中国社会科学出版社 1984 年版,第 185 页。
② [美]鲁道夫·阿恩海姆:《艺术与视知觉》,滕守尧、朱疆源译,中国社会科学出版社 1984 年版,第 75 页。

举例说道,如果有一个画家要表现亚当的两个儿子该隐和阿拜尔之间的关系,因该隐是杀害其弟的凶手,所以这幅画的意义(理念)应为善与恶、凶杀者与被害者、背叛者和忠诚者之间的对立和差别,因而,所选择的式样结构(借助于媒介的物质显现)也应与此相同,而不能画成样子相似、姿势相同、对称排列着面对面站在一起的人物。这种"统一"或"同形"具有一种"透明性"的特点。阿恩海姆指出:"但是,当存在物的价值仅仅是局限于它的特有的物质价值时,它就失去了自己的象征意义,失去它所具有的透明性。这种透明性是一切艺术的基础。"①这里所说的"透明性"本来是指绘画中表现重叠的物体时所出现的情形,运用传统的透视法就无"透明性",不用透视法,物体的重叠就具有了"透明性"。阿恩海姆在这里借用了上述意思,泛指艺术创作中摒弃细节的真实,直接表现事物的整体性和本质。阿恩海姆说:"一件作品要成为一件名副其实的艺术品就必须满足下述两个条件:第一,它必须严格与现实世界分离;第二,它必须有效地把握住现实事物的整体性特征。"②其实,他所说的这两个条件是完全一致的。因为表现了整体性就使作品具有"透明性"并使其与现实世界分离。

完形心理学美学关于艺术的定义,给了艺术以完全崭新的解释。这样一来,艺术形象可以不必是生活的图画,而只要呈现出某种力的结构的形式即可。这一定义对于理解东方书法艺术及古代象征艺术倒很适合,但更适合的还是西方现代派抽象艺术,

①［美］鲁道夫·阿恩海姆:《艺术与视知觉》,滕守尧、朱疆源译,中国社会科学出版社1984年版,第184—185页。
②［美］鲁道夫·阿恩海姆:《艺术与视知觉》,滕守尧、朱疆源译,中国社会科学出版社1984年版,第189页。

而对于现实主义艺术却并不适合。这应该说是其明显的片面性之所在。

　　对于艺术的作用,完形心理学美学既不同意"再现说",也不同意"快感说"。阿恩海姆认为,如果艺术的作用仅此两项,那么,它在社会上的显赫地位就会使人感到茫然不可理解。他说:"我认为,艺术的极高声誉,就在于它能够帮助人类去认识外部世界和自身,它在人类的眼睛面前呈现出来的,是它能够理解或相信是真实的东西。"[1]很显然,在他看来,艺术的作用就在于它是人类把握世界的一种方式,而且是从"理解和相信"的角度去把握世界,也就是从主观的角度去把握世界。艺术的把握世界同科学的把握世界有其相同之处,那就是都是一种由个别到一般的"抽象",但科学却是凭借着理论规律的抽象,而艺术却是凭借着结构规律的抽象。这种结构规律即是一种力的结构规律。因而,艺术的对世界的把握实际上是一种"音乐式的"探讨。[2] 由力的结构的方向与强度使其具有一种上升与下降、软弱与坚强、前进与后退的基调,从而使其具有情感的表现性。因此,这种"音乐式的"探讨也是一种对世界的情感的把握。而这种情感的把握又不同于普通的快感,内中常常包含着某种道德与宗教的意义。例如,毕加索于1919年画了一幅题为《小女学生》的画,从画面上看是一些随意重叠起来的颜色浓重的几何图形。乍一看上去,很难分辨出这幅画的题材。然而,它却成功地把儿童的旺盛的生命力、

————————

①[美]鲁道夫·阿恩海姆:《艺术与视知觉》,滕守尧、朱疆源译,中国社会科学出版社1984年版,第636页。

②[美]鲁道夫·阿恩海姆:《艺术与视知觉》,滕守尧、朱疆源译,中国社会科学出版社1984年版,第639页。

女性恬静和羞涩的表情、直直的头发、巨大的书本所造成的严酷等表现出来了。请看,这不正是艺术家呈现在我们面前的"能够理解或相信是真实的东西"吗?并由此使我们经受了深刻的情感体验和某种人生意义的领悟。

(二)论艺术思维

从惯常的理论来看,艺术与抽象、形象与思维是互相对立、难以相容的。因为,艺术是一种再现具体个别事物、创造形象的活动,而抽象却是一种由个别到一般的理性思维活动。这一问题是艺术创作中的根本问题之一,长期难以解决。阿恩海姆运用完形心理学的知觉心理学理论对这一问题作了自己的回答。他认为,这种回答可能"较为全面地去描绘和解释艺术创造活动"。[1] 他首先批驳了"朴素现实主义"和"唯智论"在这个问题上的观点。所谓"朴素现实主义"即自然主义,反对艺术的抽象,认为"在物理对象和心灵感知到的关于这个物理对象的形象之间是没有什么区别的,心灵把握到的形象就是这个物理对象本身"[2]。其结果是使艺术品成为现实的简单复制。据说,古希腊画家左克西斯因为找不到一个足够美丽的女子作为给特洛伊的海伦画像的模特儿,于是访察了城里所有的女子,从中选出感到满意的五名,并打算把这五人中每人所特有的美貌都收集到他的画像中。阿恩海姆认为,这只不过是一种初级的"整容术",没有认识到现实世界

---

① [美]鲁道夫·阿恩海姆:《艺术与视知觉》,滕守尧、朱疆源译,中国社会科学出版社 1984 年版,第 214 页。

② [美]鲁道夫·阿恩海姆:《艺术与视知觉》,滕守尧、朱疆源译,中国社会科学出版社 1984 年版,第 214 页。

和反映这个现实世界的艺术形象之间的根本区别。再一种就是
"唯智论",这是针对儿童画说的,因为儿童画都比较抽象,画人头
都只像一个圆圈。于是,唯理智论者认为,儿童画的抽象性不是
知觉的产物而是理性认识的产物,是一种对理性认识的再现。阿
恩海姆认为,这是一种奇谈怪论,因为在人的发育的初级阶段上,
心灵的主要特征就是对感性经验的全面依赖。对于儿童来说,事
物就是他所知觉到的样子,即便是他们的思维活动也是在知觉水
平上进行的而不是在抽象思维的水平上进行的。例如,儿童可以
分辨出男人与女人,但却归纳不出他们的主要特征。那么,儿童
画的抽象性到底是怎么回事呢? 阿恩海姆认为,这是一种特殊的
知觉抽象,其本质是"每次具体的观看都包含着对物体的粗略特
征的把握——也就是说,包含着概括活动"。[1] 这种对物体的粗
略特征的把握,正是知觉特有的把握整体性的完形机能。它不是
由高级的抽象思维能力完成的,而是由一种比它低级的知觉能力
完成的。阿恩海姆指出:"看起来,视知觉不可能是一种从个别到
一般的活动过程,相反,视知觉从一开始把握的材料,就是事物的
粗略结构特征。"[2]这一观点同我们通常理解的感性认识阶段由
个别性的感觉到普遍性的知觉再到整体性的表象的过程显然是
不一致的。在他看来,知觉就是对物体的初始感知,特点是整体
性,经历了一个由抽象到具体,由朦胧到清晰的过程。阿恩海姆
认为,知觉对于对象的这种整体把握,其结果是创造出一种与对

①[美]鲁道夫·阿恩海姆:《艺术与视知觉》,滕守尧、朱疆源译,中国社会科
　　学出版社 1984 年版,第 221 页。
②[美]鲁道夫·阿恩海姆:《艺术与视知觉》,滕守尧、朱疆源译,中国社会科
　　学出版社 1984 年版,第 53 页。

象相对应的一般形式结构。他说:"这个一般的形式结构不仅能代表眼前的个别事物,而且能代表与这一个别事物相类似的无限多个其他的个别事物。"①这就是说,这个"一般形式结构"具有某种抽象性。儿童画的用以表示头的圆圈就舍弃了许多偶然的个别的因素,而达到了真正抽象的要求。波斯人画的豹子图像也不是对豹子的精确再现,而只是传达出这种动物的有力但又柔和的运动特点,就好像是钢制的弹簧。这就再现了具有普遍性的"质",通过特定的个别图像传达了一种抽象的一般内容。正如阿恩海姆在《走向艺术心理学》一书中所说:"知觉是一种抽象过程,在这个过程中,知觉通过一般范畴的外形再现个别的事实。这样,抽象就在一种最基本的认识水平上开始,即以感性材料的获得来开始。"②

阿恩海姆认为,作为知觉抽象产品的"一般形式结构"不是知觉对象的原原本本的再现,而是对它的创造性的加工改造,是知觉对象的"结构等价物"。这个知觉对象的"结构等价物"显然是大脑完形机能的产物。其特点是:第一,并不包含在视网膜投影中那些有关物体的全部细节,而是把握对象的一般结构特征;第二,不像视网膜上的形象受到透视原理影响发生变形,而是在大部分情况下同对象的实际形状相似。③ 以上两个特点都说明,作为知觉抽象产物的"一般形式结构"具有了整体性和普遍性的特点,而这正是"概念"所具有的特性,完形心理学美学把它叫做"知

---

① [美]鲁道夫·阿恩海姆:《艺术与视知觉》,滕守尧、朱疆源译,中国社会科学出版社 1984 年版,第 55 页。
② 转引自朱狄:《当代西方美学》,人民出版社 1984 年版,第 12 页。
③ [美]鲁道夫·阿恩海姆:《艺术与视知觉》,滕守尧、朱疆源译,中国社会科学出版社 1984 年版,第 222 页。

觉概念"。阿恩海姆指出："知觉过程就是形成'知觉概念'的过程。"①这个"知觉概念"同科学概念一样能够揭示对象的本质,但它又同科学概念不同。科学概念所揭示的是对象的物理本质,而知觉概念却是揭示对象给予人的知觉本质。前者属于物理学的范围,表明了对象的科学含义;后者属于心理学范围,表明了对象情感表现性的美学的含义。例如,同是"重量"的概念,作为科学概念的"重量"就表明地球吸引物体的力,而作为知觉概念的"重量"则表明物体作用于人的力(即人对对象的沉重的动觉体验),这种力就是"具有倾向性的张力"。诚如阿恩海姆所说:"我们必须区别知觉概念'重量'(它涉及沉重的动觉体验)与思维概念'重量'(定义为地球吸引物体的力)。两者同样可以满足用于特定情况的一般质的概念要求。"②而且,两者所凭借的手段也不相同,科学概念凭借的是对象本身的物理手段,诸如,可度量的大小、轻重等等,知觉概念则是凭借的人对于对象知觉到的特性,诸如,轻重性、长短性等等。阿恩海姆以苹果为例指出:"科学家所得到的那种最接近于苹果本质的概念,是通过准确地概括出苹果的重量、大小、形状、质量、味道而把握到的。而要使知觉对象(即一般性的图式)最接近于那个作为刺激物的'苹果',就要以那种诸如圆形性、轻重性、味性、绿色性等一般的感性特征组成的特殊式样,去代表那个作为具体刺激物的'苹果'。"③这种知觉概念是艺

①〔美〕鲁道夫·阿恩海姆:《艺术与视知觉》,滕守尧、朱疆源译,中国社会科学出版社1984年版,第55页。

②〔美〕鲁道夫·阿恩海姆:《知觉抽象与艺术》,徐恒醇译,见刘纲纪、吴樾编:《美学述林》第1辑,武汉大学出版社1983年版,第322页。

③〔美〕鲁道夫·阿恩海姆:《艺术与视知觉》,滕守尧、朱疆源译,中国社会科学出版社1984年版,第53—54页。

术思维的基础。阿恩海姆认为,在艺术活动中有两种不同的思维方式。一种是要求再现事物的"几何—技术"性质,做到细节的真实。这是一种按照科学原理的创造。另一种是按照知觉的本能反应创造,从知觉概念出发,着重把握对象的知觉表现性质。这才是真正的艺术思维方式。阿恩海姆根据这一艺术思维方式提出了一个全新的艺术教学法。这种教学法是这样的:上课一开始,教师先让一个模特儿成耸肩姿势坐在地板上,但他并不把学生的兴趣集中在这个姿势的三角形形状上,而是要求学生们回答出这种姿势的表现性质。当学生们能够正确地回答出它的表现性质(看上去很紧张,那缩成一团的身体充满了潜在的力量等)时,教师便要求学生们将这种表现性再现出来。在作画时,学生们不是注重对象的比例和方向,而是把它们当作体现这种表现性的因素,每一笔触的正确与否都是看它是否捕捉到了这一题材的表现性质。①

　　完形心理学美学认为,艺术思维不能停留在知觉阶段,还必须迅速地将知觉到的内容再现出来。阿恩海姆指出:"艺术抽象的心理学不仅包括知觉问题,而且包含再现问题。知觉一事物并不等于再现一事物。"②而且,是否具有再现能力是一个真正艺术家的标志。他说,一个非艺术家在自己的知觉概念面前手足无措,不知如何将其表达出来,而只有真正的艺术家才不仅能获取知觉概念,而且有能力通过某种特定的媒介再现这个知觉概念,

---

①[美]鲁道夫·阿恩海姆:《艺术与视知觉》,滕守尧、朱疆源译,中国社会科学出版社1984年版,第621页。

②[美]鲁道夫·阿恩海姆:《知觉抽象与艺术》,徐恒醇译,见刘纲纪、吴樾编《美学述林》第1辑,武汉大学出版社1983年版,第322页。

使之变成一种可触知的东西。因此,阿恩海姆指出:"只有当一个人形成了完美的再现概念的时候,他才能成为一个艺术家。"①这样,在完形心理学美学看来,知觉概念是艺术思维的基础,再现概念则是艺术思维的完成。那么,什么是"再现概念"呢?所谓"再现概念",就是在艺术创作中通过某种物质媒介将知觉概念再现出来,使之物态化,具有可见的外在形式。诚如阿恩海姆所说,"'再现概念'指的是某种形式概念。通过这种形式概念,知觉对象的结构就可以在具有某种特定性质的媒介中被再现出来"②。再现由于是一种将知觉概念物态化的过程,因此受到物质媒介物的明显制约。媒介是艺术地再现知觉概念的物质手段,木头、石块、黏土、线条、色彩、语言……不同的物质媒介决定了艺术的不同手法和艺术产品的不同面貌。例如,上文提到的米开朗基罗的《亚当出世》,原取材于《圣经》,是以语言文字为媒介的。艺术再现的形式是:上帝按照自己的形象用地上的尘土造了一个人,往他的鼻孔里吹了一口气,于是有了生命的灵魂,能说话,会行走,取名亚当。但米开朗基罗的《亚当出世》则是绘画,作为造型艺术,凭借的是色彩和线条的物质媒介,难以用"吹气"的外在形态再现创造生命的知觉概念。于是,他就通过上帝的手将生命的火花从指尖传到亚当的指尖,再现了创造生命的知觉概念。阿恩海姆指出:"再现概念取决于媒介,这种媒介是从现实中取得的。当观察人的形象时,一个雕塑家所构成的再现概念与另一个艺术家

① [美]鲁道夫·阿恩海姆:《艺术与视知觉》,滕守尧、朱疆源译,中国社会科学出版社1984年版,第229页。

② [美]鲁道夫·阿恩海姆:《艺术与视知觉》,滕守尧、朱疆源译,中国社会科学出版社1984年版,第228页。

从'木刻的眼光'观察同一个人的形象是迥然不同的。"①所谓"再现",从本质上来说,就是运用完形心理学美学的同形论在特定的媒介中创造出一个知觉概念的结构等同物。阿恩海姆指出:"但不论什么媒介,再现与知觉概念都有着结构相似性。在格式塔的理论中,将不同媒介中这种外形的结构相似性称为同构。"②这种结构相似性实际上就是一种力的结构的相似性。因而,将艺术再现的产品同激发外形相比并不一致。例如,画家画奔马,常将马腿分离到最大限度,但在实际生活中却没有一匹奔跑的马呈现出这样的姿势(除非跳跃)。其原因是,知觉概念作为心理的力的结构是旨在创造出奔马的激烈的力的运动,而作为同构的再现概念就须以尽量分开的两腿才能表现出这种激烈的力的运动,使激发外形的物理力转换成绘画的运动力。完形心理学美学之所以把"再现"看成一种"概念",那是因为,在它们看来,再现不是对知觉概念的机械复制,而是凭借大脑的一种创造性活动。再现产品同知觉概念一样也具有极大的概括性。阿恩海姆指出,再现"这个任务不是靠笔在纸面上完成的,而是靠头脑来指引笔并用头脑来判断结果。这就是为什么我要将它称为'再现概念'的缘故"③。

(三)论现代派

在阿恩海姆所处的美国当代艺术世界,同样存在着一个现实

---

①[美]鲁道夫·阿恩海姆:《知觉抽象与艺术》,徐恒醇译,见刘纲纪、吴樾编《美学述林》第1辑,武汉大学出版社1983年版,第324页。
②[美]鲁道夫·阿恩海姆:《知觉抽象与艺术》,徐恒醇译,见刘纲纪、吴樾编:《美学述林》第1辑,武汉大学出版社1983年版,第324页。
③[美]鲁道夫·阿恩海姆:《知觉抽象与艺术》,徐恒醇译,见刘纲纪、吴樾编:《美学述林》第1辑,武汉大学出版社1983年版,第324页。

主义艺术与现代派艺术孰优孰劣的争论。不少艺术家和理论家
是肯定现实主义艺术而否定现代派的。对此,阿恩海姆不以为
然。他极其不满地说道:"现在,我们所面临的是一种极其反常的
现象,这就是:现代派艺术被认为远离了现实,而投影幻想主义却
被认为充分表现了现实。"①阿恩海姆明确地发表了自己的不同
看法,对现实主义的所谓"充分表现了现实"的问题提出了疑问。
他认为,从古代起,人们一直把艺术品看成是现实事物的忠实复
制品,在评判艺术品时,如果被认为同实物极其相似,甚至酷似到
乱真的程度,就被认为达到极高水平,但这充其量不过是"对应该
如此或能够如此存在的事物所进行的真实模仿"②罢了。他对这
种"真实模仿"极其厌恶,认为"无异于艺术生命的自杀",并借用
现代派画家塞尚在听到公众赞扬罗萨·波荷尔的某一幅画与原
形十分相似时曾经说过的一句话加以评述:"这是一种多么可怕
的相似啊!"③阿恩海姆认为,现实主义艺术的这种"可怕的相似"
的原因,主要在于它们用透视法将立体的事物在平面上加以表
现,这样做,表面上看是逼真的,但却只是从一个角度对事物一瞬
间形态观察的结果,反映的是事物的一个侧面,并不能表现对于
对象整体性反映的知觉概念。他在评论现实主义绘画的这种中
心透视法时,写道:"如果我们从知觉和艺术的角度去看待这个问
题,就必然会得出中心透视法比别的空间表现法更严重地损害了

①［美］鲁道夫·阿恩海姆:《艺术与视知觉》,滕守尧、朱疆源译,中国社会科
　学出版社 1984 年版,第 159 页。
②［美］鲁道夫·阿恩海姆:《艺术与视知觉》,滕守尧、朱疆源译,中国社会科
　学出版社 1984 年版,第 160 页。
③［美］鲁道夫·阿恩海姆:《艺术与视知觉》,滕守尧、朱疆源译,中国社会科
　学出版社 1984 年版,第 165 页。

事物的基本视觉概念的结论。"①现代派画家就完全摒弃了现实主义艺术的透视法。他们从创造知觉概念的同构等价物的艺术要求出发，将正面与侧面、远处与近处、过去与未来全都集中在一个平面上，给人一种强烈的整体的印象。例如，著名的世界立体派大师毕加索在其名画《格尔尼卡》中，将大火中挣扎或狂奔的妇女、怀抱惨死婴儿哭喊的母亲、惊恐万状的公牛、在长啸中被刺死的战马，以及被炸得支离破碎的肢体，这许多发生在不同时间与不同空间的形象组合在一个平面上。但它们却被一个视觉概念所统率：活着的与死去的都在怒吼，从而渗透了一个主题——对法西斯战争的控诉。因此，现代派艺术的主要特点就是对物质性和立体性的舍弃，对作为整体的知觉概念的表达。诚如阿恩海姆所说："古代的艺术大师们所希望的是能够把主体对物质的坚固性和清晰可辨性感受突出来，而现代派艺术家却希望尽量减少事物的物质性和尽量把事物的立体性减少到最小限度。"②这种对物质性与立体性的舍弃，就导致了现代派艺术的另一个特征——抽象性，甚至抽象到完全用线条和几何图形来构成图画。例如，鲍尔·克立所创作的作品就完全是按照欧几里德几何学原理推导出来的图形。他所创作的《哥哥和妹妹》中，两个头的有机分离被一个长方形所否定，这个长方形在融合这两个头的同时，又把哥哥的一张脸一分为二。右边的两条腿所支撑的身体既可与哥哥的头部连起来，又可与妹妹的头部连起来。据说，这幅画表现

---

① ［美］鲁道夫·阿恩海姆：《艺术与视知觉》，滕守尧、朱疆源译，中国社会科学出版社 1984 年版，第 396 页。

② ［美］鲁道夫·阿恩海姆：《艺术与视知觉》，滕守尧、朱疆源译，中国社会科学出版社 1984 年版，第 301 页。

了这样一个世界:事物的自然状态通过两极的对立变得更加稳定和可靠。在这幅画中还能看到某种现实的内容,而在抽象艺术发展到极端时就完全同现实脱离,成为"无标题艺术",通过某种线条、图形所呈现的力表现出某种旋律和节奏。这就是所谓的对生活的"音乐式的"探讨,音乐和绘画合而为一了。阿恩海姆对于这种抽象艺术是十分欣赏的。他认为,现代派艺术最主要的优点在于更直接地表现自然结构的本质,而现实主义只能通过现实的形象间接地表现。他说:"科学的方法,就是从个别的和表面的现象后退从而更直接地把握事物的本质的方法。这种对纯粹的本质的直接把握(叔本华就因此而高度地评价了音乐,认为音乐是最高级的艺术),是那些优秀的现代派绘画和雕塑企图通过抽象而要达到的目的。现代派艺术家运用精确的几何图形的目的,就是在于更为直接地去表现那些隐藏着的自然结构的本质。而现实主义的艺术,则是再现这种自然结构在物质对象和发生在物质世界的各种事件中的表现形式,而它的本质则是间接地揭示出来的。"①显然,他这儿所说的"本质",即指对于事物整体性把握的"知觉概念"。由于现代派艺术具有非物质性、立体性和高度的抽象性,因而总是直接地创造出"知觉概念"的同构等价物,而现实主义艺术却须通过真实的形象间接地包含着这种同构等价物。

四

通过以上介绍可知,所谓完形心理学美学实际上是作为西方

---

① [美]鲁道夫·阿恩海姆:《艺术与视知觉》,滕守尧、朱疆源译,中国社会科学出版社1984年版,第184页。

现代派抽象艺术的理论根据之一而出现的。因此,如何评价完形心理学美学就同如何评价西方现代派抽象艺术联系在一起。这的确是一个十分敏感与犯难的问题,决不能持轻率的态度,而需谨慎细致地加以分析研究。

(一)完形心理学美学产生的历史条件

首先,20世纪的科技发展为其提供了理论的营养。任何社会科学理论体系的产生都同自然科学的发展息息相关。因为,自然科学的发展在一定程度上反映了人类的思维水平,而自然科学本身在经过理论的提高之后又可为社会科学提供认识的工具。西方当代美学同自然科学的关系更为密切,这是其重要特点之一。完形心理学美学的发展就同20世纪科技的新发展直接有关。最主要的是物理学中的场论,它对完形心理学美学产生了直接的影响。所谓"场"是一个物理学的概念,指物质活动的领域中相互作用的一个区域。最早是指电磁场,由法拉第1832年首先提出,1865年由马克斯韦进一步发展。他们发现,如不考虑到电磁力分布的整个的场就不能确定某一物质分子的移动方向,而这个"场"不是个别物质分子引力和斥力的总和,而是一个全新的结构。完形心理学美学借用场论来解释审美刺激与审美直觉和审美主体与审美对象的关系,认为人本身是一个"场",作为心理现象的审美知觉和由此引起的作为生理现象的大脑皮质过程都是一个"场",这就是所谓的"心理—物理场"。完形心理学美学中的"完形论"和"同形论"就是这样从物理学的场论中吸取了营养。而作为20世纪产生的综合性学科系统论则在更高的层次上给予完形心理学以理论的指导。系统论产生于20世纪30年代,由奥地利生物学家贝塔朗菲首创。它反对以牛顿的机械力学为基础的机械论,认为事物不是机械静止的相加而是有机的动态的系统,提出了著名的系统观点、动态观点和等级观点。完形心理学美学从中受到启发,将审美和知觉看作一个由主体创造的、具有动态性和内在联系性的系统。

其次,现代派抽象艺术是其理论概括的基本对象。任何一种美学理论都是对一定的美学现象,特别是艺术现象的理论概括。完形心理学美学主要是对西方现代派抽象艺术的理论概括,当然,主要是抽象派的绘画艺术。从19世纪下半叶开始,西方艺术风气开始转变,逐渐形成了一股摆脱现实主义艺术的潮流。多数学者认为,这股潮流从塞尚及后印象主义开始,其间经历了以修拉为代表的点彩派、以马蒂斯为代表的野兽派、以毕加索为代表的立体派、以康定斯基为代表的抽象艺术画派等。尽管名目繁多,但归结起来就是高度的抽象性与非物质性的根本特点。诚如英国艺术史家、美学家赫伯特·里德在他的《现代绘画简史》一书中所说,现代派绘画具有一种统一的倾向,"这个倾向就是不去反映物质世界,而去表现精神世界。一言以蔽之,以上就是作者所采用的'现代'准则"。① 面对这样一种现代派抽象艺术,传统的联想的审美理论已难以适应,于是应运而生了完形心理学美学等新颖的美学流派。它们就是对现代派抽象艺术的理论概括。例如,完形心理学美学的张力说、大脑力场说与同形同构说就是一种对于这类主要凭借线、点、面、块和色等来表达情感的抽象艺术的审美本质的解释。

最后,当代西方社会是其产生的现实土壤。社会存在决定社

---

① [英]赫伯特·里德:《现代绘画简史》,刘萍君译,上海人民美术出版社1979年版,第2页。

会意识，一定的理论作为思想意识都是产生于一定的社会土壤之上。完形心理学美学就是当代西方资本主义社会的必然产物。一方面，由于物质生产的高度发展，物质生活的较前丰富，使得人们对精神生活提出了更多的要求，在审美趣味上更加注重倾向于情感性的艺术形式、流派和风格。这就使抽象艺术以及与此相应的美学理论得以发展，并具有了较深厚的群众性基础。阿恩海姆将这种情形作为特定文化环境中特定的审美趣味来加以认识。他说："今天我们就难以想象，仅仅在几十年之前，塞尚和雷诺阿的绘画还被人们指责为不真实。"①另一方面，也由于资本主义社会本身固有的物质文明和精神文明具有内在矛盾性的弊病和拜金主义、私利主义的泛滥，造成了社会与人的矛盾以及人的精神世界的空虚。同时，不断出现的经济危机以及战争威胁、核恐怖等等，使人们在精神世界上具有一种不安全感和恐惧感。抽象派艺术及完形心理学美学就是人们在这种个人与社会的矛盾中产生的逃避现实的畸形心理倾向的产物。阿恩海姆自己也在一定程度上承认这一点。他说：抽象派艺术"决不是反映了艺术家对一个平衡的世界所持的天真观点，而是他们为了从自身和周围世界的错综复杂性中逃避出来而产生的必然结果"②。他又说道，现代派艺术所显示出来的扭曲和张力"适合某个人或某一部分人的精神状态"③。他更具体地从当代西方社会中艺术家与现实的

---

① [美]鲁道夫·阿恩海姆：《艺术与视知觉》，滕守尧、朱疆源译，中国社会科学出版社1984年版，第161页。

② [美]鲁道夫·阿恩海姆：《艺术与视知觉》，滕守尧、朱疆源译，中国社会科学出版社1984年版，第167页。

③ [美]鲁道夫·阿恩海姆：《艺术与视知觉》，滕守尧、朱疆源译，中国社会科学出版社1984年版，第164页。

关系来探寻这种抽象艺术产生的原因。他认为,在文艺复兴时期,艺术家和社会一致,感到自己在社会中的价值,因而运用现实主义创作方法对现实取写实的赞美歌颂态度;但当代的情况就完全不同了,由于拜金主义的泛滥,追求利润成了一切社会活动的唯一目的,所以真正的艺术品被排除在体现供求关系的整架经济机器之外,艺术家本人也变成了一个以自我为中心的旁观者、社会的多余人。这就使他们的艺术创作脱离现实,走向抽象的形式,好像参加一个与己无关的集会,不去关心其所讨论的具体内容,而只关心那些讲话的声音和富有感染力的手势。"一句话,我们所感受的仅仅是所发生的事件的形式和结构。"①以上,阿恩海姆所分析的是现代派抽象艺术所赖以产生的社会条件,实际上也是他对于自己的作为抽象艺术理论概括的完形心理学美学所赖以产生的社会条件的自我剖析。

(二)完形心理学美学的贡献

如何评价完形心理学美学这一当代资本主义社会土壤中所生长的美学流派,它到底有没有积极意义?这是一个值得深入研究的问题。我们认为,从实事求是的态度出发,还是应该肯定其具有积极的一面,承认其在美学发展中的贡献。

首先,自觉地将有机整体的系统方法运用于美学研究。完形心理学的创始人韦太默在《格式塔理论》一文中指出:"格式塔理论应从事具体研究;它不只是一种结果,而且是一种方法;不仅是关于一种结果的理论,而且是一种有助于进一步发

①［美］鲁道夫·阿恩海姆:《艺术与视知觉》,滕守尧、朱疆源译,中国社会科学出版社1984年版,第183页。

现的手段。"①他的这一观点同样适用于完形心理学美学。完形心理学美学也不只是一种结果而首先是一种方法,是一种有助于进一步发现的手段。它的这种方法就是有机整体的系统方法。这从世界观上来看,就是一种由形而上学的机械整体论到辩证的有机整体论的转变。阿恩海姆将此称作是由"自然现象的'原子思维'向那种主张整体的内在统一的格式塔概念的转变"②。他的确是将这种有机整体的方法自觉地运用于美学研究了。当然,自觉运用有机整体方法于美学,并不始于阿恩海姆,黑格尔早就提出了著名的"生命整体说"。但在具体细致地将这一方法运用于审美和艺术创造方面,阿恩海姆却有着自己的创新。而且,他还吸收了 20 世纪系统论的理论成果,将整个审美过程看作一个以主体创造为中介的物我统一的动态过程,使美学研究中的有机整体方法有了进一步的发展。他认为,审美首先是对象以其强劲有力的形态给予主体的大脑皮层以刺激,大脑皮层以其创造性的组织作用产生相应的心理的力的感受。这是一个具有整体性的审美过程,也是一个由力的作用与反作用所组成的动力系统。这就使审美不仅是有机整体的,而且是动态发展的,物我都处于运动的状态之中。这样从物理、生理与心理三者之间组成有机整体的动态系统的角度研究审美,就推动了审美学的发展。

其次,进一步推进了心理学美学研究的发展。心理学美学从英国经验派美学开始,到 20 世纪,已经走过了漫长的路程。在这

①[美]杜·舒尔茨:《现代心理学史》,沈德灿等译,人民教育出版社 1981 年版,第 296 页。
②[美]鲁道夫·阿恩海姆:《艺术与视知觉》,滕守尧、朱疆源译,中国社会科学出版社 1984 年版,第 256 页。

漫长的路程中,完形心理学美学不仅继承了心理学美学的历史传统,而且有着自己的创造性的贡献。第一个方面是提出了大脑力场说,对审美心理的生理基础进行了更充分的研究,并以大脑电脉冲说使其具有更强的科学性。第二个方面是在审美体验的内在心理机制方面打破了传统的审美联想说,独创同形同构说。这是一个很重要的创新。因为,历来都是以审美联想作为由审美感知发展到审美想象的关键性环节,没有联想和移情就没有审美已成为心理学的准则之一。这就在一定程度上将审美体验的心理过程分裂了开来,明显地受到心理学中机械论的元素主义的影响。而同形同构说则将审美体验归结为由外在刺激形成的,以大脑皮质的完形作用为中介的生理活动的心理对应物,从而使其成为一个完整的具有内在联系的有机的心理过程。所谓同形同构,从本质上来说,就是一个物我与身心直接感应的过程,也是一个刺激与反应从而引起心理体验的过程。应该说,这一理论具有一定的科学性。

再就是完形心理学美学对审美知觉进行了完全崭新的研究。从传统的心理学美学来说,审美知觉只是审美体验的初级阶段,必须由此进一步朝前发展到审美的联想与想象,才能在量与质两个方面加以深化。但完形心理学美学认为,审美感知本身就能带来强烈的审美情感体验。它大胆地将感知所产生的表象归结为一种对于对象进行直接的整体把握的抽象,并名之曰"知觉概念",这个"知觉概念"本身就具有极大的概括性与情感性,有助于我们对于"形象思维"的理解。而"知觉概念"形成的过程就是对于对象进行审美体验的过程。总之,完形心理学美学以自己的独特的理论贡献推动了心理学美学研究的发展,这是我们需要认真地加以研究的。

最后，较好地概括了抽象艺术的审美特征。完形心理学美学是对抽象艺术的理论概括，除了概括其一般特性之外，最重要的是概括了它的审美特征。在阿恩海姆看来，抽象艺术的最主要的审美特征就是音乐性。他认为，抽象艺术正是以其高度概括的非现实化的形式，形成主体与客体之间的力的作用，从而揭示出外部世界与内部世界的本质，这就是所谓的对世界的"音乐式的"探讨方式。这就告诉我们，抽象艺术不是以现实的形象唤起人们的想象，从而拨动情感的琴弦，而是凭借非现实化的抽象形式及由其内在矛盾形成的力的节奏与旋律引起主体相应的力的感应，从而形成强烈的情感体验。这种力的节奏与旋律就直接地存在于抽象的形式之中，也直接地存在于主体的心理感受之中。它本身就犹如乐曲一般具有强烈的情感表现性。因此，作为审美本质的情感性就直接地存在于抽象艺术的艺术形式之中。这就较好地概括了抽象艺术的审美特征，告诉我们对于抽象艺术不能以现实主义的形象性来加以衡量，而只能以那种凭借点、线、面、块和色组成的抽象形式及蕴于其中的力的作用所形成的节奏和旋律来加以衡量。它同样能引起强烈的情感体验，甚至在某种程度上超过现实主义艺术。阿恩海姆对于抽象艺术审美特征的这一论述是很有启发意义的，能帮助我们加深对这一艺术种类和流派的理解与研究。我国的书法艺术作为抽象艺术之一种就具有这种审美特征。它的情感性常常同所写文字的内容无直接关联，而直接寓于笔势和字形之中。而把握抽象艺术的审美特性也有利于它的发展。目前，我国广大群众，特别是青年人，愈来愈对抽象派绘画艺术与造型艺术有所接受和爱好。据最近青岛市纺织部门在京进行调查研究，广大顾客对纺织图案的要求，较普遍地喜好抽象性的图案。由此说明，对于抽象艺术的适当发展，即便在我国也是有相当群众基础的。

(三)完形心理学美学的局限

首先,具有明显的生物社会学的非理性倾向。审美是一种社会现象,但完形心理学美学却在其同形同构说中用纯生理的原因给予解释,也就是用大脑皮质的电脉冲反应将形式与情感、人与对象联系起来。其实,一个动物面对着某种作为形状、色彩、音响的形式,也会有大脑脉冲反应。诸如,牛听音乐会多出奶,孔雀在绚烂的色彩面前会开屏等。这样一来,动物岂不与人一样,也对形式有了情感的反应了吗?!而人对形式的情感反应不也就同动物一样了吗?!这种用生物学解释社会现象的理论就是一种生物社会学,完全排除了审美过程中社会的理性的内容。这是一种极端错误的理论观点。马克思早就指出,人的感官和感觉决不同于动物而是一种人化的自然,具有明显的社会性内容。他说:"一句话,人的感觉、感觉的人性,都只是由于它的对象的存在,由于人化的自然界,才产生出来的。五官感觉的形成是以往全部世界历史的产物。"又说:"人的眼睛和原始的、非人的眼睛得到的享受不同,人的耳朵和原始的耳朵得到的享受不同,如此等等。"①事实证明,人的一切感觉(知觉)都是社会化的,包含着理性内容的,决不同于动物的感觉。任何抽象的形式之所以与某种情感同形同构,也有其社会的理性的原因,只是这种社会的理性内容经过长期的历史岁月已被淡化。例如,向下的曲线常常表示某种低调的节奏,同哀伤低沉的情感同形同构。其实,这向下的线条正是无数有关社会生活经过高度抽象化的结果。众所周知,人们在失败

①《马克思恩格斯全集》第42卷,人民出版社1979年版,第126、125页。

后和哀伤时要低垂下头,人在伤病与死亡时要倒垂于地,人的劳动成果一旦毁坏也取向下倒垂之势……这些社会生活的高度抽象化就是向下的线条。红色同热烈情感的同构,是因为红色同喜庆、阳光等热烈的气氛联系而经过了高度的抽象……自然与人、对象与感情在自然素质和形式感上的映对呼应、同形同构,还是经过人类社会实践这个至关重要的环节的。

其次,以主观唯心主义的先验论为其哲学基础。完形心理学美学认为,人对于对象的知觉必须借助于一系列的知觉范畴。这些知觉范畴即是人对于对象整体把握时在形状、色彩、位置、空间和光线等方面的一些普遍的特性,主要指上升和下降、统治和服从、软弱和坚强、和谐和混乱、前进和倒退等基调。在完形心理学美学家看来,这些知觉范畴不是由对象的知觉特性中概括出来的,而是先验地存在的某种固有的公式。阿恩海姆说道:"这些范畴不是由大量例证中经过经验加以智力提取的,而是自发的'感官知觉的纯粹形式'(借用康德术语),可以用知觉皮层对刺激反应过程中产生的结构简化倾向来解释。我认为,个别激发外形进入知觉过程,它只是唤起一般感官范畴的一个特定模式……"①很显然,完形心理学美学在这里因袭了康德的主观先验论,用某种主观先验的形式来解释身与心、人与对象、情感与形式之间的同形同构关系。它根本没有认识到,这些知觉范畴都只能产生于后天的社会实践,只有社会实践才是身与心、人与对象、情感与形式同形同构的唯一基础。

最后,完形心理学美学本身具有极大的局限性。完形心理学

---

① [美]鲁道夫·阿恩海姆:《知觉抽象与艺术》,徐恒醇译,见刘纲纪、吴樾编:《美学述林》第1辑,武汉大学出版社1983年版,第321页。

美学是在对现代抽象派艺术进行理论概括的基础之上产生的。因此,它的一些基本理论观点就只适用于西方现代抽象派艺术而不适用于现实主义艺术。例如,它的关于艺术的定义:"艺术的本质,就在于它是理念及理念的物质显现的统一",就只概括了抽象艺术的特点。因为,按照这一定义的要求,艺术只需以抽象的形式表现出作为对象整体特征的情感性与思想意义即可,不必求形象本身的真实性(包括细节的真实和现实主义本质的真实)。而其对于艺术的非现实性的所谓"透明性"要求,更是对现实主义艺术形象的现实性特点的否定。这显然是极其片面的。因为,在现实主义艺术中不仅绘画要求符合透视原理,就是语言艺术也要首先反映事物固有的样子。它还提出了艺术的简化原则,要求简洁地再现出知觉的力的图式。阿恩海姆认为,对于莎剧《哈姆雷特》可将其潜在的对立力量变成简单的结构式样,无须涉及整个故事即可用图表将其标志出来。① 这一要求对于现实主义艺术也是不适宜的。因为,将作品的内在矛盾简化为某种力的图式,从中分析其情感基调,把握其基本的美学特性,只是对艺术作品进行美学分析的一个方面,更多地适用于造型艺术,特别是抽象派的造型艺术。而对于语言艺术,特别是现实主义的史诗性的戏剧和小说就难以全面准确地把握,不免出现将丰富复杂的美学现象抽象化与模式化的倾向。当然,在艺术朝多样化发展的当代,究竟如何确定艺术的内涵的确是比较繁难的。就连阿恩海姆自己也承认,抽象艺术只是艺术的一个方面而不是全部。他在对艺术的未来进行预测时,说道:"我们无法知道将来的艺术会是什么样

---

① [美]鲁道夫·阿恩海姆:《艺术与视知觉》,滕守尧、朱疆源译,中国社会科学出版社1984年版,第521页。

子,但肯定不再会是抽象艺术,因为抽象艺术并不是艺术发展的顶峰,然而,抽象艺术确实是观看世界的一种有效方式,也是一种只有站在神圣的山峰上才能看到的景象。"①的确,抽象艺术只是艺术的把握世界的有效方式之一,并不排斥其他方式的有效性。但在理论上,完形心理学美学就恰恰排除了现实主义艺术把握世界的有效性。这只是其失误之一。

---

① [美]鲁道夫·阿恩海姆:《艺术与视知觉》,滕守尧、朱疆源译,中国社会科学出版社 1984 年版,第 639 页。

漫议人类对美的哲学思考

车尔尼雪夫斯基与毛泽东美学观之比较

（参见第一卷《西方美学简论》第 208 页）